化学实验项目化课程系列教材 Ⅰ

化学基本操作技术实验

化学实验教材编写组　编

化学工业出版社

·北京·

本书是适应化学实验教学改革的发展需要，构建"基本操作—物质合成—化学测量及表征—综合与设计实验"为主线的项目化实验教学体系，将大学化学实验课程体系、实验内容等整合为化学基本操作技术实验、化学合成技术实验、化学测量及表征技术实验、化学综合与设计实验等4门项目化实验课程；打破化学学科实验的边界，反映了化学实验内容层次性，让学生直观理解化学实验的全部概貌。《化学基本操作技术实验》共51个基本操作技术实验，涉及无机化学、分析化学、有机化学等三个部分基本操作技术内容。

本书适用于化学、应用化学、化学工程与工艺、制药工程、环境工程、生物工程、药学、高分子材料与工程、轻化工程、临床医学、护理等专业一年级本科生作为实验教材。

图书在版编目（CIP）数据

化学基本操作技术实验/化学实验教材编写组编．—北京：
化学工业出版社，2014.10（2023.9重印）

化学实验项目化课程系列教材 I

ISBN 978-7-122-21689-2

Ⅰ.①化…　Ⅱ.①化…　Ⅲ.①化学实验-教材　Ⅳ.①O6-3

中国版本图书馆 CIP 数据核字（2014）第 200308 号

责任编辑：卢萌萌　陆雄鹰　　　　　　　　　装帧设计：关　飞
责任校对：吴　静

出版发行：化学工业出版社（北京市东城区青年湖南街 13 号　邮政编码 100011）
印　　装：涿州市般润文化传播有限公司
787mm×1092mm　1/16　印张 13　字数 333 千字　2023 年 9 月北京第 1 版第 8 次印刷

购书咨询：010-64518888　　　　　　　售后服务：010-64518899
网　　址：http：//www.cip.com.cn
凡购买本书，如有缺损质量问题，本社销售中心负责调换。

定　　价：38.00 元　　　　　　　　　　　　　　　版权所有　违者必究

《化学基本操作技术实验》编写人员

主　　编：李　蕾

副 主 编：马红霞　曹　红　王一菲　宗乾收

编写人员：程　琼　吕春欣　朱连文　钟　伟　曾延波　刘海清

　　　　　尹争志　刘立春　余　菁　李俊峰　姜秀娟　杨义文

　　　　　曾祥华　汪剑波　张　洋　宋熙熙　刘国强

前　言

科学技术日新月异的发展，促进了各学科之间的相互渗透，学科间的边界变得越来越模糊。化学学科应该实现与化工、材料、环境、生命、医学、药物、能源、农业、信息等学科领域的交叉和渗透，发挥化学基础学科对相关学科的支撑和促进作用。因此，应用型本科院校如何培养学生运用化学学科的理论知识和实验技能来解决实际问题的能力，显得尤为重要。

大学化学实验是培养学生实践能力和创新能力的重要途径之一。大学化学实验面向化学、化工与制药、环境科学与工程、生物工程、材料、轻工、纺织、药学、医学类等各本科专业单独开设实验课程，主要有无机化学实验、无机及分析化学实验、分析化学实验、有机化学实验、物理化学实验、仪器分析实验、化学综合实验等实验课程。如何以提升学生实践能力和创新能力为核心，构建"基本操作—物质合成—化学测量及表征—综合与设计实验"为主线的实验教学体系，我们将大学化学实验课程体系、实验内容进行改革，整合为化学基本操作技术实验、化学合成技术实验、化学测量及表征技术实验、化学综合与设计实验等4门项目化实验课程，供各专业选择组合开设；打破化学学科实验的边界，反映了基础化学实验内容层次性，让学生直观理解化学实验的全部概貌。

本书所选内容具有广泛性和普适性，主要涉及化学实验基础知识、化学实验基本操作技术、无机化学基本操作技术实验、化学分析基本操作技术实验、有机化学基本操作技术实验等内容；同时，考虑各个专业普适性的需求，在教材中选择了不同类型和对象的实验内容。

参加本教材编写的人员有：无机化学操作技术部分有马红霞博士、王一菲博士、吕春欣博士、朱连文博士、钟伟博士等；分析化学操作技术部分有曹红博士、曾延波博士、刘海清博士、尹争志博士、程琼教授、刘立春博士、余菁副教授、李俊峰老师、刘国强博士、杨鑫骥博士、黄雄博士等；有机化学操作技术部分有宗乾收博士、姜秀娟博士、杨义文博士、曾祥华博士、汪剑波博士、张洋老师、宋熙熙老师等。

全书由李蕾教授、马红霞副教授、曹红副教授、王一菲副教授、宗乾收副教授等经多次讨论修改后定稿。

在本教材编写过程中，得到了刘小明教授、曹雪波教授、吴建一教授、谢景力教授等同志的关心与支持，同时也得到了化学工业出版社的鼎力相助。相关实验内容参考了国内有关高等院校编写的实验教材，在此一并表示衷心感谢。同时，本教材中涉及许多相关知识和多种实验技术，由于编者水平有限，书中的不足和疏漏之处在所难免，敬请广大读者批评指正。

编者

2014 年 5 月

目 录

第3章 化学实验基本操作技术 / 47

第1章

绪 论

1.1 化学基本操作技术实验的意义、目的和要求

化学是以实验为基础的科学，许多化学理论和规律都是从实验中总结出来的，同时，对任何化学理论的应用和评价，也都要依据实验的探索和检验。所以在培养化学或其相关的各类专业人才中，实验课是非常重要的教学环节。

化学现象的发生和发展是很复杂的，用文字叙述往往不易透彻地讲清和理解这些复杂变化的实质。而通过对一些实验现象的观察、分析，有助于认识变化的实质，借以加深对教学内容的理解，达到提高教学质量的目的。

《化学基本操作技术实验》以全新的视角，从化学实验的基本操作入手，旨在培养学生掌握化学实验的基本技能，提高学生分析问题、解决问题的综合能力。此外，通过化学实验基本操作的学习和训练，可以使学生掌握从事科学实验的各项基本技能和方法，启发和引导学生应用已有的化学知识有目的地去考察、发现客观事物，学会运用科学实验的方法验证和探索化学变化的规律，启示学生了解和体会怎样才能成为一名合格的化学工作者。

因此，在教学过程中，必须加强对学生化学实验的技能和能力的培养，使他们能正确地掌握化学实验的基本操作方法和技能；必须注意理论与实际的结合，培养学生实事求是的学风、严肃认真的科学态度以及探讨问题的科学方法。

化学基本操作技术实验教学总的目的和要求如下。

(1) 教会学生正确地掌握实验的基本方法和基本技能。

(2) 增强学生化学计算和绘制图表的能力。

(3) 培养学生的观察能力、分析和解决问题的能力以及思维能力。

(4) 帮助学生形成化学基本概念、理解化学定律和化学原理。

(5) 引导学生掌握物质知识和联系生产实际。

本书内容主要包括化学实验室的安全常识，化学实验常用玻璃器皿的洗涤、玻璃仪器的干燥，加热器的种类与用法、物质的干燥方法，玻璃工操作技术，溶解和搅拌、蒸发和结晶、过滤和洗涤等技术，在此基础上进一步学习化学定量分析基本操作。其中，包括天平的使用，滴定管和吸量管的选择以及实验室测量仪器的使用等，对每一项操作都进行严格、规范的基本训练，混合物的提纯与分离、基本有机合成、物理常数测定、试样的采集与制备和纯水制备技术，理论和实践达到有机结合，使学生能很快掌握所学习的技能。

通过实验训练进一步提高学生分析问题和解决问题的能力，培养学生的创新意识、创新精神和创新能力，为学生今后从事化学以及相关领域的科学研究和技术开发工作打下扎实的基础。

1.2　化学实验室的安全和环保规则

1.2.1　化学实验室安全守则

(1) 实验前一定要做好预习和实验准备工作，检查实验所需要的药品、仪器是否齐全。

(2) 不要用湿的手、物接触电源，水、电、煤气一经使用完毕，就立即关闭水龙头、电闸、开关。点燃的火柴用后立即熄灭，不得乱扔。

(3) 严禁在实验室内饮食，或把食具带进实验室。实验完毕，必须洗净双手。

(4) 绝对不允许随意混合各种化学药品，以免发生意外事故。

(5) 应配备必要的防护眼镜。倾注药剂或加热液体时，不要俯视容器，以防溅出。尤其是浓酸、浓碱具有强腐蚀性，切勿使其溅在皮肤或衣服上，眼睛更应注意防护。稀释它们时（特别是浓硫酸），应将它们慢慢倒入水中，而不能相反进行，以避免迸溅。试管加热时，切记不要使试管口向着自己或别人。

(6) 不要俯向容器去嗅放出的气味。面部应远离容器，用手把离开容器的气流慢慢地扇向自己的鼻孔。

(7) 有毒药品（如重铬酸钾、钡盐、铅盐、砷的化合物、汞的化合物，特别是氰化物）不得入口或接触伤口，剩余的废液也不能随便倒入下水道。

(8) 未经许可，绝不允许将几种试剂或药品随意研磨或混合，以免发生爆炸、灼伤等意外事故。

(9) 实验室所有的药品不得携出室外，用剩的有毒药品应交还给教师。

(10) 凡有危险性的实验，指导教师应事先讲明操作规程、安全事项，再进行实验，不得随便让学生操作。

(11) 每次实验后由学生轮流执勤，负责打扫和整理实验室，并关闭电源、水源、气源及门窗，并对实验室再次进行安全检查，方能离开。

1.2.2　化学实验室消防和意外事故处理规则

化学实验室存在许多易燃、易爆、毒害或有腐蚀性的化学危险品，实验仪器又大都是容易破碎的玻璃仪器，而在实验过程中有时还要进行加热，因此，稍不注意就可能发生意外事故，教师和学生都必须树立牢固的安全操作的概念，用严肃认真的态度对待化学实验。

教师和学生要熟悉所用仪器和试剂的性质，严格遵守安全守则和实验操作规则，防止事故的发生，如一旦出现意外事故要清楚应采取的措施。

(1) 学生实验时，指导教师应向学生宣讲安全知识，包括实验楼与实验室的消防设施和灭火器使用方法等有关知识。

(2) 充分熟悉安全用具，如灭火器、急救箱的存放位置和使用方法，并加以爱护，安全用具、急救药品不准移作他用。

(3) 使用电器时，应严格按照安全用电规定，不使用不合格的电器，以免发生触电事故。一旦发生触电事故，应先切断电源再救治。

(4) 实验开始前，检查仪器是否完整无损，装置是否正确稳妥。

(5) 使用易燃、易爆物品时，严禁明火，严格按照操作步骤进行。一旦发生火灾事故，应先切断电源，并用灭火器扑救。

(6) 实验室事故一般处理办法如下。

① 若因乙醚、乙醇、苯等有机物引起着火，应立即用湿布、细砂或泡沫灭火器等扑灭，严禁用水扑此类火灾。若遇电器设备着火，必须先切断电源，再用二氧化碳灭火器灭火，不能使用泡沫灭火器。

② 遇烫伤事故，不要用冷水洗涤伤处。伤处皮肤未破时，可涂擦饱和碳酸氢钠溶液或用碳酸氢钠粉末调成糊状敷于伤处，也可涂抹烫伤膏；如果伤处皮肤已破，可涂些紫药水或1‰高锰酸钾溶液。

③ 若在眼睛内或皮肤上溅上强酸或强碱，切勿用手搓揉，应立即用大量清水冲洗，然后再用碳酸氢钠溶液或硼酸溶液冲洗。

④ 若吸入氯气、氯化氢等气体，可立即吸入少量的乙醇和乙醚的混合蒸汽。若吸入硫化氢气体而感到不适或头晕时，应立即到室外呼吸新鲜空气。

⑤ 若有毒物质进入口内，把大约10％的稀硫酸铜溶液加入一杯温水中，内服后，用手指深入咽喉部，促使呕吐，然后立即送医院抢救。

⑥ 被玻璃割伤时，伤口内若有玻璃碎片，必须把碎片挑出。然后涂抹酒精、红药水并包扎伤口。严重时应先在实验室内做简单处理，然后送医院急救。

⑦ 遇到触电事故时，应立即切断电源，严重时立即进行人工呼吸。

⑧ 若皮肤被烧伤、烫伤时用烫伤油膏敷涂。

1.2.3 实验室环保（三废处理）规则

实验室三废指在化学实验过程中产生的废气、废液、废渣等有害物质。为了保证实验的安全进行，并努力减少对城市环境造成的污染，应对实验中产生的三废经过处理后，才能排放。

(1) 进行一般实验，产生较少有害气体的，应开启排风扇或打开窗户，使室内空气得到及时更新，以免影响实验操作人员的身体健康。对可能产生强烈刺激性或毒性很大气体的实验，必须在通风橱中进行，并保证通风良好。

(2) 实验过程中产生的各种废液不得直接倒入下水道，必须按照无机废液、重金属离子废液、有机废液等分类倒入废液桶，并做好登记。

(3) 废液桶上应有危险品、分类等相应标识。

(4) 实验过程中产生的废渣、空瓶等固体废弃物不得随意丢弃，应存放在指定地点，由专业环保机构统一回收。

1.3 实验数据处理方法

1.3.1 实验的误差与来源

1.3.1.1 准确度与误差

准确度是指测定值与真实值接近的程度，它反映了测定结果的可靠性。准确度的高低可以用误差来衡量，误差有两种表示方法：绝对误差和相对误差。绝对误差是测定值（x）与真实值（μ）之差；相对误差是绝对误差在真实值中所占的百分率。即：

$$绝对误差 = x - \mu \tag{1-1}$$

$$相对误差 = \frac{x - \mu}{\mu} \times 100\% \tag{1-2}$$

相对误差与真实值和绝对误差两者的大小有关，用相对误差来比较各种情况下测定结果的准确度更为确切些。误差越小，分析结果的准确度就越高。

1.3.1.2 精密度与偏差

精密度是指在相同条件下对同一样品多次重复测定（称为平行测定）所得各测定结果之间相互接近的程度，它反映了测定结果的再现性。精密度的高低常用偏差来衡量。偏差是指单次测定结果（x_i）与 n 次测定结果的算术平均值（$\bar{x}$）的差值。偏差越小，分析结果的精密度就越高。

偏差有以下几种表示方法：绝对偏差和相对偏差、平均偏差、标准偏差。

(1) 绝对偏差和相对偏差

设 n 次平行测定的数据分别为 x_1、x_2、x_3、$\cdots x_n$，其算术平均值为：

$$\bar{x} = \frac{x_1 + x_2 + x_3 + \cdots + x_n}{n} = \frac{1}{n} \sum_{i=1}^{n} x_i \tag{1-3}$$

则单次测定值的绝对偏差和相对偏差为：

绝对偏差：
$$d_i = x_i - \bar{x} \tag{1-4}$$

相对偏差：
$$d_r = \frac{d_i}{\bar{x}} \tag{1-5}$$

单次测定值的精密度常用绝对偏差或相对偏差表示。

(2) 平均偏差（$\bar{d}$）

衡量一组平行数据的精密度，可用平均偏差和相对平均偏差表示。

平均偏差是指单次测定值偏差绝对值的平均值。即：

$$\bar{d} = \frac{|d_1| + |d_2| + |d_3| + \cdots + |d_n|}{n} = \frac{1}{n} \sum_{i=1}^{n} |d_i| \tag{1-6}$$

式中　n——测定次数；

　　　d_i——单次测定的偏差。

测定结果的相对平均偏差为：

$$相对平均偏差 = \frac{\bar{d}}{\bar{x}} \times 100\%$$

由此可以看出，单次测定值的偏差指某次测定结果偏离平均值的情况，它有正负之分。平均偏差反映了一组（n 次）测定结果相互之间的符合程度，即重复性的好坏，它没有正负之分。

用平均偏差表示精密度比较简单，但当一批数据的分散程度较大时，仅以平均偏差不能说明精密度的高低时，需要采用标准偏差来衡量。

(3) 标准偏差

标准偏差又叫均方根差。当测定次数 n 趋于无限多次时，标准偏差以 σ 表示。

$$\sigma = \sqrt{\frac{d_1^2 + d_2^2 + d_3^2 + \cdots + d_n^2}{n}} = \sqrt{\frac{1}{n} \sum_{i=1}^{n} d_i^2} = \sqrt{\frac{1}{n} \sum_{i=1}^{n} (x_i - \mu)^2} \tag{1-7}$$

式中　μ——无限多次测定结果的平均值，在数理统计中称为总体平均值。

即：

$$\underset{n \to \infty}{Lim} \overline{x} = \mu$$

总体平均值 μ 即为真实值，此时标准偏差即为误差。

在一般分析工作中，仅进行有限次的测定（$n < 20$）。测定次数 n 不多时，标准偏差以 s 表示。

$$s = \sqrt{\frac{d_1^2 + d_2^2 + d_3^2 + \cdots + d_n^2}{n-1}} = \sqrt{\frac{1}{n-1} \sum_{i=1}^{n} d_i^2} = \sqrt{\frac{1}{n-1} \sum_{i=1}^{n} (x_i - \overline{x})^2} \qquad (1-8)$$

标准偏差是把单次测定值对平均值的偏差先平方再总和，充分引用每个数据的信息，所以它比平均偏差能更灵敏地反映出较大偏差的存在，故能更好地反映测定数据的精密度。

实际工作中常用相对标准偏差来表示精密度，相对标准偏差用 RSD 表示。

$$RSD = \frac{s}{\overline{x}} \times 100\% \qquad (1-9)$$

1.3.1.3 准确度与精密度的关系

精密度表示分析结果的再现性，而准确度则表示分析结果的可靠性。定量分析的最终要求是得到准确可靠的结果，但由于被测组分的真实值是未知的，所以分析结果准确与否常常是根据测定结果的精密度来衡量的。事实证明，精密度高不一定准确度高，而准确度高，必然需要精密度也高。精密度是保证准确度的先决条件，精密度低，说明测定结果不可靠，也就失去了衡量准确度的前提。所以，首先应该使分析结果具有较高的精密度，才有可能获得准确可靠的结果。

1.3.1.4 误差的来源与分类

根据性质的不同可以将定量分析中的误差分为系统误差和随机误差两类。

(1) 系统误差

系统误差也叫可测误差。它是由分析过程中某些确定的原因造成的，对分析结果的影响比较固定，在同一条件下重复测定时，它会重复出现，使测定的结果系统地偏高或系统地偏低。因此，这类误差有一定的规律性，其大小、正负是可以测定的，只要弄清来源，可以设法减小或校正。

产生系统误差的主要原因如下：

① 方法误差。由于分析方法本身不够完善而引入的误差。例如，反应进行不完全，副反应的发生，指示剂选择不当等。

② 试剂误差。由于试剂或蒸馏水、去离子水不纯，含有微量被测物质或含有对被测物质有干扰的杂质等所产生的误差。

③ 仪器误差。由于仪器本身不够精密或有缺陷而造成的误差。如天平的两臂不等长、砝码质量未校正或被腐蚀；容量瓶、滴定管刻度不准确等，在使用过程中都会引入误差。

④ 主观误差。由操作人员的主观因素造成的误差。例如，在洗涤沉淀时次数过多或洗涤不充分；在滴定分析中，对滴定终点颜色的分辨因人而异，有人偏深或有人偏浅，在读取滴定管读数时偏高或偏低；或者在进行平行测定时，总想使第二份滴定结果与前一份的滴定结果相吻合，在判断终点或读取滴定管读数时就不自觉地受到这种"先入为主"的影响，从而产生主观误差。其数值可能因人而异，但对一个操作者来说基本是恒定的。

(2) 随机误差

随机误差也叫不定误差，是由一些随机的难以控制的偶然因素所造成的误差。随机误差没有一定的规律性，即便操作者仔细操作，外界条件也尽量保持一致，但测得的一系列数据仍有差别。产生这类误差的原因常常难于察觉，如室内气压和温度的微小波动，仪器性能的微小变化，个人辨别的差异，在估计最后一位数值时，几次读数不一致。这些不可避免的偶然原因，都使得测定结果在一定范围内波动而引起随机误差。随机误差的大小、方向都不固定，但大量实践发现，在同样条件下进行多次测定，随机误差符合正态分布。

1.3.1.5　提高分析结果准确度的方法

从误差产生的原因来看，只有尽可能地减小系统误差和随机误差，才能提高测定结果的准确度。

(1) 消除系统误差

系统误差是影响分析结果准确度的主要因素。造成系统误差的原因是多方面的，应根据具体情况采用不同的方法检验和消除系统误差。

① 对照实验。对照实验是检验分析方法和分析过程有无系统误差的有效方法。选用公认的标准方法与所采用的方法对同一试样进行测定，找出校正数据，消除方法误差。或用已知准确含量的标准物质（或纯物质配成的溶液）和被测试样以相同的方法进行分析，即所谓的"带标测定"，求出校正值。此外，也可以用不同的分析方法或者由不同单位的实验人员对同一试样进行分析来互相比对。

② 空白试验。由试剂、去离子水、实验器皿和环境带入的杂质所引起的系统误差，可通过空白实验来消除或减小。空白实验是在不加试样溶液的情况下，按照试样溶液的分析步骤和条件进行分析的实验。所得结果称为"空白值"，从测定结果中扣除空白值，即可消除此类误差。

③ 校正仪器。由仪器不准确引起的系统误差可以通过校正仪器来消除。如配套使用的容量瓶、移液管、滴定管等容量器皿应进行校准；分析天平、砝码等应由国家计量部门定期检定。

至于因工作人员操作不当引起的误差，只有通过严格的训练，提高操作水平予以避免。

(2) 增加平行测定次数减小随机误差

在消除系统误差的前提下，增加平行测定次数可减小测定过程中的随机误差。在化学分析工作中，一般平行测定 3～5 次。

1.3.2　可疑数据的取舍

在平行测定的一组数据中，有时会出现其中某一数据和其他数据相比相差很远，这一数据称为可疑值，又称极端值或离群值。可疑值的取舍，从原则上说，在无限次测量中，任何一个测量值，不论其偏差有多大，都不能舍弃。但是在少量数据的处理中，可疑值的取舍就会在一定程度上影响平均值的可靠性。可疑值的取舍问题，实质上是区分偶然误差和过失误差的问题。实验中，确定由错误操作引起数据异常，此时应将该次测定结果舍弃，否则，必须根据误差规律，进行合理的舍弃，才能得到正确的分析结果。

可疑值的取舍方法很多，现简单介绍在统计学上所使用的 Q 检验法。Q 检验法的步骤如下：
① 将数据按大小顺序排列。
② 计算最大值与最小值之差（极差）R。
③ 计算离群值与其相邻值之差（应取绝对值）d。
④ 计算舍弃商 Q。

$$Q = \frac{d}{R}$$

⑤ 根据测定次数和要求的置信度，查舍弃商 Q 值表（见表 1-1），得到 $Q_表$。

⑥ 将 $Q_{计算}$ 与 $Q_表$ 比较，若 $Q_{计算} > Q_表$，则弃去离群值，否则应予保留。

表 1-1　舍弃商 Q 值表

测定次数 n	3	4	5	6	7	8	9	10
$Q_{0.90}$	0.94	0.76	0.64	0.56	0.51	0.47	0.44	0.41
$Q_{0.95}$	0.97	0.84	0.73	0.64	0.59	0.54	0.51	0.49

应该指出，离群值的取舍是一项十分重要的工作。在实验过程中得到一组数据后，如果不能确定个别离群值确系由于"过失"引起的，则不能轻易地舍弃这些数据，而要用上述统计检验方法进行判断之后，才能确定其取舍。如果测定次数比较少，如 $n=3$，而且 $Q_{计算}$ 与 $Q_表$ 值相近，这时为了慎重起见，最好再补做一两个数据，然后确定离群值的取舍。在这一步工作完成后，就可以计算该组数据的平均值、标准偏差及其他有关的数理统计工作。

1.3.3　实验数据的记录及有效数字

在化学实验中，不仅要准确测量物理量，而且应正确地记录所测定的数据，并进行合理地运算。测定结果不仅能表示其数值的大小，而且还反映了测定的精密度。

例如，用电子称称量某试样 1g 与用万分之一的分析天平称量 1g 的准确度是不同的。电子称盘天平只能称准确至 ±0.1g，而万分之一的分析天平可以称准确至 ±0.0001g。记录称量结果时，前者应记为 1.0g，而后者应记为 1.0000g，后者较前者准确 1000 倍。同理，在数据运算过程中也有类似的问题。所以，在记录实验数据和计算结果时应保留几位数字是很重要的。

1.3.3.1　有效数字

有效数字是指在分析工作中实际能测量到的数字。在有效数字的构成中，除最末一位允许是可疑和不确定的外，其余所有的数字都必须是可靠和准确的。

所谓可疑数字，除特殊说明外，一般可理解为数字的最末位有 ±1 单位的误差。例如，用分析天平称量一坩埚的质量为 19.0546g，可理解为该坩埚的真实质量为 (19.0546 ± 0.0001)g，即在 19.0545～19.0547g 之间，因为万分之一的分析天平能够准确地称量至 ±0.0001g。

为了正确判别和写出测量数值的有效数字，首先必须明确以下几点。

(1) 1～9（非零数字）都是有效数字。

(2) "0" 在数值中是不是有效数字应具体分析。

① 位于数值中间的 "0" 均为有效数字。如 1.008、10.98%、100.08、6.5004 数值中所有的零，都是有效数字，因为它代表了该位数值的大小。

② 位于数值前的 "0" 不是有效数字，因为它仅起到定位作用。如 0.0041、0.0562 中的零。

③ 位于数值后面的 "0" 需根据情况区别对待。"0" 在小数点后则是有效数字，如 0.5000 中 5 后面的三个 0 和 0.0040 中 4 后面的 0 都是有效数字；"0" 在整数的尾部算不算有效数字，则比较含糊。如 3600 若为四位有效数字，则后面两个 0 都有效；若为三位有效数字，则后一个 0 无效；若为两位有效数字，则后面两个 0 都无效。较为准确的写法应分别为 3.600×10^3（四位）、3.60×10^3（三位）、3.6×10^3（二位）。

(3) 若数值的首位等于或大于 8，其有效位数一般可多取一位。如 0.813（三位）可视为四位有效数字，85.75（四位）可视为五位有效数字。

(4) 对于 pH、pK、pM、$\lg K$ 等对数值的有效位数，只由小数点后面的位数决定。整数部分是 10 的幂数，与有效位数无关。如 pH=10.28 换算为 H^+ 浓度时，应为 $[H^+]=$

2.1×10^{-11} mol/L，只有二位有效数字。求对数时，原数值有几位有效数字，对数也应取几位。如 $[H^+]=0.1$ mol/L，$pH=-lg[H^+]=1.0$；$K_{CaY}=4.9 \times 10^{10}$，$lgK_{CaY}=10.69$。

(5) 在化学的许多计算中常涉及到各种常数，一般认为其值是准确数值。准确数值的有效位数是无限的，需要几位就算作几位。

1.3.3.2 运算规则

在实验过程中，一般都要经过几个测定步骤获得多个测量数据，然后根据这些测量数据经过适当的计算得出分析结果。由于各个数据的准确度不一定相同，因此，运算时必须按照有效数字的运算规则进行。

(1) 数字的修约规则

当有效数字的位数确定后，其余数字（尾数）应一律舍去。舍弃办法采用"四舍六入五成双"的规则。即在拟舍弃的数字中，若左边第一个数字≤4 时，则舍去；若左边第一个数字≥6 时则进 1；若左边第一个数字等于 5 时，其后的数字不全为零，则进 1；若左边第一个数值等于 5，其后的数字全为零，若保留下来的末位数字为奇数，则进 1；为偶数（包括 0），则不进位。

(2) 加减运算规则

几个测量值相加减时，它们的和或差的有效位数的取舍，应以参算诸数值中小数点后位数最少（即绝对误差最大）的为标准。

(3) 乘除运算规则

几个测量值相乘除时，其积或商有效位数的取舍，应以参加运算诸数值中有效位数最少（相对误差最大）的为标准。

1.3.3.3 有效数字在分析化学技术实验中的应用

(1) 正确地记录测量数据

在记录测量所得数值时，要如实地反映测量的准确度，只保留一位可疑数字。

用万分之一的分析天平称量时，要记到小数点后第四位，即 ± 0.0001g。如 0.2500g、1.3483g；如果用托盘天平（小台秤）称量，则应记到小数后一位。如 0.5g、2.4g、10.7g 等。

用合格的玻璃器量取溶液时，准确度视量器不同而异。5mL 以上滴定管应记到小数后两位，即 ± 0.01mL；5mL 以下的滴定管则应记到小数后第三位，即 ± 0.001mL。如从滴定管读取的体积为 24mL 时，应记为 24.00mL。不能记为 24mL 或 24.0mL。

50mL 以下的无分度移液管，应记到小数后两位。如 50.00mL、25.00mL、5.00mL 等。有分度的移液管，只有 25mL 以下的才能记到小数后两位。

10mL 以上的容量瓶总体积可记到四位有效数字。如常用的 50.00mL、100.0mL、250.0mL。

50mL 以上的量筒只能记到个位数；5mL、10mL 量筒则应记到小数后一位。

正确记录测量所得数值，不仅反映实际测量的准确度，也反映了测量时所耗费的时间和精力。例如，称量某样品的质量 0.5000g，表明是用万分之一分析天平称取的。该样品的实际质量应为 (0.5000 ± 0.0001)g，相对误差 $(\pm 0.0001)/0.5000 = \pm 0.02\%$；如果记作 0.5g，则相对误差为 $(\pm 0.1)/0.5 = \pm 20\%$。准确度差了 1000 倍。如果只要一位有效数字，用托盘天平就可称量，不必费时费事地用分析天平称取。

由此可见，记录测量数据时，切记不要随意舍去小数后的"0"。当然也不允许随意增加位数。

(2）正确地选取试剂与样品用量和适当的量器

滴定分析法和重量分析法的准确度较高，方法的相对误差一般在 0.1%～0.2%。为了保证准确度，分析过程每一步骤的误差都要控制在 0.1% 左右。

如用分析天平称量，要保证称量误差小于 0.1%，称取样品（或试剂）质量就不应太小。分析天平可准确称量至 0.0001g，每个称量值都需要经过两次称量，故称量的绝对误差为 ±0.0002g。若使称量误差小于 0.1%，则：

$$试样质量 = \frac{绝对误差}{相对误差} = \frac{\pm 0.0002}{0.1\%} = 0.2g$$

即称量样品应大于 0.2g。

如果称量样品大于 2g，则选用千分之一的工业天平也能满足对准确度的要求。如仍用万分之一的分析天平称量，则准确至小数后三位已足够。

在滴定过程中，常量滴定管的读数误差为 ±0.01mL，滴定剂所消耗的每个体积值都需要经过两次读取，可能造成的最大误差为 ±0.02mL。为保证测量体积的相对误差小于 0.1%，则消耗滴定剂的体积应大于 20mL，通常控制在 20～30mL 之间。

(3）正确地表示分析结果

经计算得到的分析结果应符合实际测量的准确度，即要与测量中所用仪器的准确度相一致。

1.4　实验报告的撰写要求

1.4.1　撰写实验报告的意义

实验报告是描述、记录、讨论某项实验的过程和结果的报告，是科技报告中应用范围广泛的一种报告形式。

实验报告的主要实验步骤和方法一般由教师拟定，目的是为了验证某一学科的定律或结论，训练学生的动手能力和表达能力。虽然没有重大的文献价值，但这项工作是教学中的一个重要环节。学生完成实验后，撰写实验报告是对实验结果的进一步分析、归纳和提高的过程，也是培养严谨的科学态度、实事求是精神的重要措施。

随着科学事业的日益发展，实验的种类、项目等日见繁多，但其格式大同小异，比较固定。实验报告必须在科学实验的基础上进行，它主要的用途在于帮助实验者不断地积累研究资料，总结研究成果。

1.4.2　实验报告的一般格式要求

实验报告是把实验的目的、方法、过程、结果等记录下来，经过整理，写成的书面汇报。实验报告要求正确、客观、确证、可读。

(1）实验目的与要求。 目的要明确，为什么要做这个实验，通过本实验应掌握什么化学原理和方法，学到什么实验知识和技能。

(2）实验原理。 在此阐述实验相关的主要原理，用到的化学反应方程式，包括主反应、副反应、反应机理等。

(3）实验仪器药品。 应列出实验所需的主要仪器设备和材料，对于特殊的仪器、药品、材料等要加以说明。

（4）实验内容与步骤。要写明实验操作过程，特别是实验中需要注意的地方要着重注明。实验步骤用箭头做出示意图会比较简明，不仅省去了大篇幅的文字描述，还可以使人看得更加清晰明白。

（5）实验结果与数据处理。这部分是整个实验报告的核心，写作前，先将数据整理好，列出表格及图，表格与图都要符合规范要求，并做必要的说明。

（6）分析与讨论。对影响实验结果的主要因素、异常现象或数据加以解释，也可对实验方法及装置提出改进意见；也可根据自己实验中得到的经验教训对如何提高与扩大实验结果提出建议；也可根据实验中观察到的现象，将实验结果与理论进行对照，解释它们之间存在的差异；也可讨论测量误差分析产生的原因等。

1.4.3 实验报告示例

无机化学实验报告示例

实验名称 _____氯化钠的提纯_____ 成绩 _____

专业班级 _____ 姓名 _____ 学号 _____

实验日期 _____年_____月_____日 实验报告日期 _____年_____月_____日

【实验目的和要求】

1. 学会用化学方法提纯粗食盐，同时为进一步精制成试剂级纯度的氯化钠提供原料。

2. 练习电子称的使用以及加热、溶解、常压过滤、减压过滤、蒸发浓缩、结晶、干燥等基本操作。

3. 学习食盐中 Ca^{2+}、Mg^{2+}、SO_4^{2-} 的定性检验方法。

【实验原理】

1. 粗食盐中含有不溶性杂质（如泥沙）和可溶性杂质（主要是 Ca^{2+}、Mg^{2+}、K^+ 和 SO_4^{2-}）。不溶性杂质，可用溶解和过滤的方法除去。

2. 可溶性杂质可用下列方法除去。

（1）在粗食盐溶液中加入稍微过量的 $BaCl_2$ 溶液时，即可将 SO_4^{2-} 转化为难溶解的 $BaSO_4$ 沉淀而除去：

$$Ba^{2+} + SO_4^{2-} =\!=\!= BaSO_4 \downarrow$$

（2）将溶液过滤，除去 $BaSO_4$ 沉淀，再加入 Na_2CO_3 溶液，由于发生下列反应：

$$4Mg^{2+} + 5CO_3^{2-} + 2H_2O =\!=\!= Mg(OH)_2 \cdot 3MgCO_3 \downarrow + 2HCO_3^-$$

$$Ca^{2+} + CO_3^{2-} =\!=\!= CaCO_3 \downarrow \qquad Ba^{2+} + CO_3^{2-} =\!=\!= BaCO_3 \downarrow$$

食盐溶液中的杂质 Mg^{2+}、Ca^{2+} 以及沉淀 SO_4^{2-} 时加入的过量 Ba^{2+} 转化为难溶的 $BaCO_3$、$CaCO_3$、$Mg(OH)_2 \cdot 3MgCO_3$ 沉淀，并通过过滤的方法除去。

（3）过量的 NaOH 和 Na_2CO_3 可以用纯盐酸中和除去。

$$OH^- + H^+ =\!=\!= H_2O \qquad 2H^+ + CO_3^{2-} =\!=\!= H_2O + CO_2 \uparrow$$

（4）少量可溶性的杂质（如 KCl）由于含量很少，在蒸发浓缩和结晶过程中仍留在溶液中，不会和 NaCl 同时结晶出来。

【仪器和试剂】

仪器：烧杯（50mL），量筒（25mL），吸滤瓶，布氏漏斗，石棉网，蒸发皿，电子称，循环水式真空泵，定性滤纸，广泛 pH 试纸。

试剂：NaOH（6mol/L），HCl（6mol/L），H_2SO_4（2mol/L），HAc（2mol/L），$BaCl_2$

（1mol/L），Na_2CO_3（饱和），$(NH_4)_2C_2O_4$（饱和），镁试剂Ⅰ和粗食盐等。

【实验内容】

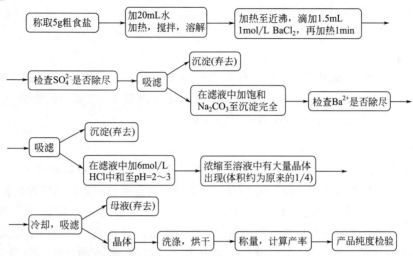

【实验结果】

1. 产品外观：　　　　　产品质量（g）：　　　　　产率（%）：
2. 产品纯度检验表（见表1-2）

表1-2　产品纯度检验

检验项目	检验方法	实验现象	
		粗食盐	纯 NaCl
SO_4^{2-}	加入 $BaCl_2$ 溶液		
Ca^{2+}	加入 $(NH_4)_2C_2O_4$ 溶液		
Mg^{2+}	加入 NaOH 溶液和镁试剂		

【讨论或结论】

1. 计算说明加盐酸除去剩余的 CO_3^{2-}，溶液的 pH 值应该控制在何值。
2. 氯化钠溶液的浓缩程度对产品的质量有何影响？
3. 为什么要分两步过滤？能否一次过滤除去硫酸钡、碳酸盐（或氢氧化物）沉淀？

分析化学实验报告示例

实验名称：铅铋混合液中 Pb^{2+}、Bi^{3+} 的连续测定　　　成绩：＿＿＿＿＿＿＿

专业班级＿＿＿＿＿＿＿　　姓名＿＿＿＿＿＿＿　　学号＿＿＿＿＿＿＿

实验日期＿＿＿＿＿年＿＿＿＿＿月＿＿＿＿＿日　实验报告日期＿＿＿＿＿年＿＿＿＿＿月＿＿＿＿＿日

【实验目的和要求】

1. 了解用控制酸度的方法进行铋、铅的连续滴定的原理。
2. 掌握合金试样的酸溶解技术。
3. 学会铋、铅的连续滴定分析方法。

【实验原理】

Bi^{3+}、Pb^{2+} 离子虽然均能与 EDTA 形成稳定的配合物，其 lgK 值分别为 27.94 和 18.04，两者的稳定常数相差近 10 个数量级。因此，可以利用控制溶液酸度的方法来进行连续滴定。通常在 pH 值为 1 时滴定 Bi^{3+}，在 pH 值为 5～6 时滴定 Pb^{2+}。

以二甲酚橙·（XO）为指示剂的水溶液在 pH＞6.3 时呈红色，pH＜6.3 时呈黄色；pH 值在 1 附近时和 pH 值为 5～6 时，分别与 Bi^{3+} 与 Pb^{2+} 离子形成紫红色络合物。用 EDTA 滴定 Bi^{3+} 和 Pb^{2+} 至终点时，溶液由紫红色突变为亮黄色。

（注意：如果实验涉及有相关的方程式在这里一定要写清楚。）

【仪器和试剂】

锥形瓶、移液管、滴定管；EDTA 标准溶液（0.020mol/L）、HNO_3 溶液（0.10mol/L）、六次甲基四胺溶液（200g/L）、Bi^{3+} 和 Pb^{2+} 混合液（含 Bi^{3+}、Pb^{2+} 各约为 0.010mol/L，含 HNO_3 0.15mol/L）、二甲酚橙水溶液（2g/L）。

【实验内容】

用移液管移取 25.00mL Bi^{3+}、Pb^{2+} 混合试液于 250mL 锥形瓶中，加入 12mL 0.10mol/L HNO_3 溶液，二甲酚橙指示剂 2 滴，用 EDTA 标准溶液滴定溶液由紫红色变为亮黄色，即为终点，记录 V_1（mL），然后加入 15mL 200g/L 六亚甲基四胺溶液，溶液变为紫红色，用 EDTA 标准溶液滴定溶液由紫红色变为亮黄色，即为终点，记下 V_2（mL），平行测定三次。

根据滴定时所消耗的 EDTA 标准溶液的体积和 EDTA 溶液的浓度，计算混合试液中 Bi^{3+} 和 Pb^{2+} 的含量（g/L）。（也可画成流程图）

【实验数据与结果】

Bi^{3+} 含量的测定见表 1-3，Pb^{2+} 含量的测定见表 1-4。

表 1-3 Bi^{3+} 含量的测定

记录项目	测定序号	1	2	3
取样量/mL				
EDTA 溶液的用量	初读数/mL			
	终读数/mL			
	滴定消耗/mL			
$\rho(Bi^{3+})/(g/L)$				
$\bar{\rho}(Bi^{3+})/(g/L)$				
相对平均偏差 $\bar{d}_r/\%$				

表 1-4 Pb^{2+} 含量的测定

记录项目	测定序号	1	2	3
取样量/mL				
EDTA 溶液的用量	初读数/mL			
	终读数/mL			
	滴定消耗/mL			
$\rho(Pb^{2+})/(g/L)$				
$\bar{\rho}(Pb^{2+})/(g/L)$				
相对平均偏差 $\bar{d}_r/\%$				

计算公式：

$$\rho(Bi^{3+}) = \frac{c(EDTA) \cdot V_1(EDTA) \cdot M(Bi^{3+})}{25.00} \quad (g/L) \tag{1-10}$$

$$\rho(\mathrm{Pb}^{2+}) = \frac{c(\mathrm{EDTA}) \cdot V_2(\mathrm{EDTA}) \cdot M(\mathrm{Pb}^{2+})}{25.00} \ (\mathrm{g/L}) \qquad (1\text{-}11)$$

讨论思考题，写出心得与体会（略）

有机化学实验报告示例

专业班级		姓名		学号	
指导教师		时间		气压	

溴乙烷的制备

【实验目的】

1. 熟练掌握低沸点有机物微型蒸馏装置。
2. 学习以醇为原料制备溴乙烷的方法和原理。

【实验原理】

醇和氢卤酸的反应是一个可逆反应。为了使反应平衡向右方向移动，可以增加醇或氢卤酸的浓度，也可以设法不断地除去生成的卤烷或水，或两者并用。在制备溴乙烷时，采用溴化钠—硫酸法制备。在增加乙醇用量的同时，把反应中生成的低沸点的溴乙烷及时地从反应混合物中蒸馏出来。

主要反应：

$$\mathrm{NaBr} + \mathrm{H_2SO_4} \longrightarrow \mathrm{Hbr} + \mathrm{NaHSO_4}$$

$$\mathrm{C_2H_5OH} + \mathrm{HBr} \Longrightarrow \mathrm{C_2H_5Br} + \mathrm{H_2O}$$

副反应：

$$2\mathrm{C_2H_5OH} \xrightarrow{\mathrm{H_2SO_4}} \mathrm{C_2H_5OC_2H_5}$$

$$\mathrm{C_2H_5OH} \xrightarrow[\triangle]{\mathrm{H_2SO_4}} \mathrm{CH_2} \!=\!\! \mathrm{CH_2}$$

【仪器和试剂】

仪器：圆底烧瓶（50mL 、25mL）、直形冷凝管、球形冷凝管、分液漏斗（125mL）、蒸馏头、接液管、磨口锥形瓶（50mL）、温度计、电热套、蒸馏头。

试剂：乙醇、乙醚、浓硫酸、溴化钠、无水氯化镁。

【实验装置图】

反应装置如图 1-1 所示，蒸馏装置如图 1-2 所示，分液漏斗如图 1-3 所示。

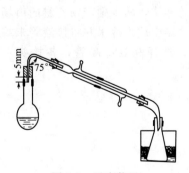

图 1-1 反应装置

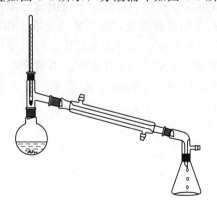

图 1-2 蒸馏装置

图 1-3 分液漏斗

【实验步骤、现象记录】

实验步骤与实验现象记录见表1-5。

表1-5　实验步骤与实验现象记录

序号	步骤	现象	注释
1	在50mL圆底烧瓶中加入4mL乙醇,3.6mL水,置于冷水浴中,分次加入7.6mL浓硫酸,冷却至室温,加入两粒沸石;摇荡加入6.0gNaBr(研细的粉末)	NaBr粉末结块,溶液中有淡黄色	$2HBr+H_2SO_4\longrightarrow Br_2+SO_2+2H_2O$ 在加NaBr之前加沸石,是因为NaBr加后会结块,先加沸石,沸石在底部,起到防止爆沸的作用
2	按反应装置接好仪器,接收瓶内加少量水,接液管末端浸没在水中,接收瓶浸入热水中,加热至无油状物生成为止	NaBr块溶解,反应瓶中有大量气泡,有油状物生成,反应液先淡黄色加深后又褪色	$NaBr+H_2SO_4\longrightarrow HBr+NaHSO_4$ $C_2H_5OH+HBr\longrightarrow C_2H_5Br+H_2O$
3	移去接收瓶后停止加热		防止倒吸现象发生
4	将馏出物转入分液漏斗中,分出有机层,置于干燥的锥形瓶中,将锥形瓶置于冰水浴中摇动下加入2mL浓硫酸	上层为水层,下层为有机层	在冰水浴中加硫酸是为了防止浓硫酸加入后遇水放热使溴乙烷蒸发,避免了产物的损失
5	用干燥的分液漏斗分去硫酸	上层为有机层,下层是硫酸	用干燥的分液漏斗是为了防止浓硫酸遇水放热使溴乙烷挥发
6	将有机层转入25mL干燥的原地烧瓶中,加入几粒沸石,用纯化装置连接仪器,水浴加热蒸馏,接收瓶浸入冰水浴中冷却,收集34~36℃的馏分	33℃有物质馏出,34℃换接收瓶;收集34~36℃的馏分2.05g	接收瓶用冰水浴是为了提高溴乙烷的产率

【产率计算】

m理论＝n(摩尔数)M(摩尔质量)＝6.35g　产率$w＝m$(实际)÷m(理论)×100％＝32.28％

【思考题】

1. 本实验中得到的产品溴乙烷产量往往不高,试分析可能的几种因素?

答案:高浓度盐会降低醇在反应体系的溶解度;温度太高,会使HBr大量挥发;分离浓硫酸等时放热造成的产品挥发损失。

2. 为什么用硫酸可以除去溴乙烷中的乙醚和乙醇?

答案:加硫酸可以使乙醇、乙醚质子化形成鎓盐,溶于硫酸中经分液后即可除去。

3. 为减少溴乙烷的挥发损失,本实验中采取了哪些措施?

答案:反应中加入少量的水,防止反应进行时发生大量的泡沫,减少副产物乙醚的市场生成和避免HBr的挥发;C_2H_5Br在水中的溶解度小,在接收器中放入冷水并将接液管末端浸入水中;分离过程仔细,极可能分离完全;慢速的蒸馏;选择高效冷凝管,各接头不漏气。

第2章

化学实验基础知识

2.1 化学试剂与化学药品

试剂规格又称试剂级别或类别。一般按实际的用途或纯度、杂质含量来划分规格标准。我国的试剂规格基本上按纯度划分，可将其分为以下几个等级。

(1) 优级纯试剂

亦称保证试剂，为一级品，纯度高，杂质极少，主要用于精密分析和科学研究，常以GR表示。

(2) 分析纯试剂

亦称分析试剂，为二级品，纯度略低于优级纯，杂质含量略高于优级纯，适用于重要分析和一般性研究工作，常以 AR 表示。

(3) 化学纯试剂

为三级品，纯度较分析纯差，但高于实验试剂，适用于工厂、学校一般性的分析工作，常以 CP 表示。

(4) 实验试剂

为四级品，纯度比化学纯差，但比工业品纯度高，主要用于一般化学实验，不能用于分析工作，常以 LR 表示。

根据"化学试剂包装及标志"的规定，化学试剂的不同等级分别用各种不同的颜色来标志，实验室常用试剂分级规格见表 2-1。

表 2-1 实验室常用试剂分级规格

级别	1 级	2 级	3 级	4 级
中文名	优级纯	分析纯	化学纯	实验试剂
英文标志	GR	AR	CP	LR
标签颜色	绿	红	蓝	黄色/咖啡色

2.1.1 化学试剂的储存

物质的保存方法，与物质的物理、化学性质有关。实验室在保存化学试剂时，一般应遵循如下 8 条原则。

(1) 密封

多数试剂都要密封存放，这是实验室保存试剂的一个重要原则。突出的有以下 3 类：a. 易挥发的试剂，如浓盐酸、浓硝酸、浓溴水等；b. 易与水蒸气、二氧化碳作用的试剂，如无水氯化钙、苛性钠、水玻璃等；c. 易被氧化的试剂（或还原性试剂），如亚硫酸钠、氢硫酸、硫酸亚铁等。

（2）避光

见光或受热易分解的试剂，要避免光照，置阴凉处。如硝酸、硝酸银等，一般应盛放在棕色试剂瓶中。

（3）防蚀

对有腐蚀作用的试剂，要注意防蚀。如氢氟酸不能放在玻璃瓶中；强氧化剂、有机溶剂不可用带橡胶塞的试剂瓶存放；碱液、水玻璃等不能用带玻璃塞的试剂瓶存放。

（4）抑制

对于易水解、易被氧化的试剂，要加一些物质抑制其水解或被氧化。如氯化铁溶液中常滴入少量盐酸；硫酸亚铁溶液中常加入少量铁屑。

（5）隔离

如易燃有机物要远离火源；强氧化剂（过氧化物或有强氧化性的含氧酸及其盐）要与易被氧化的物质（炭粉、硫化物等）隔开存放。

（6）通风

多数试剂的存放，要遵循这一原则。特别是易燃有机物、强氧化剂等。

（7）低温

对于室温下易发生反应的试剂，要采取措施低温保存。如苯乙烯和丙烯酸甲酯等不饱和烃及衍生物在室温时易发生聚合，过氧化氢易发生分解，因此要在 10℃ 以下的环境保存。

（8）特殊

特殊试剂要采取特殊措施保存。如钾、钠要放在煤油中，白磷放在水中；液溴极易挥发，要在其上面覆盖一层水等。

实验室中大部分试剂都具有多重性质，在保存时要综合考虑各方面因素，遵循相应的原则。

2.1.2　化学试剂的取用

（1）固体试剂的取用规则

① 要用干净的药匙取用。用过的药匙必须洗净和擦干后才能使用，以免玷污试剂。

② 取用试剂后立即盖紧瓶盖，防止药剂与空气中的氧气等起反应。

③ 称量固体试剂时，必须注意不要取多，多取的药品，不能倒回原瓶。因为取出的药品已经接触空气，有可能已经受到污染，再倒回去容易污染瓶里的其他试剂。

④ 一般的固体试剂可以放在干净的纸或表面皿上称量。具有腐蚀性、强氧化性或易潮解的固体试剂不能在纸上称量，应放在玻璃容器内称量。如氢氧化钠有腐蚀性，又易潮解，最好放在烧杯中称取，否则容易腐蚀天平。

⑤ 有毒的药品称取时要做好防护措施。如戴好口罩、手套等。

（2）液体试剂的取用规则

① 从滴瓶中取液体试剂时，要用滴瓶中的滴管，滴管绝不能伸入所用的容器中，以免接触器壁而玷污药品。从试剂瓶中取少量液体试剂时，则需使用专用滴管。装有药品的滴管不得横置或滴管口向上斜放，以免液体滴入滴管的胶皮帽中，腐蚀胶皮帽，再取试剂时易受到污染。

② 从细口瓶中取出液体试剂时，用倾注法。先将瓶塞取下，反放在桌面上，手握住试剂瓶上贴标签的一面，逐渐倾斜瓶子，让试剂沿着洁净的管壁流入试管或沿着洁净的玻璃棒注入烧杯中。取出所需量后，将试剂瓶扣在容器上靠一下，再逐渐竖起瓶子，以免遗留在瓶口的液体滴流到瓶的外壁。

③ 在某些不需要准确体积的实验时，可以估计取出液体的量。例如，用滴管取用液体时，1mL 相当于多少滴，5mL 液体占容器的几分之几等。倒入的溶液的量，一般不超过其容积的 1/3。

④ 定量取用液体时，用量筒或移液管取。量筒用于量取一定体积的液体，可根据需要选用不同量度的量筒，而取用准确的量时就必须使用移液管。

⑤ 取用挥发性强的试剂时要在通风橱中进行，做好安全防护措施。

2.1.3 化学试剂溶液配制的一般方法

(1) 配制溶质质量分数一定的溶液

① 计算。算出所需溶质的质量。如溶质是液体时，要算出液体和溶剂的体积。

② 称量。用天平称取固体溶质的质量；用量筒量取或吸管吸取所需溶质的体积。

③ 溶解。将固体或液体溶质倒入烧杯里，加入所需的水，用玻璃棒搅拌使溶质完全溶解。

(2) 配制一定物质的量浓度的溶液

① 计算。算出固体溶质的质量或液体溶质的体积。

② 称量。用天平称取固体溶质质量，用量筒量取或吸管吸取所需溶质的体积。

③ 溶解。将固体或液体溶质倒入烧杯中，加入适量的蒸馏水或所需的溶剂（约为所配溶液体积的 1/3），用玻璃棒搅拌使之溶解，冷却到室温后，将溶液引流注入容量瓶里。

④ 洗涤（转移）。用适量蒸馏水将烧杯及玻璃棒洗涤 2~3 次，将洗涤液注入容量瓶。振荡，使溶液混合均匀。注意振摇时，将容量瓶塞子打开，以防止在振摇过程中，反应产生气体将塞子冲出。

⑤ 定容。继续往容量瓶中小心地加水或溶剂，直到液面接近刻度 2~3mm 处，改用胶头滴管加水或溶剂，使溶液凹面恰好与刻度相切。把容量瓶盖紧，再振荡摇匀。

(3) 注意事项

配制放热反应或吸热反应的溶液定容时，一定要溶液冷至室温后再按照上面的定容方法进行定容。特别是配置盐酸或硫酸溶液时，先在容器内加入水后，再将盐酸或硫酸缓缓加入，边加边搅拌。

2.2 各类试纸、指示剂和滤纸

2.2.1 试纸

试纸是由化学药品浸制而成，可通过其颜色变化检验溶液的酸碱性和某种化合物、原子、离子存在的功能材料。如 pH 试纸、淀粉碘化钾试纸等。

(1) pH 试纸

将多种酸碱指示剂按一定比例混合浸制而成，能在不同 pH 值条件下显示不同的颜色，从而准确指示溶液酸度。测量范围为 1.0 到 14.0，赤（pH＝1 或 2）、橙（pH＝3 或 4）、黄

（pH＝5或6）、绿（pH＝7或8）、青（pH＝9或10）、蓝（pH＝11或12）、紫（pH＝13或14）pH越高偏碱性，越低偏酸性。可分为广泛pH试纸和精密pH试纸两类，测量精度可分0.2级、0.1级、0.01级或更高精度。

① 使用方法。

a. 检验溶液的酸碱度：取一小块试纸在表面皿或玻璃片上，用洁净干燥的玻璃棒蘸取待测液点滴于试纸的中部，观察变化稳定后的颜色，与标准比色卡对比，判断溶液的酸碱度。

b. 检验气体的酸碱度：先用蒸馏水把试纸润湿，粘在玻璃棒的一端，再送到盛有待测气体的容器口附近，观察颜色的变化，判断气体的性质。

② 注意事项。

a. 试纸不可直接伸入溶液。

b. 试纸不可接触试管口、瓶口、导管口等。

c. 测定溶液的pH值时，试纸不可事先用蒸馏水润湿，因为润湿试纸相当于稀释被检验的溶液，导致测量不准确。

d. 取出试纸后，应将盛放试纸的容器盖严，以免被实验室的气体玷污。

(2) 淀粉碘化钾试纸

淀粉碘化钾试纸是一种检验氧化剂的化学用品。如果被检测物质的氧化能力大于单质碘，将与碘化钾发生氧化还原反应生成碘单质，生成的碘单质与淀粉形成深蓝色的络合物，达到检测物质氧化能力的目的。

① 使用方法。

a. 检验溶液的氧化性：取一小块试纸在表面皿或玻璃片上，用洁净干燥的玻璃棒蘸取待测液点滴于试纸的中部，观察试纸是否变蓝，试纸变为蓝色说明溶液中含有氧化能力强于碘单质的物质。

b. 检验气体的氧化性：先用蒸馏水把试纸润湿，粘在玻璃棒的一端，再送到盛有待测气体的容器口附近，观察试纸是否变蓝，试纸变为蓝色说明气体中含有氧化能力强于碘单质的物质。

② 注意事项。

a. 该试纸不宜在温度超过40℃的环境下使用，因为碘-淀粉络合物在此环境下分解，导致蓝色消失。

b. 储存时应保持干燥，否则容易失效。

2.2.2 指示剂

指示剂是一类用于滴定操作中指示反应终点的化学试剂，在环境发生改变（pH值、氧化还原电位、金属离子浓度等）时指示剂自身形态改变从而引起颜色变化，通过颜色的改变指示滴定终点。主要包括酸碱指示剂、氧化还原指示剂、金属指示剂、沉淀指示剂等。

(1) 酸碱指示剂

在其特定的pH值范围内，随溶液pH值改变而变色的化合物，通常是有机弱酸或有机弱碱，在酸性和碱性条件下具有不同的颜色。

指示剂酸HIn在溶液中的离解常数 $K_a＝[H^+][In^-]/[HIn]$，即溶液的颜色取决于 $[In^-]/[HIn]$，而 $[In^-]/[HIn]$ 只取决于 $[H^+]$。当溶液的酸度 $[H^+]$ 发生变化时，$[In^-]/[HIn]$ 的值发生改变，溶液的颜色也逐渐改变。酸碱指示剂的理论变色点为 $pH＝pK_a$，此时 $[In^-]/[HIn]＝1$；当 $pH＞pK_a＋1$ 时，溶液显碱色；当 $pH＜pK_a－1$ 时，溶液显酸色；可见溶液的颜色是在 pH＝pK_a－1 到 pH＝pK_a＋1 的范围内变化的，这个范围称为指示剂的理论变色范围。

不同的酸碱指示剂有不同的变色范围，表 2-2 列出了常见酸碱指示剂的变色范围。由于人的视觉对各种颜色的敏感程度不同，加上在变色范围内指示剂呈现混合色，两种颜色互相影响观察，所以实际观察结果与理论值有差别。以甲基橙（pK_a＝3.4）为例，溶液的 pH＜3.1 时，呈酸性，显红色；pH＞4.4 时，呈碱性，显黄色；而当 pH 值介于 3.1～4.4 之间时，出现橙色。为了提高变色的敏锐性，可以采用混合指示剂来指示酸度的变化。例如，把溴甲酚绿和甲基红按照一定比例混合，使溶液在酸性条件下显橙红色，碱性条件下显绿色，橙红色和绿色互补得到灰色，变色非常敏锐，利于准确判断滴定终点。

表 2-2　常见酸碱指示剂的变色范围

指示剂	pK_a	变色范围	颜色变化
酚酞	9.1	8.0～10.0	无色～红色
甲基红	5.2	4.4～6.2	红色～黄色
甲基橙	3.4	3.1～4.4	红色～黄色
甲基黄	3.3	2.9～4.0	红色～黄色
溴甲酚绿	4.9	4.0～5.6	黄色～蓝色
苯酚红	8.0	6.8～8.4	黄色～红色
百里酚蓝	8.9	8.0～9.6	黄色～蓝色
中性红	7.4	6.8～8.0	红色～黄橙色
甲基红-溴甲酚绿		5.1	红色～绿色
甲酚红-百里酚蓝		8.3	黄色～紫色

（2）金属指示剂

络合滴定法所用的指示剂，大多是染料，它在一定 pH 值下能与金属离子络合呈现一种与游离指示剂完全不同的颜色从而指示终点。主要包括铬黑 T、二甲酚橙、钙指示剂等。

（3）氧化还原指示剂

主要为氧化剂或还原剂，它的氧化态与还原态具有不同的颜色，在滴定中被氧化（或还原）时有明显的颜色变化，从而指示出溶液电位的变化。主要包括亚甲基蓝、二苯胺、邻二氮菲亚铁、邻苯氨基苯甲酸等。

（4）沉淀滴定指示剂

主要是 Ag^+ 与卤素离子的滴定，以铬酸钾、铁铵矾或荧光黄做指示剂。

2.2.3　滤纸

滤纸是一种常见于化学实验室的过滤介质，常见的形状是圆形和方形，多由纤维交织而成。纤维之间的缝隙使滤纸表面具有丰富的多孔结构，该孔道允许液体粒子自由通过，却截留体积较大的固体粒子，因此滤纸可用于液态与固态物质分离。根据组成滤纸的纤维种类不同，可分为玻璃纤维滤纸、石英纤维滤纸、聚丙烯滤纸、醋酸纤维滤纸、硝酸纤维滤纸以及混合纤维滤纸等。其中，纤维素滤纸又包括定性滤纸和定量滤纸。

在实验中使用滤纸多连同过滤漏斗及布氏漏斗等仪器一同使用。使用前需把滤纸折成合适的形状，常见的折法是把滤纸折成类似花的形状。滤纸的折叠程度越高，能提供的表面面积也越高，过滤效果也越好，但要注意不要过度折叠而导致滤纸破裂。把引流的玻璃棒放在多层滤纸上，用力均匀，避免滤纸破坏。

（1）滤纸-布氏漏斗使用方法

① 将剪好的滤纸平铺在布氏漏斗中，滤纸的直径切不可大于漏斗底边缘，否则滤液会从滤纸折边处流失。

② 抽滤前先用少量去离子水将滤纸润湿，然后倒入部分滤液，调节真空度，避免抽破滤纸，待滤纸表面形成一层滤饼后，再将余下溶液倒入，直至抽"干"为止。

（2）滤纸-过滤漏斗使用方法

① 将滤纸对折，连续两次，叠成 90°圆心角形状。

② 把叠好的滤纸，按一侧三层，另一侧一层打开，成漏斗状。

③ 把漏斗状滤纸装入漏斗内，滤纸边要低于漏斗边，并用去离子水润湿滤纸，使其与漏斗内壁紧密贴靠。

④ 将装好滤纸的漏斗安放在过滤用的漏斗架上（如铁架台的圆环上），在漏斗颈下放接纳过滤液的烧杯或试管，并使漏斗颈尖端靠于接纳容器的壁上。

⑤ 向漏斗中注入需要过滤的液体时，右手持盛液烧杯，左手持玻璃棒，玻璃棒下端轻靠漏斗三层滤纸一侧，使杯口紧贴玻璃棒，玻璃棒引流液体至漏斗内，液面不得超过滤纸的高度。

（3）在滤纸选择上应主要考虑几点

① 有效面积大，即滤纸使用面积大，容尘量就大，阻力就小，使用寿命就长，当然成本也就相应增加。

② 纤维直径越细，拦截效果越好，过滤效率相应较高。

③ 滤材中黏结剂含量高，纸的抗拉强度就高，过滤效率就高，掉毛现象就少，滤材本底积尘小，抗性好，但阻力相应增大。

2.3 常用溶剂与溶液

溶剂是一种可以溶解固体、液体或气体溶质的液体，按化学组成分为有机溶剂和无机溶剂，其中水是最常用的溶剂。

2.3.1 最常用的溶剂——水

由于水的溶解能力很强，天然水中通常含有多种杂质，包括悬浮物（泥沙、藻类等）、电解质（阳离子有 H^+、Na^+、K^+、NH_4^+、Mg^{2+}、Ca^{2+}、Fe^{3+}、Cu^{2+}、Mn^{2+}、Al^{3+} 等；阴离子有 F^-、Cl^-、NO_3^-、HCO_3^-、SO_4^{2-}、PO_4^{3-}、$H_2PO_4^-$、$HSiO_3^-$ 等）、有机物质（有机酸、农药、烃类、醇类和酯类等）以及溶解性气体（N_2、O_2、Cl_2、H_2S、CO、CO_2、CH_4 等）等。在化学实验中，水的纯度直接影响实验结果的稳定性和准确性。因此，实验前需要对水进行纯化，去掉水中的杂质，获得纯净的水。

（1）纯水的分类

实验室纯水可分为几个常规等级：纯水、去离子水、实验室Ⅱ级纯水和超纯水。

① 纯水。纯化水平最低，通常电导率在 $1\sim50\mu S/cm$ 之间。可经单一弱碱性阴离子交换树脂、反渗透或单次蒸馏制成。典型的应用包括玻璃器皿的清洗、高压灭菌器、恒温恒湿实验箱和清洗机用水。

② 去离子水。水中强电解质的绝大部分已去除，而弱电解质也去除到一定程度，剩余含盐量在 $1.0mg/L$ 以下。25℃时水的电阻率为 $1.0\sim10M\Omega\cdot cm$。用含强阴离子交换树脂的混床离子交换制成，但它有相对较高的有机物和细菌污染水平，能满足多种需求，如清洗、制备分析标准样、制备试剂和稀释样品等。

③ 实验室 II 级纯水。电导率 $<1.0\mu S/cm$，总有机炭（TOC）含量小于 $50\mu g/L$ 以及细菌含量低于 $1CFU/mL$。其水质可适用于试剂制备、溶液稀释、配备细胞培养营养液以及微生物研究。这种纯水可双蒸而成，或整合 RO 和离子交换/EDI 多种技术制成，也可以再结合吸附介质和 UV 灯。

④ 超纯水。这种级别的纯水在电阻率、有机物含量、颗粒和细菌含量方面接近理论上的纯度极限，通过离子交换、膜或蒸馏手段预纯化，再经过核子级离子交换精纯化得到超纯水。在使用之前，还需进行终端处理以确保水的高纯度。高纯水的剩余含盐量应在 $0.1mg/L$ 以下，$TOC<10\mu g/L$，滤除 $0.1\mu m$ 甚至更小的颗粒，细菌含量低于 $1CFU/mL$。$25℃$ 时，水的电阻率在 $10M\Omega\cdot cm$ 以上，而理论上纯水（即理想纯水）的电阻率应等于 $18.3M\Omega\cdot cm$。超纯水适合多种精密分析实验的需求，如高效液相色谱，离子色谱和质谱等。

（2）水的纯化方法

① 蒸馏法。将自来水在蒸馏装置中加热汽化，然后冷凝水蒸气获得蒸馏水，蒸馏水是化学实验中最常用的廉价洗涤剂和溶剂，$25℃$ 时其电阻率在 $10^5\Omega\cdot cm$。蒸馏法按蒸馏器皿可分为玻璃、石英蒸馏器，金属材质的有铜、不锈钢和白金蒸馏器等。按蒸馏次数可分为一次、二次和多次蒸馏法。这种纯化方法实验室目前已极少使用。

② 离子交换法。是自来水通过装有阴、阳离子交换树脂的离子交换柱，以去除水中的杂质离子，得到高纯度的水，$25℃$ 时其电阻率为 $5\times10^6\Omega\cdot cm$。

③ 电渗析法。将自来水通过电渗析器，除去水中阴、阳离子，获得净化水，$25℃$ 时其电阻率为 $10^4\sim10^5\Omega\cdot cm$。

④ 反渗透法。是一种应用最广的脱盐技术。反渗透法能去除无机盐、有机物（分子量$>$500）、细菌、热源、病毒、悬浊物（粒径$>0.1\mu m$）等。产出水的电阻率能较原水的电阻率升高近 10 倍。例如，原水的电阻率为 $1.6k\Omega\cdot cm$ 时，产出水的电阻率约为 $14k\Omega\cdot cm$。常用的反渗透膜有醋酸纤维素膜、聚酰胺膜和聚砜膜等。

（3）超纯水的制备方法

传统的纯水方法不能制备出超纯水，化学意义上超纯水的理论电阻率为 $18.3M\Omega\cdot cm$，单一的净水技术难以生产出超纯水，目前，制备超纯水的方法是将各种纯化水的新技术科学地结合起来，主要原理和步骤如下。

① 原水。可用自来水或普通蒸馏水或普通去离子水做原水。

② 机械过滤。通过砂芯滤板和纤维柱滤除机械杂质，如铁锈和其他悬浮物等。

③ 活性炭过滤。活性炭是广谱吸附剂，可吸附气体成分，如水中的余氯等；吸附细菌和某些过渡金属等。

④ 反渗透膜过滤。可滤除 95% 以上的电解质和大分子化合物，包括胶体微粒和病毒等。

⑤ 紫外线消解。借助于短波（$180\sim254nm$）紫外线照射分解水中的不易被活性炭吸附的小有机化合物，如甲醇、乙醇等，使其转变成 CO_2 和水，以降低 TOC 的指标。

⑥ 离子交换单元。通过装有阴、阳离子交换树脂的离子交换柱，以去除水中的残留杂质离子。

⑦ $0.2\mu m$ 滤膜过滤。以除去水中的颗粒物，使其浓度小于 1 个/mL。经过上述净化工艺获得的水即为超纯水，应能满足各种仪器分析、高纯分析、痕量分析的要求，接近或达到电子级水的要求。

2.3.2 有机溶剂

有机溶剂是能溶解一些不溶于水的物质（如油脂、蜡、树脂、橡胶、染料等）的一类有机化合物，其特点是在常温常压下呈液态，具有较大的挥发性，在溶解过程中，溶质与溶剂的性质均无改变。

有机溶剂的种类较多，按其化学结构可分为 10 大类。

① 芳香烃类。苯、甲苯、二甲苯等。

② 脂肪烃类。戊烷、己烷、辛烷等。

③ 脂环烃类。环己烷、环己酮、甲苯环己酮等。

④ 卤代烃类。氯苯、二氯苯、二氯甲烷等。

⑤ 醇类。甲醇、乙醇、异丙醇等。

⑥ 醚类。乙醚、环氧丙烷等。

⑦ 酯类。醋酸甲酯、醋酸乙酯、醋酸丙酯等。

⑧ 酮类。丙酮、甲基丁酮、甲基异丁酮等。

⑨ 二醇衍生物。乙二醇单甲醚、乙二醇单乙醚等。

⑩ 其他。乙腈、吡啶、苯酚等。

2.4 常用玻璃仪器

2.4.1 化学实验常用玻璃仪器介绍

玻璃仪器具有良好的化学稳定性，在化学实验中经常大量使用。正确选择使用玻璃仪器是顺利开展实验的基础，也是培养学生实践能力的基本要求。这一节主要介绍常用玻璃仪器用途和使用方法。

玻璃仪器种类繁多，常用玻璃仪器按其用途可分为容器类仪器、量器类仪器和其他类仪器。每种玻璃仪器都有许多不同的规格，使用时要根据用途、用量以及精确度正确选择不同类型和不同规格的玻璃仪器，并仔细阅读使用说明和注意事项（见表 2-3）。

表 2-3　化学实验常用仪器的种类及使用方法

仪器	规格	主要用途	使用方法和注意事项
烧杯	玻璃、塑料、耐热玻璃材质； 规格：按容量（mL）分为25、50、100、200、500、1000 等	1. 配制溶液； 2. 常温或加热条件下，较大量试剂的反应容器	1. 反应液体不超过烧杯容量的 2/3，防止液体溅出； 2. 加热前需将烧杯外壁擦干，加热时烧杯底部需垫石棉网，以防烧杯受热不均而破裂
试管 离心管	玻璃、塑料材质，分为普通试管和离心试管； 规格：按容量（mL）分为5、10、20、50、100 等	1. 常温或加热条件下，少量试剂的反应容器； 2. 收集少量气体； 3. 沉淀分离辨别	1. 反应液体不超过容量的 1/2，加热条件下不超过容量的 1/3，防止液体溅出； 2. 加热前试管外壁擦干，防止试管受热不均，加热时用试管夹操作，并且管口不得对人，避免烫伤； 3. 加热固体时管口向朝下倾斜，避免冷凝水回流造成试管破裂； 4. 离心管不得直接加热

仪器	规格	主要用途	使用方法和注意事项
平底烧瓶 圆底烧瓶	玻璃材质,分为平底、圆底、长颈、短颈、细口和粗口几种; 规格:按容量(mL)分为25、50、100、200、250、500等	圆底烧瓶:常温或加热条件下的反应容器,受热面积大,耐压性能好; 平底烧瓶:配制溶液,也可代替圆底烧瓶使用	1. 反应液体不超过烧瓶容量的2/3,防止液体溅出; 2. 加热前需将烧瓶外壁擦干,加热时固定在铁架台上,烧瓶底部需垫石棉网,以防烧瓶受热不均而破裂
长颈漏斗 短颈漏斗	玻璃材质或搪瓷材质,分为长颈和短颈两种; 规格:按斗颈(mm)分为30、40、60、100、120等	过滤或倾注液体	1. 不可直接加热,以防破裂; 2. 过滤时漏斗紧靠承接滤液的容器内壁,以防滤液溅出
锥形瓶	玻璃材质,分为有塞和无塞,广口和细口几种; 规格:按容量(mL)分为50、100、150、200、250等	1. 常温或加热条件下的反应容器; 2. 震荡方便,可用于滴定操作	1. 反应液体不超过烧杯容量的2/3,防止液体溅出; 2. 加热前需将烧杯外壁擦干,加热时烧杯底部需垫石棉网,以防烧杯受热不均而破裂
分液漏斗	玻璃材质,分为梨形、球形、锥形几种; 规格:按容量(mL)分为50、100、150、250、500等	1. 用于萃取操作后的分液; 2. 在气体发生装置中作为加液容器	1. 不能加热,以防破裂; 2. 用前检漏,塞子处涂凡士林可使转塞灵活且不漏液; 3. 分液时,下层液体从漏斗管流出,上层液体从伤口倒出,以确保分液彻底
量筒	玻璃或塑料材质; 规格:按容量(mL)分为5、10、25、50、100、200等	用于量取一定体积的溶剂或溶液	1. 竖直放置在实验台上,读数时,视线与液面水平,不得仰视或俯视,读取与液体弯月面底切的刻度; 2. 不可加热或配置溶液; 3. 不得量取热的液体
滴管	玻璃或者塑料材质,有大小长短之分	1. 用于滴加或移取少量液体; 2. 吸取下层沉淀	1. 滴加时保持垂直,避免倾斜倒立; 2. 滴管尖不得接触其他物体,以免污染

仪器	规格	主要用途	使用方法和注意事项
滴瓶	玻璃材质,有无色透明型和棕色型之分	盛放少量液体试剂	1. 见光易分解的试剂盛放于棕色瓶中; 2. 使用时滴管尖不得接触其他物体,不同滴瓶的滴管不可混用,以免污染
药匙	金属或塑料材质,有大小长短之分	主要用于取固体试剂	1. 药匙大小的选择根据取用药品的多少和试剂瓶口的尺寸决定; 2. 用后及时清洁干燥,污染状态下不能使用
称量瓶	玻璃材质,包括高型和矮型两种; 规格:按容量(mL)分为5、10、15、20 等	用于称取固体药品,尤其是易吸潮、易氧化、易与 CO_2 反应的试剂	1. 不能加热; 2. 磨口瓶盖需要配套使用,不得混用; 3. 用完洗净干燥,并在磨口处垫上纸片
洗气瓶	玻璃材质; 规格:按容量(mL)分为125、250、500、1000 等	1. 用于净化气体; 2. 可作为安全瓶	1. 进气管通入液面以下; 2. 液体容量不得超过洗气瓶容量的1/2
碱式滴定管 酸式滴定管	玻璃材质,分为酸式滴定管和碱式滴定管两种; 规格:按刻度最大值(mL)分为 25、50、100 等	滴定操作时,用于准确度量滴定液的体积	1. 使用前清洗干净,并检漏,然后用待装液润洗三次; 2. 滴定前注意赶尽气泡; 3. 酸式滴定管和碱式滴定管不得混用; 4. 读数应读至小数点后第二位

仪器	规格	主要用途	使用方法和注意事项
吸量管 移液管	玻璃或塑料材质；规格：按容量(mL)分为1、2、5、10、25、50等	用于精确移取一定体积的溶剂或溶液	1. 用前洗涤干净，并用待取液润洗3次； 2. 移取液体时，先将液体吸入刻度以上，再用食指按住管口，轻轻转动放气，控制液面至刻度处，用食指紧密按住管口，移取液体至指定容器
滴液漏斗 恒压滴液漏斗	玻璃材质，包括滴液漏斗和恒压滴液漏斗	主要用于反应过程中滴加原料	恒压滴液漏斗用于密闭反应体系，可以保证内部压强不变，使漏斗内液体顺利流下
升降台	不锈钢、塑料材质，有大小高低之分	调整物体或实验装置的位置，如调整加热套的位置，控制加热效率	1. 将升降台放置平稳，旋转手轮使升降台的上面板调节至所需的高度即可，工作台面的大小可根据需要选择使用； 2. 使用完毕后，应保持清洁，并存放在阴凉、干燥、无腐蚀性气体的地方
试管架	木质、塑料材质、金属材质几种	放置试管观察实验现象或者用于干燥试管	将试管放置在试管架孔洞中或者倒立在试管架的支柱上
蒸发皿	瓷质、玻璃、石英材质，平底和圆底两种；规格：按容量(mL)分为75、200、400等	蒸发浓缩溶液	一般放置在石棉网上加热，必要时用玻璃棒搅拌，但不宜骤冷，以防破裂
坩埚	瓷质、石墨、石英材质；规格：按容量(mL)分为10、15、25、50等	可用于高温加热、煅烧固体	1. 放在泥三角上直接加热或高温煅烧； 2. 用坩埚钳操作坩埚，加热完毕后，把坩埚放置在石棉网上

仪器	规格	主要用途	使用方法和注意事项
坩埚钳	坩埚钳,铁制品	用于夹取坩埚或蒸发皿	1. 用前洗涤干净,放置污染产物; 2. 用后尖端向上放置,冷却后擦洗干净并干燥
保干器	玻璃材质; 按高度(mm)分为:165、220、280、320、360、450 等	用于干燥易潮解变质试剂药品、精密金属元件、显微镜镜头以及称量瓶等	1. 在干燥器底部放入干燥剂(变色硅胶、浓硫酸或无水氯化钙等),然后将待干燥的物质放在瓷板上; 2. 在干燥器宽边处涂一层凡士林,将盖子盖好沿水平方向摩擦几次使油脂涂匀,即可进行干燥; 3. 打开干燥器盖子时一手扶住干燥器,另一手将干燥器盖子水平移动
表面皿	玻璃材质; 按直径(mm)分为:45、65、75、90 等	1. 测试时盛放 pH 试纸、淀粉碘化钾试纸; 2. 盖在烧杯上,放置液体溅出	不得用火直接加热,以防破裂
泥三角	由铁丝和瓷管构成	用于放置坩埚	1. 用前检查铁丝是否断裂,放置坩埚脱落; 2. 为提高煅烧效率,坩埚应横斜放在一个瓷管上
洗瓶	塑料材质,常用的有吹出型和挤压型两种; 规格:按容量(mL)分为250、500 等	用于溶液的定量转移和沉淀的洗涤和转移	用时勿污染出水管
布氏漏斗 抽滤瓶	布氏漏斗为瓷质,按直径(mm)分为:40、60、80、100 等; 抽滤瓶为玻璃材质,按容量(mL)分为 100、250、500、1000 等	用于晶体或沉淀的减压过滤分离(水泵或真空泵降低抽滤瓶中的压力,形成压力差)	1. 不能直接加热,以防破裂; 2. 滤纸略小于布氏漏斗内径,防止滤液从边缘透过; 3. 使用时,先启动减压抽气装置再过滤,过滤完毕后,先把抽滤瓶与抽气管分开,再关闭减压抽气装置,以防倒吸

仪器	规格	主要用途	使用方法和注意事项
三角架	铁制品,有大小、高低之分	放置较大较重的加热容器	放置加热容器前,先放置石棉网,使容器受热均匀

① 容器类。主要作为反应容器和储存容器。包括试管、烧杯、锥形瓶、烧瓶、称量瓶、分液漏斗等。可分为可加热类容器和不可加热类容器。

② 量器类。主要用于度量溶液体积。包括量筒、移液管、移量管、滴定管、容量瓶等。

③ 其他类仪器。

2.4.2 仪器的洗涤与干燥

(1) 仪器的洗涤

仪器的洗涤是化学实验中一项最基本而又重要的内容。仪器中的污染物和杂质会影响最终的实验结果。为了确保实验结果的准确性和重现性,实验前后必须把实验仪器洗涤干净,并用去离子水荡洗,确保仪器内壁形成均匀的水膜,既不成股流下,又不聚成水滴。洗净的仪器不要用布或纸擦干,以免纤维残留在器壁上,污染了仪器。

洗涤方式主要包括水洗、洗涤剂洗、洗液洗涤、超声波清洗。根据仪器种类、污染物性质以及实验要求选择合适的洗涤方式。

① 水洗。用水和试管刷刷洗,可除去仪器上的灰尘、可溶性和不溶性物质,最后用去离子水荡洗三次。

② 洗涤剂洗。常用洗涤剂有去污粉、洗衣粉、洗涤精和肥皂,可有效去除油污和有机物质。

③ 洗液洗涤。不能用常规洗涤剂洗净的仪器,可用洗液清洗,如坩埚、滴定管、吸量管等。洗液一般具有强氧化性、酸性、腐蚀性和毒性,使用时小心操作,避免引入还原性物质和大量的水,以免洗液稀释失效。清洗时往容器内加入洗液,其用量为容器总容积的 $1/3$,然后将容器倾斜,慢慢转动容器,使容器的内壁全部为洗液润湿,然后将洗液回收到洗液瓶内,再用水将洗液洗去。后用蒸馏水润洗 $2\sim3$ 次。

④ 超声波清洗。利用超声波在液体中的空化作用、加速度作用及直进流作用对液体和污物直接或者间接的作用,使污物层被分散、乳化、剥离而达到清洗目的。超声波清洗技术是当前效率最高、效果最好的清洗方式,其清洗效率高达 98% 以上。

(2) 常见洗液的配制方法

① 重铬酸盐洗液的配制。25g $K_2Cr_2O_7$ 粉末溶于 50mL 水中,然后向溶液中加入 450mL 温热的浓硫酸,即可获得重铬酸盐洗液。

② 碱性高锰酸钾洗液。将 10g $KMnO_4$ 溶于 30mL 去离子水中,再加入 100mL 10% 的氢氧化钠溶液,混合均匀即可使用。

③ 王水。1 体积浓硝酸和 3 体积浓盐酸的混合溶液,使用时在通风橱中进行,并现配现用。

④ KOH-乙醇溶液。用于沾有油脂或有机物的仪器。

(3) 仪器的干燥

仪器的干燥是开展化学实验的重要环节，有时甚至决定实验的成败。常用的仪器干燥方法包括自然晾干、烤干、热风吹干、烘干、有机溶剂干燥法等。其中，利用烘箱烘干是最常用的仪器干燥方法。需要注意的是带有刻度的精密计量仪器不能用加热法干燥，否则影响其精密度，应采用自然晾干或者冷风吹干法干燥。

① 晾干。将洗净的仪器倒置在干燥的仪器柜或者仪器架上，利用仪器上残存水分的自然挥发而使仪器自然干燥，对于倒置不稳的仪器应倒插在仪器柜里的格栅板中或插在仪器架上，必要时可用薄塑料布覆盖，以防灰尘。

② 烤干。利用加热使水分迅速蒸发而使仪器干燥的方法称烤干法。此法常用于可加热或耐高温的仪器，如烧杯、蒸发皿、烧瓶、试管等。加热前先将仪器外壁擦干，然后用小火烤干。烧杯、蒸发皿、烧瓶等可放在石棉网上小火烤干。试管可以用试管夹夹住后，在火焰上来回移动，使试管受热均匀，直至烤干。操作时管口朝下，并不时往复移动试管，待水珠消失后，将管口朝上，使水蒸气逸出。

③ 烘干。将洗净的仪器有序放置到烘箱中，口朝下放置，并在烘箱的最下层放一搪瓷盘，承接从仪器上滴下的水，以免水滴到电热丝上，损坏电热丝。烘箱温度一般在105℃左右，恒温约半小时即可。注意沾有有机溶剂的玻璃仪器不能用电热干燥箱干燥，以免发生爆炸。

④ 有机溶剂干燥法。在洗净的玻璃仪器中，加入少量易挥发有机溶剂（最常用的是丙酮、乙醇以及乙醚），转动仪器使器壁上的水和有机溶剂混合，倒出混合液并回收，最后晾干或者电吹风吹干，需要注意的是不能用烘箱高温烘干，以免发生危险。

2.5 实验室常用气体

2.5.1 常见气体的种类和性质

(1) 空气

空气是构成地球周围大气的气体，相对分子质量为28.98，无色无味，由多种气体组成，主要成分是氮气和氧气，还有极少量的氦、氖、氩、氪、氙等稀有气体和水蒸气、二氧化碳和尘埃等。

在标准大气压下的干燥空气，如果冷却至-192℃，可变成淡青色的液态空气并用钢瓶储存。由于氮气的沸点为-195.8℃，氧气的沸点为-182.96℃，工业上根据它们的沸点不同可从液化空气中将氮气、氧气分离，以制取高浓度的氧气和氮气。空气可用于气相色谱、化学反应的氧化气体等。

(2) 氧气

氧气的相对分子质量为32.00，在常温下为无色、无味、无臭气体，在0℃、101.325kPa绝对压力下密度为1.429g/L，沸点为-182.96℃，熔点为-218.4℃。液态氧呈天蓝色透明液体，可用钢瓶储存。固态氧为蓝色结晶体。氧微溶于水。

氧气有氧化性，能助燃。它与可燃性气体（如氢气、乙炔、一氧化碳等）按一定比例混合后，引起爆炸。氧气用途广泛，是动物呼吸和燃料及其他氧化过程所必需的气体，用于金属的焊接与切割。高温时氧气很活泼，能与多种元素或物质直接化合。

氧气广泛存在于自然界中。高浓度的氧气在工业上大多用空分的方法从液态空气中分离得到，含量可达99.5%。氧气在实验室中常用氯酸钾与二氧化锰加热的方法制得，也可用电解水的方法制取。氧气可用于气相色谱、化学反应的氧化气体等。

(3) 氮气

氮气的相对分子质量为 28.01，在常温下为无色、无臭、无味气体，标准状况下的密度为 1.2506g/L，沸点为 −195.8℃，熔点为 −209.86℃。氮气稍溶于水或乙醇，可用钢瓶储存。氮气的化学性不活泼，不助燃，本身不能燃烧。常温下氮气不易与其他物质发生反应，高温下能与锂、镁、钙、钛等化合，并能直接与氧气或氢气化合。

高浓度氮气工业上往往用空分的方法从液态空气中分馏而得。用此法生产的氮气纯度可达 99.99％以上。作为惰性气体，氮气可用于气相色谱，可用于化学反应的保护气体，液态氮还用于深度冷冻。

(4) 氢气

氢气的相对分子质量为 2.016，无色、无臭、无味气体，0℃时密度为 0.0899g/L，是各种气体中最轻的一种。氢气的沸点为 −252.8℃，熔点为 −259.19℃，可用钢瓶储存。氢气在一般液体中的溶解度很小。氢气在常温下较稳定，但在高温或有触媒存在时较活泼，能与许多物质发生化学反应。在空气中，氢气能与氧气燃烧化合成水，工业上主要采用热裂法、转化法、电解法和蒸气水煤气法等方法制备氢气。氢气可用作气相色谱、化学反应的氢化气体。

(5) 氯气

氯气的相对分子质量为 70.91，常温下为淡黄绿色气体，有窒息性臭味，对呼吸道具有强烈的刺激性，吸入过多会使人畜中毒甚至致死。标准状况下氯气的密度为 3.214g/L，是空气的 2.5 倍左右，氯气的沸点 −34.05℃，熔点 −100.93℃，25℃时水中溶解度为 202mL·(100g)$^{-1}$。氯气可溶于四氯化碳、氯仿和苯等有机溶剂中。干燥的氯气在常压下只要冷却到 −50～−40℃就可变成液态的氯，工业上常用耐压钢瓶盛装液态氯。

氯气本身不能自燃，但可助燃，如氢气在氯气存在下燃烧可生成氯化氢。氯气的化学性质较活泼，可发生许多化学反应。

氯气的生产在工业上主要是用食盐水溶液的电解法制取，实验室中用浓盐酸和二氧化锰制备。实验室中，主要用于氯化或氧化反应。

(6) 二氧化碳

二氧化碳的相对分子量为 44.01，无色、无臭气体，有酸味。相对密度 1.53g/L（空气＝1），熔点为 −56.6℃，沸点为 −78.48℃。溶于水，部分生成碳酸。能被液化成液体二氧化碳，相对密度 1.101（−37℃），沸点 −78.5℃（升华）。可由碳在过量的空气中燃烧或使大理石、石灰石、白云石煅烧或与酸作用而得。

(7) 甲烷

甲烷相对分子质量 16.04，无色、无味的可燃性气体，微溶于水。密度 0.7168g/L，熔点 −184℃，沸点 −164℃。临界温度 −82.1℃，临界压力 4.6MPa，燃烧热 39.77MJ/m³。性质稳定，可被液化和固化。与空气的混合气体在点燃时会发生爆炸，爆炸极限 5.3％～14.0％（体积分数）。工业上主要由天然气中获得。实验室中可用无水乙酸钠和碱石灰共熔而得。

(8) 氯化氢

氯化氢相对分子质量 36.46，无色气体，有刺激性气味。相对密度 1.268g/L（空气＝1），熔点 −114.8℃，沸点 −84.9℃。易溶于水、乙醇和乙醚等。水溶液称为盐酸。干燥氯化氢的性质不活泼，对锌、铁等金属无作用。由氢气和氯气直接化合，或由食盐与浓硫酸共热而得。

（9）硫化氢

硫化氢相对分子质量34.08，无色气体，有恶臭和毒性。相对密度1.1906g/L（空气＝1），熔点－85.5℃，沸点－60.7℃。溶于水、乙醇、甘油。化学性质不稳定，在空气中易燃烧，与许多金属离子作用，生成不溶于水和酸的硫化物沉淀。由硫化亚铁与稀硫酸作用或由氢与硫直接化合而得。

（10）乙烯

乙烯相对分子质量28.05，带有甜香味的无色气体。密度1.260g/L，熔点－169.4℃，沸点－102.4℃。几乎不溶于水，略溶于乙醇，溶于乙醚、丙酮、苯。闪点（℃）为－66.9。蒸气压（Pa）：2039（－150℃），24001（－125℃），130000（－100℃）。燃点543℃。临界压力5.042MPa。临界温度9.2℃。与空气形成爆炸性混合物，爆炸极限3.02%～34%。化学性质活泼，可由液化天然气、液化石油气等经裂解产生的裂解气分出或由乙醇在氧化铝催化剂存在下脱水而得。

（11）乙炔

乙炔相对分子质量26.04，无色液体。气体密度1.173g/L，熔点－81.8℃，沸点－83.6℃（升华）。溶于水、乙醇，易溶于丙酮。临界温度35.2℃，临界压力6.45MPa。与空气形成爆炸性混合物。性质很活泼，能起加成反应和聚合反应。在氧气中燃烧可产生高温和强光。碳化钙与水作用制备，湿式用过量的水，干式用定量的水。天然气部分氧化，或由石油馏分高温裂解而制得。

2.5.2　气体钢瓶的标识及使用

实验室使用大量气体时，常采用商品供应的气体。因此，实验室人员必须熟知气体钢瓶的标识及使用。以免错误地使用气体，造成实验失败或危险。

灌装气体的钢瓶由无缝碳素钢或合金钢制成。气体压缩储存在专用的气体钢瓶中，一般最大压力为$150×10^5$Pa。在各种高压气体钢瓶的外壳瓶颈部打有钢印，其内容有制造单位、日期、型号、工作压力等。国家有统一的标识，见表2-4。

表2-4　实验常用高压气体钢瓶的标识

气体名称	字样/字体颜色	钢瓶外壳颜色	钢瓶内气体状态
氮气	氮/黄	黑	压缩气体
氧气	氧/黑	天蓝	压缩气体
氢气	氢/红	深绿	压缩气体
二氧化碳	二氧化碳/黄	黑	液态
压缩空气	空气/白	黑	压缩气体
乙炔	乙炔/红	白	乙炔溶解在活性丙酮中
乙烯	乙烯/红	紫	
环丙烷	环丙烷/黑	橙黄	
氯气	氯/白	草绿	液态
氨气	氨/黑	黄	液态
氦气	氦/白	棕	压缩气体
纯氩气	纯氩/绿	灰	压缩气体
硫化氢	硫化氢/红	白	
光气	光气/红	草绿	
其他可燃气体	气体名称/白	红	液态
其他不可燃气体	气体名称/黄	黑	压缩气体

2.5.3 减压阀的工作原理及使用方法

(1) 氧气减压阀

化学实验中，经常要用到氧气、氮气、氢气、氩气等气体。这些气体一般都是储存在专用的高压气体钢瓶中。钢瓶内气体的压力，并保持气体释放的压力稳定。目前，常用的是弹簧式减压阀，最常用的减压阀为氧气减压阀，简称氧气表。

氧气减压阀内有高压腔与低压腔，高压腔与钢瓶连接，低压腔为气体出口，并通往使用系统。高压表的示值为钢瓶内储存气体的压力。低压表的出口压力可由调节螺杆控制。

使用时先打开钢瓶总开关，然后顺时针转动低压表压力调节螺杆，使其压缩主弹簧并传动薄膜、弹簧垫块和顶杆而将活门打开。这样进口的高压气体由高压室经节流减压后进入低压室，并经出口通往工作系统。转动调节螺杆，改变活门开启的高度，从而调节高压气体的通过量并达到所需的压力值。

氧气阀门都装有安全阀。它是保护减压阀并使之安全使用的装置，也是减压阀出现故障的信号装置。如果由于活门垫、活门损坏或由于其他原因，导致出口压力自行上升并超过一定许可值时，安全阀会自动打开排气。氧气减压阀实物如图 2-1 所示。

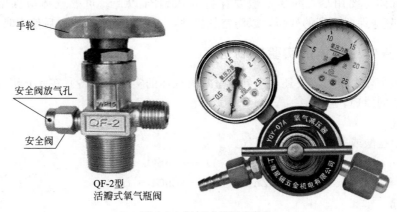

图 2-1　氧气减压阀实物

对于氮气、氩气、空气等气体，也可以采用氧气减压阀。

(2) 氢气减压阀

氢气减压阀是采用控制阀体内的启闭件的开度来调节介质流量计的一种阀门仪器，具有使用灵活、维护简便、稳定性好等多种优点。氢气减压阀的工作由阀后压力进行控制。当压力感应器检测到阀门压力指示升高时，减压阀阀门开度减小；当检测到减压阀后压力减小，减压阀阀门开度增大，以满足控制要求。该阀门的减压比必须在一定程度上高于系统值；即使在最大或者最小流量时它也应该能够对正作用或者反作用控制信号做出响应。这些阀门应该针对有用控制范围选择，即最大流量的 20% 到 80%。正常为等比型或者具有等比特性。这些类型的阀门本身具有比例控制所要求的最佳流量特性及流量范围。

氢气减压阀与氧气减压阀不同，采用的是反向螺纹，安装使用时要特别注意。在使用氢气减压阀前要检查连接部位是否漏气，可涂上肥皂液进行检查，确认不漏气后才进行实验。在确认氢气减压阀处于关闭状态（T 调节螺杆松开状态）后，逆时针打开钢瓶总阀，并观察高压表读数，然后逆时针打开减压阀左边的一个小开关，再顺时针慢慢转动减压阀调节螺杆（T 字旋杆），使其压缩主弹簧将活门打开。使减压表上的压力处于所需压力，

图 2-2　氢气减压阀实物

记录减压表上的压力数值。使用结束后，先顺时针关闭钢瓶总开关，再逆时针旋松减压阀。氢气减压阀实物如图 2-2 所示。

2.5.4　气体钢瓶的使用规则

钢瓶应存放在阴凉、干燥、远离热源及避免强烈震动的地方，搬动钢瓶时要避免撞击。易燃性气体钢瓶与氧气钢瓶不能放在同一室内，室内不能有明火。氧气钢瓶应严禁与油类或粘有油污的物质接触，以免引起燃烧。氢气钢瓶应常检查系统是否漏气，避免与其他气体混合发生爆炸。

不同气体钢瓶配备不同的减压阀，减压阀颜色应与钢瓶颜色一致，一般不得混用，装减压阀前应清除接口处的污垢，螺扣要上紧，开启减压阀时，人应站在出气口侧面，以免气流射伤人体。对于可燃、易爆的气体，打开减压阀时应缓慢，以免气流速度过大，产生静电火花，引起爆炸。

钢瓶内气体不要用尽，残压一般要保持 0.05MPa 以上。可燃气体应保留残压 0.2～0.3MPa，氢气应保留更高的残压，以防空气倒灌，否则重新充气或以后使用时将发生危险。

2.5.5　少量常见气体的实验室制法

化学实验中，因实验需要还会碰到少量常见气体的实验室制备。在此介绍几种常见气体的实验室制法的原理。

(1) 氢气

常用锌跟盐酸或稀硫酸反应制氢气。

$$Zn + H_2SO_4 (稀) \longrightarrow ZnSO_4 + H_2 \uparrow$$

$$Zn + 2HCl \longrightarrow ZnCl_2 + H_2 \uparrow$$

(2) 氧气

常用氯酸钾（二氧化锰作催化剂）或高锰酸钾受热分解制氢气。$KClO_3$ 和 MnO_2 要纯净，加热时以不迸发火花为合格，以确保实验安全。

$$2KClO_3 \xrightarrow[\triangle]{MnO_2} 2KCl + 3O_2 \uparrow$$

$$2KMnO_4 \xrightarrow{\triangle} K_2MnO_4 + MnO_2 + O_2 \uparrow$$

过氧化氢（H_2O_2）在二氧化锰催化下分解，可作为实验室制氧气的一种简便方法。

$$2H_2O_2 \xrightarrow[\triangle]{MnO_2} 2H_2O + O_2 \uparrow$$

(3) 氯气

常用氧化剂二氧化锰或高锰酸钾与浓盐酸反应制氯气。高锰酸钾与盐酸反应可在常温下顺利进行，不需加热。氯气有毒，多余的氯气必须用 NaOH 溶液吸收。

$$MnO_2 + 4HCl \xrightarrow{\triangle} MnCl_2 + 2H_2O + Cl_2 \uparrow$$

$$2KMnO_4 + 16HCl \longrightarrow 2KCl + 2MnCl_2 + 8H_2O + 5Cl_2 \uparrow$$

(4) 氯化氢

常用加热食盐和浓硫酸反应制氯化氢，通常生成硫酸氢钠和氯化氢。氯化氢极易溶于水，为使反应顺利进行，应使用固体氯化钠和浓硫酸，注意需缓缓加热。

$$NaCl + H_2SO_4(\text{浓}) \xrightarrow{\triangle} NaHSO_4 + HCl\uparrow$$

(5) 硫化氢

常用硫化亚铁和稀硫酸反应制硫化氢。不能使用浓硫酸和硝酸等氧化性酸。硫化氢有毒，多余的硫化氢用 NaOH 溶液吸收。注意通风。

$$FeS + H_2SO_4(\text{稀}) \longrightarrow FeSO_4 + H_2S\uparrow$$

(6) 氨气

一般用加热铵盐（氯化铵、硫酸铵）与碱（氢氧化钙）的固体混合物反应制氨气。也可直接加热浓氨水在实验室获得二氧化碳。

$$2NH_4Cl + Ca(OH)_2 \longrightarrow CaCl_2 + 2H_2O + 2NH_3\uparrow$$

(7) 二氧化碳

常用碳酸钙（石灰石、大理石）跟盐酸反应制二氧化碳。小苏打受热分解也可在实验室制得二氧化碳。

$$2HCl + CaCO_3 \longrightarrow CaCl_2 + H_2O + CO_2\uparrow$$

$$2NaHCO_3 \xrightarrow{\triangle} Na_2CO_3 + H_2O + CO_2\uparrow$$

(8) 甲烷

常用无水乙酸钠和碱石灰（NaOH 和 CaO 的混合物）共热制甲烷。

$$CH_3COONa + NaOH \xrightarrow[\triangle]{CaO} Na_2CO_3 + CH_4\uparrow$$

(9) 乙烯

常用无水乙醇和浓硫酸共热来制乙烯。要控制好反应混合液的温度以减少副反应。烧瓶中要加入少量碎瓷片，以防止暴沸。

$$C_2H_5OH \xrightarrow[\triangle]{H_2SO_4} H_2O + C_2H_4\uparrow$$

(10) 乙炔

常用电石跟水反应制乙炔。该反应很激烈，要控制水量，逐步加入水，使放出乙炔的速率相对稳定。若用饱和食盐水代替纯水跟电石混合，可使放出乙炔的速率减缓。

$$CaC_2 + 2H_2O \longrightarrow Ca(OH)_2 + C_2H_2\uparrow$$

2.6 常用基础化学实验仪器及使用方法

2.6.1 酸度计

梅特勒-托利多 DELTA 320 pH 型酸度计如图 2-3 所示。

2.6.1.1 概述

酸度计又称 pH 计，是一种通过测量化学电池电动势的方法来测定溶液 pH 值的仪器。酸度计由测量电极和精密电位计构成，其主体是一个精密电位计，将电极插在被测溶液中，组成一个电化学原电池，通过测量原电池的电动势并直接用 pH 值表示出来。酸度计种类繁多，但其结构均由电极系统和高阻抗的电子管或晶体管直流毫伏计两部分组成。电极与待测溶液组成原电池，以毫伏计测量电极间的电位差，电位差经放大电路放大后，由电流表或数码管显示。

图 2-3 梅特勒-托利多 DELTA 320 pH 型酸度计

测试 pH 值必须具备传感电极和参比电极，常用的是把传感电极和参比电极放到一起的复合电极。传感电极根据被测液 H^+ 活度（浓度）不同而产生不同的电位，参比电极具有稳定的与样品 H^+ 活度（浓度）无关的电位。根据能斯特方程式，电极响应值 $E = E_0 - 2.303 \times \dfrac{RT}{nF} \times pH$ 值，酸度计将所检测到的微小电压变化值换算成 pH 值。其中，R 是理想气体常数，等于 $8.314472 J \cdot K^{-1} \cdot mol^{-1}$；$T$ 为温度，单位 K；F 为法拉第常数；$1F$ 等于 $96485.3365 C/mol$；n 为半反应式的电子转移数，单位 mol。

2.6.1.2　pH 值的测量操作步骤

pH 值的测量操作步骤因仪器的型号不同而有所不同，但操作基本过程和要求相近。下面以实验室常见的梅特勒-托利多 DELTA 320 pH 型酸度计和雷磁 PHS-3C 精密 pH 计为例，介绍测量 pH 值的操作步骤。

(1) 梅特勒-托利多 DELTA 320 pH 型酸度计

① 如果显示屏上显示 mV，按模式键切换到 pH 值测量状态。

② 将电极放入待测溶液中，并按读数开始测量，测量时小数点在闪烁。在显示器上会动态地显示测量的结果。

③ 如果您使用了温度探头，显示器上会显示 ATC 的图标及当前的温度。如果您没有使用温度探头，显示器上会显示 MTC 和以前设定的温度，检查显示器上现实的温度是否和样品的温度相一致，如果不是，您需要重新输入当前的温度。

④ 如果您使用自动终点判断方式（Autoend），显示器上出现"A"图标。如果您使用自动终点判断方式，则不显示"A"图标。当仪表判断测量结果达到终点后，会有"√"显示在显示屏上。

⑤ 对自动终点方式，当仪表自动判断测量已经达到终点时，测量自动终止；对手动终点方式，您需要按读数来终止测量。测量结束后，小数点停止闪烁。

⑥ 测量结束后，再按读数，重新开始一次新的测量过程。

详细的图解操作步骤如图 2-4 所示。

(2) 雷磁 PHS-3C 精密 pH 计（见图 2-5）

① 开机前准备。

a. 电极梗旋入电极梗插座，调节电极夹到适当位置。

b. 复合电极夹在电极夹上拉下电极前端的电极套。

c. 用蒸馏水清洗电极，清洗后用滤纸吸干。

② 开机。

a. 电源线插入电源插座。

b. 按下电源开关，电源接通后，预热 30min，接着进行标定。

③ 标定。仪器使用前，先要标定，一般来说，仪器在连续使用时，每天要标定一次。

a. 在测量电极插座处拨去短路插座。

b. 在测量电极插座处插上复合电极。

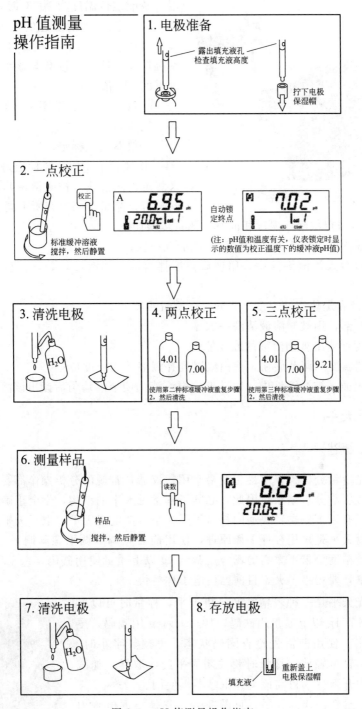

图 2-4　pH 值测量操作指南

c. 把选择开关旋钮调到 pH 挡。

d. 调节温度补偿旋钮，使旋钮白线对准溶液温度值。

e. 把斜率调节旋钮顺时针旋到底（即调到 100％位置）。

f. 把清洗过的电极插入 pH＝6.86 的缓冲溶液中。

g. 调节定位调节旋，使仪器显示读数与该缓冲溶液当时温度下的 pH 值相一致（如用

图 2-5 雷磁 PHS-3C 精密 pH 计

混合磷酸定位温度为 100℃时，pH＝6.92)。

h. 用蒸馏水清洗过的电极，再插入 pH＝4.00（或 pH＝9.18）的标准溶液中，调节斜率旋钮使仪器显示读数与该缓冲溶液中当时温度下的 pH 值一致。

i. 重复 f～h 直至不用再调节定位或斜率两调节旋钮为止。

j. 仪器完成标定。

④ 测量 pH 值。经标定过的仪器，即可用来测定被测溶液，被测溶液与标定溶液温度相同与否，测量步骤也有所不同。

a. 被测溶液与定位溶液温度相同时，测量步骤如下。

（a）用蒸馏水洗电极头部，用被测溶液清洗一次；

（b）把电极浸入被测溶液中，用玻璃棒搅拌溶液，使溶液均匀，在显示屏上读出溶液的 pH 值。

b. 被测溶液和定位溶液温度不相同时，测量步骤如下。

（a）电极头部，用被测溶液清洗一次；

（b）用温度计测出被测溶液的温度值；

（c）调节"温度"调节旋钮，使白线对准补测溶液的温度值；

（d）把电极插入被测溶液内，用玻璃棒搅溶液，使溶液均匀后读出该溶液的 pH 值。

2.6.2 电子天平

2.6.2.1 概述

分析天平是定量分析操作中最主要最常用的仪器，常规的分析操作都要使用天平，天平的称量误差直接影响分析结果。因此，必须了解常见天平的结构，学会正确的称量方法。

常见的天平有以下三类：普通的托盘天平、半自动电光天平、电子天平。

普通的托盘天平是采用杠杆平衡原理，使用前需先调节调平螺丝调平。称量误差较大，一般用于对质量精度要求不太高的场合。调节 1g 以上质量使用砝码，1g 以下使用游标。砝码不能用手去拿，要用镊子夹。目前已用电子称替代。

半自动电光天平是一种较精密的分析天平，称量时可以准至 0.0001g。调节 1g 以上质量用砝码，10～990mg 用圈码，尾数从光标处读出。使用前需先检查圈码状态，再预热半小时。称量必须小心，轻拿轻放。称量时要关闭天平门，取样、加减砝码时必须关闭升降枢。目前该类天平已不再使用。

电子天平是最新一代的天平（见图 2-6），它是根据电磁力平衡原理，直接称量，全量程不需要砝码，放上被测物质后，在几秒钟内达到平衡，直接显示读数，具有称量速度快、精度高的特点。它的支撑点采取弹簧片代替机械天平的玛瑙刀口，用差动变压器取代升降枢装置，用数字显示代替指针刻度。因此，具有体积小、使用寿命长、性能稳定、操作简便和灵敏度高的特点。此外，电子天平还具有自动校正、自动去皮、超载

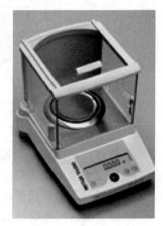

图 2-6 电子天平

显示、故障报警等功能，以及具有质量电信号输出功能，且可与打印机计算机联用，进一步扩展其功能，如统计称量的最大值、最小值、平均值和标准偏差等。由于电子天平具有机械天平无法比拟的优点，尽管其价格偏高，但也越来越广泛的应用于各个领域，并逐步取代机械天平。

称量时，要根据不同的称量对象和不同的天平，应当根据实际情况选用合适的称量方法操作。一般称量使用普通托盘天平即可，对于质量精度要求高的样品和基准物质应使用电子天平来称量。

2.6.2.2　电子天平的称量步骤

（1）称量前的检查
① 取下天平罩，叠好，放于天平旁边。
② 检查天平盘内是否干净，必要的话予以清扫。
③ 检查天平是否水平，若不水平，调节底座螺丝，使气泡位于水平仪中心。
④ 检查硅胶是否变色失效，若是，应及时更换。

（2）开机
关好天平门，轻按 On/Off 键，天平显示屏显示为 0.0000g，即可开始使用，进行天平的称量。

（3）电子天平的称量方法
根据不同的称量对象和实验要求，需采用相应的称量方法和操作步骤。以下介绍三种常用的称量方法。

① 直接称量法。此法用于称量某一物体的质量，如称量小烧杯的质量、坩埚的质量，该方法适合于称量洁净干燥、不易潮解或不易升华的固体试样。

称量方法如下，在天平显示屏显示为 0.0000g 时，打开天平侧门，将被测物小心置于秤盘上，关闭天平门，待数字不再变动后即得被测物的质量。

② 固定质量称量法。又称增量法，用于称量某一固定质量的试剂或试样。这种称量方法适用于称量不易吸潮、在空气中能稳定存在的粉末或小颗粒（最小颗粒应小于 0.1 mg）样品，以便调节其质量。

本操作可以在天平中进行，用左手手指轻击右手腕部，将牛角匙中样品慢慢振落于容器内，当达到所需质量时停止加样，关上天平门，显示平衡后即可记录所称取试样的质量。记录后打开天平门，取出容器，关好天平门。

③ 递减称量法。此法又称减量法，用于称量一定质量范围内的样品和试剂。主要针对易挥发、易吸水、易氧化和易与二氧化碳反应的物质。

用纸条从干燥器中取出称量瓶，用纸条夹住瓶盖柄打开瓶盖，用牛角匙加入适量试样（多于所需总量，但不超过称量瓶容积的三分之二），盖上瓶盖。将称量瓶置于称盘上，关好天平门，称出称量瓶及试样的初始质量（也可按清零键，即按 On/Off 键，使其显示 0.0000g）。用纸条将称量瓶取出，在接收容器的上方，倾斜瓶身，用称量瓶盖轻敲瓶口上部使试样缓缓落入容器中（见图 2-7）。当估计敲落试样接近所需量时（一般称第 2 份时可根据第 1 份的体积估计），一边继续用瓶盖轻敲瓶口上部，同时将瓶身缓缓竖直，使黏附于瓶口的试样落下，然后盖好瓶盖，把称量瓶放回天平称盘，准确称出

图 2-7　取出试样

其质量。两次质量之差，即为试样的质量（若先清了零，则显示值的绝对值即为试样质量）。若一次差减出的试样量未达到要求的质量范围，可重复相同的操作，直至合乎要求。按此方法连续递减，可称取多份试样（实验中常称取 3 份试样）。若敲出质量多于所需质量时，则需重称，已取出试样不能收回，需弃去。

（4）称量结束后的工作

称量结束后，长时间按 On/Off 键关闭天平，将天平门关好，天平罩罩好。在天平的使用记录本上记下称量操作的时间和天平状态，并签名。整理好台面之后方可离开。

2.6.2.3 使用天平的注意事项

（1） 在开关天平门和放取称量物时，动作必须轻缓，切不可用力过猛或过快，以免造成天平损坏。

（2） 对于过热或过冷的称量物，应使其回到室温后方可称量。

（3） 称量物的总质量不能超过天平的称量范围，在固定质量称量时要特别注意。

（4） 清零和读取称量读数时，要留意天平门是否已关好。称量读数要立即记录在实验报告本中。

（5） 所有称量物都必须置于一定的洁净干燥容器（如烧杯、表面皿、称量瓶等）中进行称量，以免腐蚀天平。

（6） 为避免手上的油脂汗液污染，不能用手直接拿取容器。称取易挥发或易与空气作用的物质时，必须使用称量瓶，以确保在称量的过程中物质质量不发生变化。

2.6.3 可见分光光度计

（1）概述

仪器型号有 722 型、752 型。紫外可见分光光度计能在近紫外、可见光谱区域对样品物质做定性和定量的分析。仪器可广泛地应用于医药卫生、临床检验、生物化学、石油化工、环境保护、质量控制等部门，是理化实验室常用的分析仪器之一。

分光光度法测量的理论依据是朗伯-比耳定律。当溶液中的物质在光的照射和激发下，产生了对光吸收的效应。但物质对光的吸收是有选择性的，各种不同的物质都有其各自的吸收光谱。所以根据定律当一束单色光通过一定浓度范围的有色溶液时，溶液对光的吸收程度 A 与溶液的浓度 c（g/L）或液层厚度 b（cm）成正比。其定律表达式为 $A = abc$。a 是比例系数，当 c 的单位为 mol/L 时，比例系数用 ε 表示，称为摩尔吸光系数，则 $A = \varepsilon bc$。其单位为 $L \cdot mol^{-1} \cdot cm^{-1}$，它是有色物质在一定波长下的特征常数。

T（透光率）$= I/I_0$ A（吸光度）$= -\lg T$ 或 $A = KCL$（比色皿的厚度）

吸光系数和溶液的光径长度不变时，透过光是根据溶液的浓度而变化的，即"K"为常数。比色皿厚度一定，"L"、"I_0"也一定。只要测出 A 即可算出"C"。分光光度计的表头上，一行是透光率，一行是吸光度。

（2）722 型分光光度计的使用方法

722 型分光光度计如图 2-8 和图 2-9 所示。

① 预热仪器。将选择开关置于"T"，打开电源开关，使仪器预热 20min。为了防止光电管疲劳，不要连续光照，预热仪器时和不测定时应将试样室盖打开，使光路切断。

② 选定波长。根据实验要求，转动波长手轮，调至所需要的单色波长。

③ 固定灵敏度挡。在能使空白溶液很好地调到"100％"的情况下，尽可能采用灵敏度较低的挡，使用时，首先调到"1"挡，灵敏度不够时再逐渐升高。但换挡改变灵敏度后，

需重新校正"0％"和"100％"。选好的灵敏度，实验过程中不要再变动。

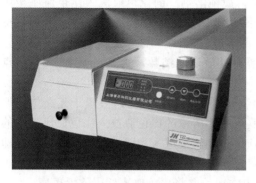

图 2-8　722 型分光光度计（一）

图 2-9　722 型分光光度计（二）

④ 调节 T＝0％。轻轻旋动"0％"旋钮，使数字显示为"00.0"（此时试样室是打开的）。

⑤ 调节 T＝100％。将盛蒸馏水（或空白溶液，或纯溶剂）的比色皿放入比色皿座架中的第一格内，并对准光路，把试样室盖子轻轻盖上，调节透过率"100％"旋钮，使数字显示正好为"100.0"。

⑥ 吸光度的测定。将选择开关置于"A"，盖上试样室盖子，将空白液置于光路中，调节吸光度调节旋钮，使数字显示为"0.000"。将盛有待测溶液的比色皿放入比色皿座架中的其他格内，盖上试样室盖，轻轻拉动试样架拉手，使待测溶液进入光路，此时数字显示值即为该待测溶液的吸光度值。读数后，打开试样室盖，切断光路。

重复上述测定操作 1～2 次，读取相应的吸光度值，取平均值。

⑦ 浓度的测定。选择开关由"A"旋置"C"，将已标定浓度的样品放入光路，调节浓度旋钮，使得数字显示为标定值，将被测样品放入光路，此时数字显示值即为该待测溶液的浓度值。

⑧ 关机。实验完毕，切断电源，将比色皿取出洗净，并将比色皿座架用软纸擦净。

(3) 722 型分光光度计的使用注意事项

① 测量完毕，速将暗盒盖打开，关闭电源开关，将灵敏度旋钮调至最低挡，取出比色皿，将装有硅胶的干燥剂袋放入暗盒内，关上盖子，将比色皿中的溶液倒入烧杯中，用蒸馏水洗净后放回比色皿盒内。

② 每台仪器所配套的比色皿不可与其他仪器上的表面皿单个调换。

(4) 752 型分光光度计的使用方法

752 型分光光度计如图 2-10 所示。

① 预热仪器。将选择开关置于"T"，按下"电源"开关，钨灯点亮；按下"氢灯"开关，氢灯电源接通；再按"氢灯触发"按钮，氢灯点亮。仪器预热 30min。仪器背后有一只"钨灯"开关，如不需要用钨灯时可将它关闭。

② 选定波长。根据实验要求，转动波长手轮，调至所需要的单色波长。

图 2-10　752 型分光光度计

③ 固定灵敏度挡。首先调到"1"挡，灵敏度不够时再逐渐升高。但换挡改变灵敏度后，需重新校正"0％"和"100％"。选好的灵敏度，实验过程中不要再变动。

④ 调节 T＝0%。轻轻旋动零旋钮，使数字显示为"00.0"（此时试样室是打开的）。

⑤ 调节 T＝100%。将盛蒸馏水（或空白溶液，或纯溶剂）的比色皿放入比色皿座架中的第一格内（波长在 360nm 以上时，可以用玻璃比色皿；波长在 360nm 以下时，需用石英比色皿），并对准光路，把试样室盖子轻轻盖上，调节透过率"100%"旋钮，使数字显示正好为"100.0"。如果显示不到 100.0，则可适当增加灵敏度的挡数，再重新调节"0%"点与"100%"。

⑥ 吸光度的测定。将选择开关置于"A"，盖上试样室盖子，将空白液置于光路中，调节吸光度调节旋钮，使数字显示为"0.000"。将盛有待测溶液的比色皿放入比色皿座架中的其他格内，盖上试样室盖，轻轻拉动试样架拉手，使待测溶液进入光路，此时数字显示值即为该待测溶液的吸光度值。读数后，打开试样室盖，切断光路。

⑦ 关机。实验完毕，切断电源，将比色皿取出洗净，并将比色皿座架用软纸擦净。

2.6.4 X-6 显微熔点测定仪（图 2-11）

(1) 概述

显微熔点测定仪有两种，透射式和反射式。透射式光源在热台的下面，热台上有个孔，

图 2-11 X-6 显微熔点测定仪

光线从孔中透上来，视野便于观察，但热台中心有孔，热电偶不能测量热台中心的温度，因此，有时温度测的不准。反射式光源在侧上方，使用时开灯直接照射加热台，目前，显微熔点测定仪多是这种结构，反射式有时视野不清不便观察，但温度测得准，制造也比较简单。

本仪器显微镜、加热台为分体结构，通过简单插入式专用热传感器相连接，装配简单，使用方便，显微镜用来观察样品受热后的变化及熔化的全过程。加热台用电热丝加热，并带有专用散热器，可快速降温。可用于载玻片法测量，也可用毛细管测量熔点。

主要技术参数及配置如下。

① 放大倍数：连续变倍体视镜，7X-90X。

② 视场直径：2.7～33mm。

③ 样品量＜1mg/次。

④ 工作距离：110mm。

⑤ 测量范围：测量范围室温－320℃。

⑥ 测量精密度：±0.5℃，测量误差为全量程±0.5%。

⑦ 测温方式：温度传感器，温度值 LED 数显，设定上下限报警，自动控温，自动打印。

⑧ 电源/功率：220V 50HZ/250W。

⑨ 配置：控制箱/加热测温台/温度传感器/载玻片/连续变倍体视显微镜/隔热玻璃/散热器/镊子/高精度数字熔点检测仪。

⑩ 配备变倍显微镜。

(2) 显微熔点测定仪的测定步骤

① 电源接通，开关打到加热位置，从显微镜中观察热台中心光孔是否处于视场中，若左右偏，可左右调节显微镜来解决。前后不居中，可以松动热台两旁的两只螺钉，注意不要

拿下来，只要松动就可以了，然后前后推动热台上下居中即可，锁紧两只螺钉。在做推动热台时，为了防止热台烫伤手指，把波段开关和电位器扳到编号最小位置，即逆时针旋到底。

② 进行升温速率调整，这可用秒表式手表来调整。在秒表某一值时，记录下这时的温度值，然后，秒表转一圈（1min）时再记录下温度值。这样连续记录下来，直到你所要求测量的熔点值时，其升温速率为1℃/min。太快或太慢可通过粗调和微调旋钮来调节。注意即使粗调和微调旋钮不动，但随着温度的升高，其升温速率会变慢。

③ 测温仪的传感器上，把其插入热台孔到底即可，若其位置不对，将影响测量准确度。

④ 要得到准确的熔点值，先用熔点标准物质进行测量标定。求出修正值（修正值＝标准值－所测熔点值），作为测量时的修正依据。注意标准样品的熔点值应和你所要测量的样熔点值越接近越好。这时，样品的熔点值＝该样品实测值＋修正值。

⑤ 对待测样品要进行干燥处理，或放在干燥缸内进行干燥，粉末要进行研细。

⑥ 当采用载-盖玻片测量时，建议盖玻片（薄的一块）放在热台上，放上药粉，再放上载玻片测量。

⑦ 在数字温度显示最小一位（如8或7之间跳动时）应读为8.5℃。

⑧ 在重复测量时，开关处于中间关的状态，这时加热停止。自然冷却到10以下时，放入样品，开关打到加热时，即可进行重复测量。

⑨ 测试完毕，应切断电源，当热台冷却到室温时，方可将仪器装入包箱内。

⑩ 建议你采用1℃/min的升温速率测量熔点的温度值，在第一次使用时记录下1℃/min的升温速率时的波段开关和电位器的编号，则以后用此位置就能得到你所要求的升温速率。并请注意：a. 室温的影响。在同样波段开关和电位器的编号下，室温越低，升温速率越慢；b. 电子元件的影响。电子元件的老化，升温速率一定时，其电位器的编号会有所变化，只要进行微调即可。编号越大，升温速率越快。

(3) 使用显微熔点测定仪的注意事项

① 升华样品一定要加盖，否则还没到熔点，你的样品就不见了。有些样品在低于熔点的温度会发生晶型的转变，这时就需要靠经验来分辨是达到了初熔点，还是晶型变化。

② 加热升温速度不能太快。

③ 测定的样品一定要事先干燥。

2.6.5 圆盘型旋光仪

圆盘型旋光仪（WXG-4型）如图2-12所示。

(1) 概述

常用的旋光仪主要由光源、起偏镜、样品管（也叫旋光管）和检偏镜几部分组成。光源为炽热的钠光灯，其发出波长为589.3nm的单色光（钠光）。起偏镜是由两块光学透明的方解石黏合而成的，也叫尼科尔（Nicol）棱镜，其作用是使自然光通过后产生所需要的平面偏振光。样品管充装待测定的旋光性液体或溶液，其长度有1dm和2dm等几种。当偏振光通过盛有旋光性物质的样品管后，因物质的旋光性使偏振光不能通过第二个棱镜（检偏镜），必须将检偏镜扭转一定角度后才能通过，因此要调节检偏镜进行配光。由装在检偏镜上的标尺盘上移动的角度，可指示出检偏镜转动的角度，该角度即为待测物质的旋光度。使偏振光平面顺时针方向旋转的旋光性物质叫做右旋体，反时针方向旋转的叫左旋体。

为了准确判断旋光度的大小，测定时通常在视野中分出三分视场。当检偏镜的偏振面与

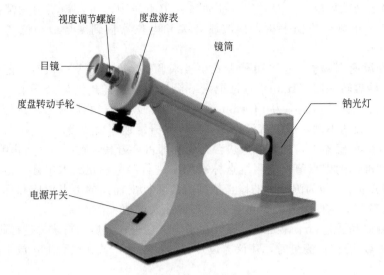

图 2-12 圆盘型旋光仪

通过棱镜的光的偏振面平行时，我们通过目镜可观察到图 2-13(c) 所示（当中明亮，两旁较暗）；若检偏镜的偏振面与起偏镜偏振面平行时，可观察到图 2-13(a) 所示（当中较暗，两旁明亮）；只有当检偏镜的偏振面处于 $1/2\phi$（半暗角）的角度时，视场内明暗相等，如图 2-13(b) 所示这一位置作为零度，使游标尺上 $0°$，对准刻度盘 $0°$。测定时，调节视场内明暗相等，以使观察结果准确。一般在测定时选取较小的半暗角，由于人的眼睛对弱照度的变化比较敏感，视野的照度随半暗角 ϕ 的减小而变弱，所以在测定中通常选几度到十几度的结果。三分视场变化示意如图 2-13 所示。

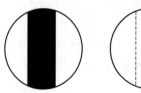

(a) 大于(或小于)零度的视场　(b) 零度视场　(c) 小于(或大于)零度视场

图 2-13　三分视场变化示意

刻度盘分为 360 等份，并有固定的游标分为 20 等份。读数时先看游标的 0 落在刻度盘上的位置，记录下整数值，如图 2-14 中整数值为 9，再利用游标尺与主盘上刻度线重合的方法，记录下游标上的读数，作为小数点以后的数值，可以读到两位小数（如果两个游标窗读数不同，则取其平均值）。图 2-14 中为 0.30，所以最终读数为 $9.30°$。

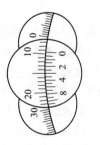 

(2) 旋光仪的操作步骤

① 接通电源，等待 3～5min 使灯光稳定。

② 零点的矫正。用蒸馏水冲洗旋光管数次，然后装满蒸馏水，使页面刚刚突出管口，取玻璃盖沿管口

图 2-14　刻度盘

壁轻轻盖好，不能盖进气泡，旋上螺丝帽盖，使其既不漏水也不太紧。管内如有气泡存在，需将气泡赶至旋光管的凸起处，若气泡过大，则需重新填装。装好后，将样品管外部拭净，

以免污染样品室。

旋转目镜上的视度调节螺旋，直到三分视场清晰。转动度盘转动手轮，找出两种不同视场，如图 2-13(a) 和图 2-13(c) 所示，然后在两种视场之间缓缓转动度盘转动手轮，使三分视场明暗程度均匀一致，即零点视场，如图 2-13(b) 所示。按游标尺原理读出度盘游表上所示数值。如此重复测定三次，取其平均值即为仪器的零点值，测样品时减去该数值即可。

③ 样品的测定。取出旋光管，用待测液冲洗三次，加满待测液。用上面相同方法找到零点视场，在刻度盘上读数，重复三次，取平均值，即为旋光度的观测值，由观测值减去零点值，即为该样品真正的旋光度。

(3) 使用旋光仪的注意事项

① 钠光灯使用时间不宜超过 4h，在连续使用时，不应经常开关仪器，以免影响其使用寿命。

② 旋光管使用后，特别在盛放有机溶剂后，必须立即洗涤。旋光管洗涤后不可置于烘箱内干燥。

③ 圆盘型旋光仪（WXG-4 型）零点视场的特点是亮度均匀，但较昏暗，且对角度变化非常敏感，测定时应注意与另一明亮、亮度也均匀一致的视场相区别。

2.6.6 全自动旋光仪

全自动旋光仪（Autopol Ⅳ）如图 2-15 所示。

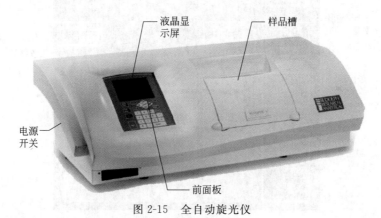

图 2-15 全自动旋光仪

2.6.6.1 概述

鲁道夫公司最新技术 Autopol Ⅳ型电控温旋光仪具有内置恒温装置使仪器无需外接水浴即可实现 15～30℃范围内任意温度的测量。

技术参数如下。

① 测量范围：±89.99°Arc，0～99.9％浓度。

② 测量结果显示：旋光度、比旋度、浓度及其他。

③ 测量精度：0.001°Arc，0.001％浓度。

④ 测量准确度：0.002°（1°以下），0.2％（1°～5°间），0.01°（5°以上）。

⑤ 控温准确度：±0.2℃。

⑥ 波长选择：325nm、365nm、405nm、435nm、546nm、589nm、633nm（7 波长可选）。

液晶显示屏中各部分内容含义如图 2-16 所示。

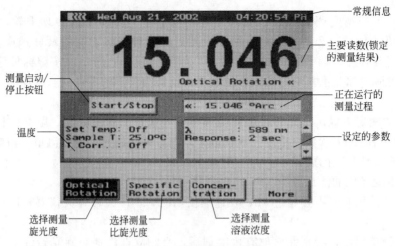

图 2-16　液晶显示屏示意

前面板中的按键如图 2-17 所示。

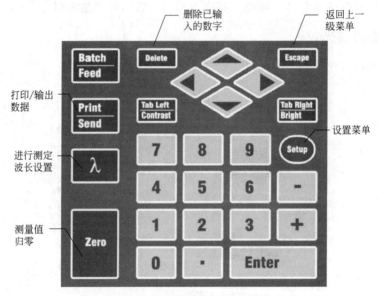

图 2-17　前面板中的按键

2.6.6.2　旋光度测定步骤

(1) 直接测定样品比旋光度

① 打开仪器电源开关，室温状态下稳定至少半小时。

② 精确配置一定浓度的样品溶液，并准备配置样品所用的溶剂。

③ 将配置样品所用的溶剂装入样品管中，再将样品管放入样品槽中，最后将内置样品温度探测器插入样品管中。

④ 按需要设置参数。

a. 按 λ 键设置测量波长，设置好之后再按一下此键返回主菜单。

b. 按 Specific Rotation 键选择测定样品比旋光度 $[\alpha]$，选择好后此键变暗。

c. 在跳出的软键盘 `Select cell length. [50mm] [100mm] [200mm] [key]` 中选择样品管长度，或按"key"键手动输入数值。

d. 在跳出的界面 `Key in concentration: 26.123 %` 中，手动输入待测样品溶液的百分浓度（计算单位为 g/100mL）。

e. 按 `More` 键，然后按下 `Temp Control` 键，在跳出的软键盘 `20℃` `25℃` `Input` `Off` 中选择测定温度，或按"Input"键手动输入数值。若选择"Off"键则表明不需进行温度设置，测量温度为室温。

f. 按 `Response Time` 键，在界面 `Response time: 2 sec ◄►` 中设置相应时间。

⑤ 待温度达到设定值后，按 `Start/Stop` 键开始测量。测量结果应该为零（一般所用溶剂均无光学活性），若测量结果不为零，则按 `Zero` 键归零。

⑥ 取出温度探针，取出样品管，将溶剂倒出，用样品溶液多次润洗样品管后将样品溶液加入到样品管中，再将样品管放入样品槽中，最后将内置样品温度探测器插入样品管中。

⑦ 待温度达到设定值后，按 `Start/Stop` 键开始测量。测量值即为该样品的比旋光度 $[\alpha]$。

⑧ 测定完成后，取出温度探针，取出样品管，用溶剂和蒸馏水多次认真清洗样品管。

⑨ 关机，拔下电源插座，清洁仪器台面。

(2) 直接测定样品百分浓度

① 打开仪器电源开关，室温状态下稳定至少半小时。

② 将待测溶液加入到样品管中，再将样品管放入样品槽中，最后将内置样品温度探测器插入样品管中。

③ 按需要设置参数。

a. 按 `λ` 键设置测量波长，设置好之后再按一下此键返回主菜单。

b. 按 `Concen-tration` 键选择测定样品百分浓度，选择好后此键变暗。

c. 在跳出的软键盘 `Select cell length. [50mm] [100mm] [200mm] [key]` 中选择样品管长度，或按"key"键手动输入数值。

d. 在跳出的界面中输入比旋光度的数值（注意比旋光度所对应的波长），然后按 `Save & Exit` 键以保存所输入的值，并返回至主功能菜单。

e. 按 `More` 键，然后按下 `Temp Control` 键，在跳出的软键盘 `20℃` `25℃` `Input` `Off` 中选择测定温度，或按"Input"键手动输入数值。若选择"Off"键则表明不需进行温度设置，测量温度为室温。

f. 按 `Response Time` 键，在界面 `Response time: 2 sec ◄►` 中设置相应时间。

④ 待温度达到设定值后，按 `Start/Stop` 键开始测量。测量值即为该样品的百分浓度。

⑤ 测定完成后，取出温度探针，取出样品管，用溶剂和蒸馏水多次认真清洗样品管。

⑥ 关机，拔下电源插座，清洁仪器台面。

2.6.6.3 使用自动旋光仪注意事项

(1) 仪器内外保持清洁干燥，样品室内残留溶液要及时擦清。

（2）工作台应坚固稳定，不得有明显的冲击和振动。

（3）仪器使用前要进行开机预热稳定，至少要保持 1h 的稳定时间。

（4）旋光管中不能有气泡。

（5）测完样品后要对旋光管进行充分的清洁，不要用硬度大的纸来擦拭旋光管。

（6）正确使用仪器，按顺序开机关机。

第3章

化学实验基本操作技术

3.1　简单玻璃加工方法

3.1.1　玻璃管（棒）的清洗和干燥

需要切割的玻璃管（棒）均应清洁和干燥方能加工。制备熔点管的玻璃管必须先用洗液浸泡，再用自来水冲洗和蒸馏水清洗、干燥。

3.1.2　玻璃管（棒）的截断与熔光

玻璃管的锉痕、截断与熔光如图 3-1 所示。

(a) 锉痕　　　　　　　　　　(b) 截断　　　　　　　　　　(c) 熔光

图 3-1　玻璃管（棒）的锉痕、截断与熔光

（1）锉痕
将所要截断的玻璃管（棒）平放在实验台上，用三棱锉刀的棱沿着拇指指甲处（需截断处）单向用力向前锉出一道凹痕。

（2）截断
双手持玻璃管锉痕两侧，拇指放在划痕的背后向前推压，同时两手向后用力，便可截断玻璃管。

（3）熔光
玻璃管（棒）的断面很锋利，必须将其断面熔光。将截断面斜插入喷灯的氧化焰中熔烧，同时缓慢地转动玻璃管使熔烧均匀，直到光滑为止。熔烧的时间不可过长，以免管口收缩。灼热的玻璃管应放在石棉网上冷却，不要放在实验台面上，以免烧焦台面，也不要用手去摸，以免烫伤。

3.1.3 玻璃管的弯曲

(1) 烧管

先将玻璃管在小火上来回并旋转预热。然后用双手托持玻璃管，把要弯曲的地方斜插入氧化焰中，以增大玻璃管的受热面积（也可以在喷灯管上罩以鱼尾形灯头扩展火焰，来增大玻璃管的受热面积），同时缓慢地转动玻璃管，使之受热均匀。注意两手用力均匀，转速一致，以免玻璃管在火焰中扭曲。加热到玻璃管发黄变软即可弯管。

(2) 弯管

自火焰中取出玻璃管后，稍等一两秒钟，使各部温度均匀，然后用"V"字形手法将它准确地弯成所需的角度。弯管的手法是两手在上边，玻璃管的弯曲部分在两手中间的正下方。弯好后，待其冷却变硬后才可撒手，放在石棉网上继续冷却。120°以上的角度可一次性弯成。较小的锐角可分几次弯，先弯成一个较大的角度，然后在第一次受热部位的偏左、偏右处进行再次加热和弯曲，图3-2中的M和N，直到弯成所需的角度为止。

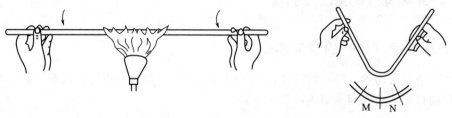

图 3-2 玻璃管的烧管与弯曲

弯管的另一方法是将玻管的一端用橡胶胶头或塞子塞住，同样加热后一边吹气一边弯管，两个动作要协调好、同时进行，玻璃管的弯曲如图3-3所示。

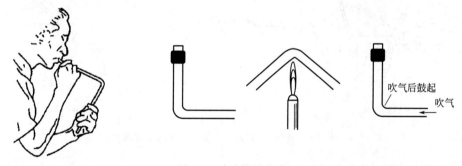

图 3-3 玻璃管的弯曲

3.1.4 熔点管制备

取一根直径为10mm、厚为1mm左右、洁净干燥的玻璃管，放在灯焰上加热。先用小火烘，然后再加大火焰并不断转动（防止爆裂）。一般习惯用左手握住玻璃管转动，右手托住，转动时玻璃管不要上下移动。在玻璃管即将要软化时，双手要以相同的速度将玻璃管转动，以免玻璃管绞曲起来，玻璃管发黄变软后，将其从火焰中取出，两肘仍搁在桌面上，两手平稳地沿水平方向做相反方向移动，开始拉时要慢一些，逐步加快拉长成为所需要的规格（内径约1mm）为止。拉好后，两手不能马上松开，待其完全变硬后，由一手垂直提着，另一手在上端合适地方折断。粗端置于石棉网上，然后截成15cm左右的小段，两端用小火封口（将毛细管呈45°，在小火边沿处一边转动，一边加热），冷却后将它从中央切断，即得两支熔点管备用。熔点管的制备如图 3-4 所示。

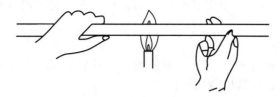

图 3-4　熔点管的制备

3.2　玻璃量器及其使用

3.2.1　滴定管及其使用

滴定管主要用于滴定分析，有时也用于精确加液。滴定管是一种细长、内径大小均匀并具有刻度的玻璃管，管的下端有玻璃尖嘴，有 10mL、25mL、50mL 等不同的容积。如 25mL 滴定管就是把滴定管分成 25 等份，每一等份为 1mL，1mL 中再分 10 等份，每一小格为 0.1mL，读数时，在每一小格间可再估计出 0.01mL。

（1）滴定管的分类

由于传统的玻璃磨口旋塞控制滴速的酸式滴定管在使用时易堵易漏，而碱式滴定管的乳胶管易老化，因此，一种酸碱通用滴定管，即聚四氟乙烯活塞滴定管得到了广泛应用，此类滴定管可分为无色（见图 3-5）和棕色（见图 3-6）两种，棕色的主要用于见光容易分解或变质的滴定液。

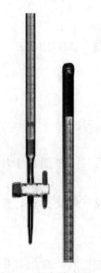

图 3-5　无色滴定管

图 3-6　棕色滴定管

（2）滴定管检漏的方法

滴定管洗涤前必须检查是否漏水，活塞转动是否漏水、是否灵活。若活塞渗水或转动不灵，可将活塞一侧的螺帽重新调节一下，以松紧适度，不漏液为度，不是越紧越好。

（3）洗涤方法

滴定管在使用前应按常规操作洗涤，洗净后的滴定管壁内应不附有液滴。为了保证滴定管溶液的浓度不被稀释,经去离子水润洗后,需再用滴定用的溶液润洗3遍(一般第一遍约用10mL,后两遍约用5mL),其方法是注入溶液后,将滴定管横过来,慢慢转动,使溶液流遍全管,然后从下口放出。

(4)装溶液

将溶液直接加入滴定管内至"0"刻度线以上,开启活塞,使管内下端充满溶液,并调节液面在"0"刻度线以上或以下附近。

必须注意:滴定管下端不得留有气泡。如有气泡,必须排除,排除的方法是将滴定管倾斜约30°,左手迅速打开活塞使溶液冲出,管中气泡随之被逐出,如果仍然无效,则可采用在滴定管内装入一定量的水,然后用洗耳球在滴定管的加液口用力挤压排气的方法,如果还不见效,那可能是滴定管的油污太重,需用铬酸洗液浸泡数分钟,以除去油污。

(5)读数

读数前必须等1～2min,使附着在内壁的溶液流下来,并将管下悬挂的液滴除去。读数时滴定管必须保持垂直状态,视线应与液面水平,滴定管内的液面呈弯月形,无色溶液的月牙面比较清晰,读数时眼睛视线与月牙面下缘最低点应在同一水平上,眼睛的位置不同会得出不同的读数(见图3-7)。如果溶液的颜色太深(如$KMnO_4$)看不清液面的下沿,则读取液面的最高点(注意:每次读数的方法应一致)。常用的25mL或50mL的滴定管,刻度一般细分至0.1mL,读数时要求精确至小数点后第二位,如23.45mL、0.03mL等。

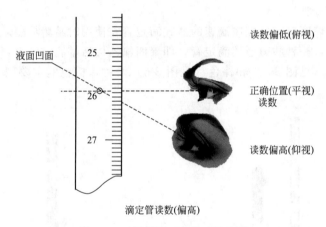

图3-7 不同情况下的滴定管读数

为了便于观察和读数,可采用读数卡,即在滴定管后衬一张黑色卡片,将卡片上沿移至弯月面下约1mm处,则弯月面就被反射成黑色,再进行读数。有些滴定管的背后有一条白底蓝线,称"蓝带"滴定管,在这种滴定管中,液面呈现三角交叉点,读取交叉点与刻度相交之点即可(见图3-8)。

(6)滴定操作

使用滴定管时,必须左手控制滴定管活塞,大拇指在管前,食指和中指在后,三指平行地轻轻拿住活塞柄,无名指和小指向手心弯曲,紧贴出口管(见图3-9),注意不要顶出活塞造成漏水。滴定时,右手持锥形瓶,将滴定管下端伸入锥形瓶口约1cm处,然后滴加溶液,边滴边摇动锥形瓶(应向同一方向旋转)。滴定速度前期可稍快,但不能滴成"水线"。接近终点时改为逐滴加入,即每加一滴,摇动后再加,最后应控制半滴加入,将活塞稍稍转动,使半滴悬于管口,用锥形瓶内壁将其沾落,再用洗瓶吹洗内壁,摇匀。如此重复操作直到颜色变化在半分钟内不再消失为止,即可认为是达到终点。

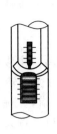
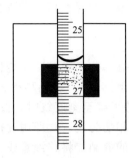

图 3-8 "蓝带"滴定管

图 3-9 滴定管、滴定操作示意

每次滴定最好都是将溶液装在"0.00"mL 刻度或稍下一点，这样可提高精密度。

滴定结束后，滴定管内剩余溶液应弃去，不得将其倒回原瓶，以免污染整瓶操作溶液。随即洗净滴定管，并用去离子水充满或将滴定管倒置在夹上备用。

3.2.2 移液管及其使用

要求准确地移取一定体积的溶液时，可用各种不同容量的移液管。常用的移液管有 10mL、25mL 和 50mL 等。移液管的中间为一膨大的球部，上下均为较细的管颈，上端还刻有一根标线。在一定的温度下，移液管的标线至下端出口间的容量是一定的。

另外还有一种带分刻度的移液管，它的中间没有球部，一般称为吸量管。可用来吸取 10mL 以下的液体。每支移液管上都标有它的容量和使用温度。根据所移溶液的体积和要求选择合适规格的移液管使用，在滴定分析中准确移取溶液一般使用移液管，反应需控制试液加入量时一般使用吸量管。

移液管的使用方法如下。

(1) 检查移液管的管口和尖嘴有无破损

若有破损则不能使用；使用移液管，首先要看一下移液管标记、准确度等级、刻度标线位置等。

(2) 洗净移液管

先用自来水淋洗后，用铬酸洗涤液浸泡，操作方法为：用右手拿移液管或吸量管上端合适位置，食指靠近管上口，中指和无名指张开握住移液管外侧，拇指在中指和无名指中间位置握在移液管内侧，小指自然放松；左手拿吸耳球，持握拳式，将吸耳球握在掌中，尖口向下，握紧吸耳球，排出球内空气，将吸耳球尖口插入或紧接在移液管（吸量管）上口，注意不能漏气。慢慢松开左手手指，将洗涤液慢慢吸入管内，直至刻度线以上部分，移开吸耳球，迅速用右手食指堵住移液管（吸量管）上口，等待片刻后，将洗涤液放回原瓶。并用自来水冲洗移液管（吸量管）内、外壁至不挂水珠，再用蒸馏水洗涤 3 次，控干水备用。

(3) 吸取溶液

摇匀待吸溶液，将待吸溶液倒一小部分于一洗净并干燥的小烧杯中，用滤纸将清洗过的移液管尖端内外的水分吸干，并插入小烧杯中吸取溶液，当吸至移液管容量的 1/3 时，立即用右手食指按住管口，取出，横持并转动移液管，使溶液流遍全管内壁，将溶液从下端尖口处排入废液杯内。如此操作，润洗了 3～4 次后即可吸取溶液。

将用待吸液润洗过的移液管插入待吸液面下 1～2cm 处，用吸耳球按上述操作方法吸取溶液（注意移液管插入溶液不能太深，并要边吸边往下插入，始终保持此深度）。当管内液面上升至标线以上约 1～2cm 处时，迅速用右手食指堵住管口（此时若溶液下落至标线以下，应重新吸取），将移液管提出待吸液面，并使管尖端接触待吸液容器内壁片刻后提起，用滤纸擦干移液管或吸量管下端黏附的少量溶液（在移动移液管或吸量管时，应将移液管或吸量管保持垂直，不能倾斜）。

(4) 调节液面

左手另取一干净小烧杯，将移液管管尖紧靠小烧杯内壁，小烧杯保持倾斜，使移液管保持垂直，刻度线和视线保持水平（左手不能接触移液管）。稍稍松开食指（可微微转动移液管或吸量管），使管内溶液慢慢从下口流出，液面降至刻度线时，按紧右手食指，停顿片刻，再按上法将溶液的弯月面底线放至与标线上缘相切为止，立即用食指压紧管口。将尖口处紧靠烧杯内壁，向烧杯口移动少许，去掉尖口处的液滴。将移液管或吸量管小心移至承接溶液的容器中。

(5) 放出溶液

将移液管或吸量管直立，接收器倾斜，管下端紧靠接受器内壁，放开食指，让溶液沿接收器内壁流下，管内溶液流完后，保持放液状态停留 15s，将移液管或吸量管尖端在接收器靠点处靠壁前后小距离滑动几下（或将移液管尖端靠接收器内壁旋转一周），移走移液管（残留在管尖内壁处的少量溶液，不可用外力强使其流出，因校准移液管或吸量管时，已考虑了尖端内壁处保留溶液的体积。除在管身上标有"吹"字的，可用吸耳球吹出，不允许保留）。

(6) 洗净移液管，放置在移液管架上

注意事项如下。

① 移液管（吸量管）不应在烘箱中烘干。

② 移液管（吸量管）不能移取太热或太冷的溶液。

③ 同一实验中应尽可能使用同一支移液管。

④ 移液管和容量瓶常配合使用，因此，在使用前常做两者的相对体积校准。

⑤ 使用前必须清洗干净，用吸水纸将尖端内外的水除去，然后用待吸溶液洗三次，洗过的溶液应从流液口放出弃之。

⑥ 吸收溶液时，管尖应深入液面 $10\sim20mm$，并随液面下降而下降，用吸耳球在移液管另一侧将液体吸入管中，（切忌用嘴吸）吸液时不要让液面升得太高，使管壁沾附过多的液体，以免在调定液面和排液时流下来，影响容量的准确度。调定液面或放液时吸管均应垂直放置，其流液口与容器内壁相接触，接受容器需倾斜 $30°$。为保证液体完全流出，要等待约 3s 方可拿开。吸管内的溶液按规定方法排出后，移液管尖嘴的残留液，如果移液管上没有标明"吹"的字样，不能排到接收容器中。

移液管的使用如图 3-10 所示。

3.2.3 容量瓶及其使用

容量瓶是一种细颈梨形平底玻璃瓶，带有磨口玻璃塞，颈上有标线，主要用于配制准确浓度的溶液或定量稀释溶液的量入式玻璃仪器。

容量瓶的大小不等，小的有 5mL、25mL、50mL、100mL，大的有 250mL、500mL、1000mL、2000mL 等。

(1) 检漏

容量瓶使用前要先检漏。加水至标线附近，盖好瓶塞后，左手用食指按住塞子，其余手指拿住瓶颈标线以上部分，右手指尖托住瓶底，将瓶倒立 2min，如不漏水，将瓶直立，转动瓶塞 $180°$，再倒立 2min，如不漏可使用。使用前先用自来水冲洗，再用蒸馏水润洗 3 次

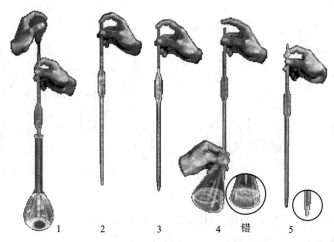

图 3-10　移液管的使用

1—吸溶液：右手握住移液管，左手撳吸耳球多次；2—把溶液吸到管颈标线以下，不时放松食指。
使管内液面慢慢下降；3—把液面调节到标线；4—放出溶液：移液管下端紧贴锥形瓶内壁，
放开食指，溶液沿瓶壁自由流出；5—残留在移液管尖的最后一滴溶液，一般不要吹掉
（如果管上有"吹"字，就要吹掉）

备用。

（2）溶液的配制

① 称量溶解。将准确称量的待溶物置于小烧杯中，加水溶解，然后将溶液定量转入容量瓶中。

② 转移溶样。定量转移溶样时，右手拿玻璃棒，左手拿烧杯，使烧杯嘴紧靠玻璃棒，玻璃棒的下端靠在瓶颈内壁上，使溶液沿玻璃棒和内壁流入容量瓶中，烧杯中溶液流完后，将烧杯沿玻璃棒往上提，并逐渐竖直烧杯，将玻璃棒放回烧杯，用洗瓶冲洗玻璃棒和烧杯壁数次，将洗液用如上方法定量转入容量瓶中。

③ 定容。定量转移完成后就可以加蒸馏水稀释，当蒸馏水加至容量瓶鼓肚的四分之三时，塞上塞子，用右手食指和中指夹住瓶塞，将瓶拿起，按同一方向轻轻摇转，使溶液初步混合均匀（注意不能倒转），继续加蒸馏水至距标线约 1cm 处，等 1～2min，使附在瓶颈内壁的溶液流下后，再用滴管滴加水至弯液面下缘与标线相切。

④ 混合均匀。定容后盖上瓶塞，左手用食指按住塞子，其余手指拿住瓶颈标线以上部分，右手指尖托住瓶底，将容量瓶倒转，使气泡上升到顶，使瓶振荡，正立后再次倒转进行振荡，如此反复 10 次以上，使瓶内溶液混合均匀。

容量瓶的使用如图 3-11 所示。

（3）定量稀释溶液

用移液管移取一定体积的溶液于容量瓶中，加水至距标线约 1cm 处，等 1～2min，使附在瓶颈内壁的溶液流下后，再用滴管滴加水至弯液面下缘与标线相切，然后盖上瓶塞，左手用食指按住塞子，其余手指拿住瓶颈标线以上部分，右手指尖托住瓶底，将容量瓶倒转，使气泡上升到顶，使瓶振荡，正立后再次倒转进行振荡，如此反复 10 次以上，使瓶内溶液混合均匀。

（4）使用注意事项

① 若振荡后液面下降，为正常现象，不要加蒸馏水补齐。

② 热溶液应先冷至室温再配制。

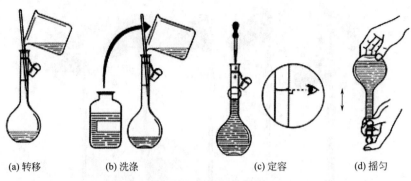

| (a) 转移 | (b) 洗涤 | (c) 定容 | (d) 摇匀 |

图 3-11　容量瓶的使用

③ 不要用容量瓶长期存放溶液，未用完的溶液应转移至试剂瓶中保存。若移液和振荡的过程中溶液和洗液洒落渗漏至瓶外，不论多少，必须重配。

3.2.4　量器的校准

滴定管、移液管和容量瓶等玻璃仪器，其刻度和标示容量与实际值并不完全相符（存在允差等）。因此，对于准确度要求较高的分析测试，有必要对所使用的容量仪器进行校准。

容量仪器的校准方法有称量法和相对校准法。称量法是指用分析天平称量被校量器量入或量出的纯水的质量 m，再根据纯水的密度 ρ 计算出被校量器的实际容量。

各种量器上标出的刻度和容量，一般为 20℃ 时容量器的容量。但在实际校准时，温度不一定是 20℃。并且容器中的纯水质量是在空气中称量的。因此，用称量法校正时需考虑三种因素的影响，即空气浮力所致称量的改变，纯水的密度随温度的变化和玻璃容器本身容积随温度的变化，并且加以校正。由于玻璃的膨胀系数极小，在温度相差不太大时其容量变化可以忽略。

表 3-1 所示为 20℃ 容量瓶为 1L 的玻璃容器，在不同温度所盛纯水的质量，即不同温度时纯水的密度（g/L），据此可计算其他玻璃容量仪器的校正值。如某支 25mL 移液管在 25℃ 放出的纯水质量为 24.921g，纯水的密度为 0.99617g/mL，则该移液管在 20℃ 时的实际体积为：$V_{20}=24.921g/0.99617g/mL=25.02mL$。

这支移液管的校正值为 25.02mL－25.00mL＝0.02mL。

表 3-1　不同温度下 1L 纯水的质量（在空气中用黄铜砝码称量）

温度/℃	质量/g	温度/℃	质量/g	温度/℃	质量/g
10	998.39	19	997.34	28	995.44
11	998.33	20	997.18	29	995.18
12	998.24	21	997.00	30	994.91
13	998.15	22	996.80	31	994.64
14	998.04	23	996.60	32	994.34
15	997.92	24	996.38	33	994.06
16	997.78	25	996.17	34	993.75
17	997.64	26	995.93	35	993.45
18	997.51	27	995.69		

需要指出的是，校正不当和使用不当都会产生容量误差，其误差甚至可能超过允差或量器本身的误差。因此，在校正时必须准确，仔细地进行操作。凡要使用校准值的，校准次数

应不少于两次，且两次的校准数据的偏差应不超过该量器容量允许偏差的 1/4，并取其平均值作为校准值。

有时，只要求两种容器之间有一定的比例关系，而无需知道它们各自的准确体积，这时可用容量相对校正法。经常配套使用的移液管和容量瓶，采用相对校准法更为重要。例如，用 25mL 移液管取蒸馏水于干净且倒立晾干的 100mL 容量瓶中，到第四次重复操作后，观察瓶顶处蒸馏水的弯月面下缘是否刚好与刻度线上缘相切，若不相切，应重新做一记号为标线，以后此移液管和容量瓶配套使用时就用校准标线。

3.3　样品采集、预处理方法

3.3.1　物质的干燥

干燥是指除掉潮湿的固体、膏状物、液体和气体样品中的水分或溶剂的过程。干燥的基本方法包括常压吸收干燥、真空干燥和冷冻干燥。常压干燥是指在密闭的空间或干燥器内使用干燥剂或者加热进行的干燥。真空干燥是指在抽真空的容器中，压力降低使溶剂的沸点降低，从而加快蒸发速度。适用于干燥不耐热的样品。冷冻干燥亦称"冻干"，即先将溶液或混悬液冷冻成固态，然后在低温和高真空度下使冰升华，留下干燥物质的过程。常用溶剂有固态、液态、气态三种态相。根据热力学中的相平衡理论，随压力的降低，溶剂的凝固点变化不大，而沸点却越来越低，向冰点靠近。当压力降到一定的真空度时，水的沸点和冰点重合，冰就可以不经液态而直接汽化为气体，这一过程称为升华。冷冻干燥就是基于这一原理。

在选择干燥剂时，首先要确保进行干燥的物质与干燥剂不发生任何反应。此外，还要考虑到干燥速度、干燥效果和干燥剂的吸水量。在具体使用时，酸性物质的干燥最好选用酸性物质干燥剂，碱性物质的干燥用碱性干燥剂，中性物质的干燥用中性干燥剂。溶剂中有大量水存在的，应避免选用与水接触着火（如金属钠等）或者发热猛烈的干燥剂，可以先选用氯化钙一类缓和的干燥剂进行干燥脱水，使水分减少后再使用金属钠干燥。加入干燥剂后应搅拌，放置一夜。干燥剂的用量应稍有过剩。在水分多的情况下，干燥剂因吸收水分发生部分或全部溶解生成液状或泥状分为两层，此时应进行分离并加入新的干燥剂。

常用的干燥剂如下。

(1) 金属、金属氢化物

① Al，Ca，Mg。常用于醇类溶剂的干燥。

② Na，K。适用于烃、醚、环己胺、液氨等溶剂的干燥。注意用于卤代烃时有爆炸危险，绝对不能使用。也不能用于干燥甲醇、酯、酸、酮、醛与某些胺等。如果醇中含有微量的水分可加入少量金属钠直接蒸馏。

③ CaH_2。1g 氢化钙可定量与 0.85g 水反应，因此比碱金属、五氧化二磷干燥效果好。适用于烃、卤代烃、醇、胺、醚等，特别是四氢呋喃等环醚，二甲亚砜、六甲基磷酰胺等溶剂的干燥。有机反应常用的极性非质子溶剂也是用此法进行干燥的。

④ $LiAlH_4$。常用醚类等溶剂的干燥。

(2) 中性干燥剂

① $CaSO_4$，Na_2SO_4，$MgSO_4$。适用于烃、卤代烃、醚、酯、硝基甲烷、酰胺、腈等溶剂的干燥。

② $CuSO_4$。无水硫酸铜为白色，含有 5 个分子的结晶水时变成蓝色，常用检测溶剂中微量水分。$CuSO_4$ 适用于醇、醚、酯、低级脂肪酸的脱水，甲醇与 $CuSO_4$ 能形成加成物，故不宜使用。

③ CaC_2。适用于醇干燥。注意使用纯度差的碳化钙时，会产生硫化氢和磷化氢等恶臭气体。

④ $CaCl_2$。适用于干燥烃、卤代烃、醚硝基化合物、环己胺、腈、二硫化碳等。$CaCl_2$ 能溶于伯醇、甘油、酚、某些类型的胺、酯等形成加成物，故不适用。

⑤ 活性氧化铝。适用于烃、胺、酯、甲酰胺的干燥。

⑥ 分子筛。分子筛吸湿能力极强，常用于气体的纯化处理，保存时应避免直接暴露在空气中。分子筛忌油和液态水，使用时应尽量避免与油和液态水接触。

(3) 碱性干燥剂

① KOH，NaOH。适用于干燥胺等碱性物质和四氢呋喃一类环醚。酸、酚、醛、酮、醇、酯、酰胺等不适用。

② K_2CO_3。适用于碱性物质，卤代烃、醇、酮、酯、腈、溶纤剂等溶剂的干燥。不适用于酸性物质。

③ BaO，CaO。适用于干燥醇、碱性物质、腈、酰胺。不适用于酮、酸性物质和酯类。

(4) 酸性干燥剂

① H_2SO_4。适用于干燥饱和烃、卤代烃、硝酸、溴等。醇、酚、酮、不饱和烃等不适用。

② P_2O_5。适用于烃、卤代烃、酯、乙酸、腈、二硫化碳、液态二氧化硫的干燥。醚、酮、醇、胺等不适用。

3.3.2 分析样品的采集和预处理

3.3.2.1 液体和固体样品的取样

液体样品通常可以分为三类，包括均匀溶液、流动样品中液体、不相溶的混合物。

第一种是均匀溶液。它是样品中最简单的，作为一个单一的部分能够由溶液中的任何点组成，并提供具有代表性的样品。第二种液体是一种经常改变的流体样品。为了说明这种经常变化的样品，需要定期分为几个部分。除了在各个时间定期采样之外，还需要在每个时间段对液流的不同位置进行采样。不同位置的采样能够说明由于激流、涡旋和其他不规则流体造成成分不同的现象。最后一种液态样品是不相溶的混合物。在这种情况下，任何一种混合样品可通过排除不同层次或彻底混合后随机抽样获得。

固体样品能够以单一的个体、大的块体以及细的粉体的形式存在，细的粉体一般最容易取样。大多数粉体以均态存在。但是，如果不是以均态存在，就需要获得混合样品，或者伴随着一个混合过程完成粉体的随机采样。对固体采样时，代表性的样品一般是通过混合采样方法来获得。在这种情况下，整个物质中各种材料的混合比例必须要确定，各种材料的小块必须在同一比例下收集。这个比例是建立在质量、体积或其他参数上的。而且必须确保所选择的单位不会导致分析的偏差。

考虑化学基本操作实验对气体分析较少，气体的取样在此不做介绍。

3.3.2.2 分析样品的预处理

(1) 用于无机分析的固体样品

传统的定量分析方法适合液体样品的分析。正因为如此，需要分析的固体样品通常溶解在合适的溶剂中。溶剂的选择可以是极性的（如水）或非极性的（如苯），由样品的极性和反应性而定。为了使分析物溶解，必须选择可以溶解整个固体样品（分析物以及其他材料）的溶剂。如果样品不能轻易溶解，也可以用许多其他技术进行溶解。

① 酸消化。无机材料的酸消化是一种常见的方法。当使用酸消化金属材料时，应注意采取不改变金属的形态或金属类别的情况下进行分析。当分析金属的还原态和金属类别的时候，可以使用一些非氧化性酸，包括 HF、HCl、HBr、H_3PO_4、稀 H_2SO_4 和稀 $HClO_4$。在某些情况下（例如铝）会产生具有保护性的氧化层，阻止金属的溶解。上述物质中不能溶于非氧化性酸的物质，往往溶于具有氧化性的酸，像 HNO_3、热的浓 H_2SO_4、热的浓 $HClO_4$。在大多数情况下，加热酸能够大大提高金属的溶解度。对于特殊样品，可以辅助使用微波加热。

非氧化性酸盐酸和氢溴酸通常用于金属、氧化物、硫化物、磷酸盐和碳酸盐的溶解。盐酸和氢溴酸进行消化通常的浓度分别是 37％ 和 48％～65％。当使用热酸的时候，浓度为 20％盐酸沸点在 109℃，浓度为 48％的 HBr 沸点在 124℃。当在其沸点 338℃ 使用时，硫酸对大多数材料是一种极好的溶剂。用于消化目的的硫酸浓度通常是 95％～98％。热硫酸在溶解金属时会导致样品脱水，另外，还会导致有机物被氧化。为了溶解在其他酸里难溶的氧化物，可以使用浓度在 85％的热 H_3PO_4。随着酸温度的升高，它会脱水。在超过 150℃ 温度下，它完全脱水；在大于 200℃ 温度下，它脱水成为焦磷酸。最后在大于 300℃ 的高温下，它将转化为元磷酸。50％的 HF 溶液通常用于硅酸盐的溶解。由于玻璃的主要成分是二氧化硅，HF 的存放必须使用聚四氟乙烯，银或白金容器。浓度为 38％HF 沸点是 112℃。

氧化性酸 HNO_3 能够溶解大多数金属，但黄金和白金等例外。溶解这两种金属可以使用盐酸和硝酸 3∶1 的混合物（也称为王水）。在高温下，$HClO_4$ 也是非常强的氧化剂。

② 熔解反应。熔解过程是一个细粉末样品混合于 5～10 倍于其质量的无机材料（助熔剂），并在铂坩埚内加热至 300～1200℃，导致助熔剂与样品熔解。当处于熔化状态时，无机物和样品间的化学反应产生更易熔的新物质。样品彻底熔化后，熔体可以缓慢冷却。在冷却过程中，做成旋涡形，以在容器壁上形成凝固材料薄层。凝固的材料接着熔解在稀酸中。很多不同的无机材料已被广泛使用，包括 Na_2CO_3、$Li_2B_4O_7$、$LiBO_2$、$Na_2B_4O_7$、NaOH、KOH、Na_2O_2、$K_2S_2O_7$、B_2O_3 以及应用最广泛的以 2∶1（质量比）混合的 $Li_2B_4O_7$ 和 Li_2SO_4 的助熔剂。助熔剂一般分为酸性、碱性或两性。无机物经常被分类为酸性、碱性或两性，其中，碱性无机物最适合硅和磷的酸性氧化物熔解，酸性无机物最适合碱性氧化物、碱金属、碱土金属、镧系元素和铝。碱性助熔剂包括 Na_2CO_3、$LiBO_2$、NaOH、KOH 和 Na_2O_2。酸性助熔剂包括 $Li_2B_4O_7$、$K_2S_2O_7$、B_2O_3 和 $Na_2B_4O_7$。

Na_2CO_3 是一种最常用来熔解硅酸盐（例如，黏土、岩石、矿物、玻璃等）以及难熔氧化物、不能熔解的硫酸盐和磷酸盐的助熔剂。为了溶解铝硅酸盐、碳酸盐和含高浓度碱性氧化物的样品，常常使用 $Li_2B_4O_7$、$LiBO_2$ 或 $Na_2B_4O_7$。对硅酸盐和主要含 SiC 的材料的分析可采用 NaOH 或 KOH 的无机物。在使用 NaOH 和 KOH 作为助熔剂时，应该选用金或者银坩埚进行反应。熔解难熔的氧化物和非硅酸盐时，可以选择 $K_2S_2O_7$ 作为助熔剂。B_2O_3 是一种对氧化物和硅酸盐很有用的助熔剂。相对无机物助熔剂的优点是它能完全脱离坩埚，它和样品反应，作为可挥发性的甲基硼酸盐，能采用 HCl 甲醇液清洗数次。$Li_2B_4O_7$ 和 Li_2SO_4 以 2∶1（质量比）混合的助熔剂对于难熔硅酸盐和氧化物的快速分解（1000℃下 10～20min）效果较好。熔解是一种很重要的熔解化合物的方法，它一般仅仅作为最后的选择，因为它不仅可能会将杂质引入样品，而且也很费时。

（2）用于有机分析的固体样品

当对有机样品的元素分析或者有机-无机的络合物的定量分析时，首先需要分解有机物。有机物的分解过程称为灰化。灰化通常分为两个不同类别，不需要液体的分解过程称为干灰化，依赖液体的分解过程称为湿灰化。干灰化一个常见的形式是燃烧分析。在此过程中，有机物在氧气流中燃烧，并加催化剂使燃烧充分。通过捕获释放出的 CO_2 和 H_2O 来进行定量分析。此方法也可以对氮、硫和有机卤素进行定量分析。湿灰化法是在样品中加入强氧化剂，并加热消煮，使样品中的有机物质完全分解、氧化，呈气态逸出，待测组分转化为无机物状态存在于消化液中。常用的强氧化剂有浓硝酸、浓硫酸、高氯酸、高锰酸钾、过氧化氢等。

（3）用于分析的液体样品

液体样品分析物一般需要先分离，然后用于分析。过滤或者离心可以消除悬浮物和固体颗粒。有多种方法可用于分离分析物，其中包括萃取、络合和色谱分离等。

① 萃取。萃取是从某一物种中分离另一种物质的常用方法。萃取通常包括液-液或液-固萃取。在萃取过程中，特定成分的分离是基于两种物相的亲和性。在液-液萃取中，两种相都是液态，相互不溶（例如，水相和有机物相），创建一个独特的边界层，不同亲和力的两相将它们分离开。液-固萃取通常是根据分析物之间液体与固体的溶解性而定。这种萃取通常基于固体溶质的吸附。例如，萃取碳水化合物溶液中的活性炭。这个过程一直使用在污染控制的领域（如石油在水中泄漏）等。

② 络合。为提高某一具体的分析，往往需要除去某种可能产生错误影响的物质。解决手段之一就是利用络合反应。这一过程涉及络合的干扰物质和螯合剂。两者之间发生络合反应形成稳定的络合物。络合反应是一个复杂的过程，依赖于很多参数，如化学成分、pH 值和温度。使用形成常数和溶解度常数，在适当的 pH 值和温度下，可以确定一种液体样品的最适合的络合剂。

③ 色谱分离。色谱分离是从液体样品中提取特定成分的方法。与萃取不同，不需要将两相分离。而是含有溶质的液体流过液相，液体中的待分析物质在两相间分离，保留在固相上。色谱技术可区分液体中的各种溶质。这些技术根据分析物与固体或者基质发生的作用，可分为吸附、离子交换、分割、薄层、大小排斥。在吸附色谱中，分离是依据固体基质和溶质的极性。固体吸附剂包括氧化铝、碳、黏土、硅藻土、硅胶、硅凝胶、纤维素或淀粉等。离子交换色谱类似吸附色谱，成分洗脱是根据离子在固体基质中的亲和力。在优化的条件下，等价离子如碱金属甚至也可以在离子交换柱中被分离。离子交换色谱分离的效率可以通过在流动相中加入螯合剂来加强，螯合剂可以减少特定种类离子的反应。薄层色谱用已经均匀地涂有吸收剂的玻璃板来完成，如氧化铝或硅胶。为确保对玻璃吸附剂具有约束力，需经常补充淀粉、石膏、火棉胶或塑料分散剂。该涂层板在使用前用烘箱干燥。干燥后，在板底获得样品，然后放在含有溶剂的容器中。溶剂流过玻璃板，由于吸附作用，样品中不同的组分在板上流动不同的距离。通过改变使用的溶剂，可将待分析物分离出来。尺寸排阻色谱可用于溶液中组成成分的分离。在这种技术中，具有细孔的固体基质用来分离具有不同尺寸的分子或粒子。这种技术一般用于大分子分离，如生物分子或聚合物。电泳技术用于待测组分的分离取决于它们能否在电场中运动。许多不同的基质已经用于电泳分离，包括缓冲溶液和凝胶。凝胶电泳被广泛使用于生物分子分离，但是，它通常很慢。更快更可靠的电泳分离方法是毛细管电泳。在此技术中，一个装有缓冲溶液的毛细管插入两个相同的缓冲液的容器。两个容器之间可施加 $20\sim30kV$ 的电压，以及少量样品注入到毛细管中。基于离子在毛细管中不同的迁移速度使样品得以分离，分离的每个组成部分可以被收集或被检测到。

3.3.3 标准溶液的配制

标准溶液是用于滴定分析法测定化学试剂、化工产品纯度及杂质含量的已知准确浓度的溶液。国家标准（GB 601—88）对滴定分析用标准溶液的配制和标定方法做了详细、严格的规定。

实验室中最常用的是物质的量浓度标准溶液。配制物质的量浓度标准溶液，基本单元的选择是根据等物质量规则。表 3-2 列出常用标准溶液的物质和基准物质的基本单元及摩尔质量的数值，以及它们在滴定中的化学反应，这样的基本单元符合 SI（国际单位制）的规定。标准溶液的配制方法有直接法和标定法两种。

表 3-2　常用标准溶液的物质和基准物质的基本单元、摩尔质量及化学反应

名称	分子式	基本单元	摩尔质量	化学反应
盐酸	HCl	HCl	36.46	$HCl + OH^- = H_2O + Cl^-$
硫酸	H_2SO_4	$1/2\ H_2SO_4$	49.04	$H_2SO_4 + 2OH^- = 2H_2O + SO_4^{2-}$
氢氧化钠	$NaOH$	$NaOH$	40.00	$NaOH + H^+ = H_2O + Na^+$
碳酸钠	Na_2CO_3	Na_2CO_3	52.99	$CO_3^{2-} + 2H^+ = H_2O + CO_2$
高锰酸钾	$KMnO_4$	$1/5\ KMnO_4$	31.61	$MnO_4^- + 8H^+ + 5e = Mn^{2+} + 4H_2O$
重铬酸钾	$K_2Cr_2O_7$	$1/6\ K_2Cr_2O_7$	49.03	$Cr_2O_7^{2-} + 14H^+ + 6e = 2Cr^{3+} + 7H_2O$
碘	I_2	$1/2\ I_2$	126.9	$I_3^- + 2e = 3I^-$
硫代硫酸钠	$Na_2S_2O_3 \cdot 5H_2O$	$Na_2S_2O_3 \cdot 5H_2O$	248.18	$2S_2O_3^{2-} = S_4O_6^{2-} + 2e$
硫酸亚铁铵	$Fe(NH_4)_2(SO_4)_2 \cdot 6H_2O$	$Fe(NH_4)_2(SO_4)_2 \cdot 6H_2O$	392.14	$6Fe^{2+} + Cr_2O_7^{2-} + 14H^+ = 6Fe^{3+} + 2Cr^{3+} + 7H_2O$
三氧化二砷	As_2O_3	$1/4\ As_2O_3$	49.46	$5AsO_3^{3-} + 2MnO_4^- + 6H^+ = $ $5AsO_4^{3-} + 2Mn^{2+} + 3H_2O$
草酸	$H_2C_2O_4$	$1/2\ H_2C_2O_4$	45.02	$H_2C_2O_4 + 2OH^- = 2H_2O + C_2O_4^{2-}$
草酸钠	$Na_2C_2O_4$	$1/2\ Na_2C_2O_4$	67.00	$2MnO_4^- + 5C_2O_4^{2-} + 16H^+ = $ $2Mn^{2+} + 10CO_2(g) + 3H_2O$
碘酸钾	KIO_3	$1/6\ KIO_3$	35.67	$IO_3^- + 6H^+ + 6e = I^- + 3H_2O$
硝酸银	$AgNO_3$	$AgNO_3$	169.87	$Ag^+ + Cl^- = AgCl(s)$

标准溶液的配制方法包括直接法和标定法。

（1）直接法

准确称取一定量基准化学试剂溶解后，移入一定体积的量瓶中，加水至刻度，摇匀即可。然后由试剂质量和体积计算出所配标准溶液的准确浓度。

直接法配制标准溶液，必须使用基准试剂，它必须具备如下 4 个条件。

① 纯度高，要求杂质含量在万分之一以下。

② 组成与化学式相符，若含有结晶水，其含量也应与化学式相符。如 $Na_2B_4O_7 \cdot 10H_2O$，结晶水应恒定为 10 个。

③ 性质稳定，干燥时不分解，称量时不吸潮，不吸收二氧化碳，不被空气氧化，放置时不变质。

④ 容易溶解，最好具有较大的摩尔质量。

（2）标定法

首先配制接近于所需浓度的溶液，然后再用基准物质标定其准确浓度或用另一种标准溶液对所配制标准溶液进行滴定，并计算出其准确浓度。用基准物质标定的准确度高于比较法。

用基准物质标定时，被标定溶液的计算公式为：

$$C_B = (m \times 1000)/[M_B(V-V_0)] \tag{3-1}$$

式中　C_B——被标定溶液的物质量浓度，mol/L；

$\quad\quad m$——称取基准物的质量，g；

$\quad\quad M_B$——基准物质的摩尔质量，g/mol；

$\quad\quad V$——滴定消耗被标定溶液体积，mL；

$\quad\quad V_0$——空白试验消耗被标定溶液体积，mL。

用已知浓度的标准溶液标定时，被标定溶液的计算公式为：

$$C_B = C_A V_A / V_B \tag{3-2}$$

式中　C_B——被标定溶液的物质量浓度，mol/L；

$\quad\quad V_B$——被标定溶液的体积，mL；

$\quad\quad C_A$——已知标准溶液的物质量浓度，mol/L；

$\quad\quad V_A$——消耗已知标准溶液的体积，mL。

3.4　物质的分离与纯化技术

3.4.1　重结晶

利用被纯化物质与杂质在同一溶剂中的溶解性能的差异，将其分离的操作称为重结晶（recrystallization）。重结晶是纯化固体有机化合物最常用的一种方法。

实验原理、方法与注意事项如下。

(1) 原理

固体有机物在溶剂中的溶解度受温度的影响很大。一般来说，升高温度会使溶解度增大，而降低温度则使溶解度减小。如果将固体有机物制成热的饱和溶液，然后使其冷却，这时，由于溶解度下降，原来热的饱和溶液就变成了冷的过饱和溶液，因而有晶体析出。就同一种溶剂而言，对于不同的固体化合物，其溶解性是不同的。重结晶操作就是利用不同物质在溶剂中的不同溶解度，或者经热过滤将溶解性差的杂质滤除；或者让溶解性好的杂质在冷却结晶过程仍保留在母液中，从而达到分离纯化的目的。

(2) 实验方法

① 常量重结晶。

对于 1g 以上的固体样品纯化，一般都采用常量重结晶法。首先将待重结晶的有机物装入圆底烧瓶中，加入少于估算量的溶剂，投入几粒沸石，配置回流冷凝管。连通冷凝水，加热至沸，并不时地摇动。如果仍有部分固体没有溶解，再逐次添加溶剂，并保持回流。如果溶剂的沸点较低，当固体全部溶解后再添加一些溶剂，其量约为已加入溶剂量的 15％。如果溶液中含有色杂质，可以采用活性炭脱色。加入活性炭之前，一定要待上述溶液稍冷却，以防引起暴沸。加入活性炭的量一般为待重结晶有机物投入量的 1％～5％。继续加热，煮沸 5～10min，用经预热过的布氏漏斗趁热过滤，滤除不溶性杂质和活性炭。所得滤液让其自然冷却至室温，使晶体析出。然后在室温下过滤，以除去在溶剂中溶解度大的、仍残留在母液中的杂质。滤除母液后，再用少量溶剂对固体收集物洗涤几次，抽干后将晶体置放在表面皿上进行干燥。晶体的纯度可采用熔点测定法进行初步鉴定。

②　半微量重结晶。

如果待纯化样品较少时（少于 500 mg），用普通布氏漏斗做重结晶操作是比较困难的，一般损失较大，而用 Y 形砂芯漏斗操作则十分方便，产物损失较小（见图 3-12）。操作时首先将样品由玻璃管口放入球中，加入少许溶剂把落在玻璃管道内的样品冲洗下去，置玻璃球于油浴或热水浴中加热至微沸，再用滴管向球中补加溶剂，直至样品全部溶解。停止热浴，并擦净玻璃球上的油迹或水迹。然后，迅速将玻璃球倒置，用橡胶球通过玻璃管向 Y 形漏斗内加压，使漏斗内热饱和溶液经过砂芯漏斗滤入洁净的容器中，静置、结晶。

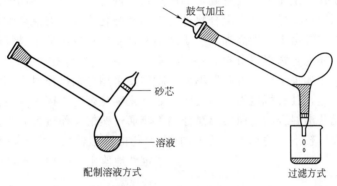

图 3-12　Y 形砂芯漏斗

(3) 注意事项

a. 选择适当的溶剂是重结晶过程中一个重要的环节。所选溶剂应该具备以下条件：不与待纯化物质发生化学反应；待纯化物质和杂质在所选溶剂中的溶解度有明显的差异，尤其是待纯化物质在溶剂中的溶解度应随温度的变化有显著的差异；另外，溶剂应容易与重结晶物质分离。如果所选溶剂不仅满足上述条件，而且经济、安全、毒性小、易回收，那就更理想了。

b. 如果所选溶剂是水，则可以不用回流装置。若使用易挥发的有机溶剂，一般都要采用回流装置。

c. 在采用易挥发溶剂时通常要加入过量的溶剂，以免在热过滤操作中，因溶剂迅速挥发导致晶体在过滤漏斗上析出。另外，在添加易燃溶剂时应该注意避开明火。

d. 溶液中若含有色杂质，会使析出的晶体污染；若含树脂状物质更会影响重结晶操作。遇到这种情况，可以用活性炭来处理。通常，活性炭在极性溶液（如水溶液）中的脱色效果较好，而在非极性溶液中的脱色效果要差一些。需要指出的是，活性炭在吸附杂质的同时，对待纯化物质也同样具有吸附作用。因此，在能满足脱色的前提下，活性炭的用量应尽量少。

e. 热过滤操作是重结晶过程中的另一个重要的步骤。热过滤前，应将漏斗事先充分预热，热过滤时操作要迅速，以防止由于温度下降使晶体在漏斗上析出。

f. 热过滤后所得滤液应让其静置冷却结晶。如果滤液中已出现絮状晶体，可以适当加热使其溶解，然后自然冷却，这样可以获得较好的结晶。

g. 经冷却、结晶、过滤后所得的母液，在室温下静置一段时间，还会析出一些晶体，但其纯度就不如第一批晶体。如果对于结晶纯度有一定的要求，前后两批结晶就不可混合在一起。

h. 在用 Y 形管热过滤前，一定要将样品溶液的玻璃球部擦净，否则在倒置过滤时，残留在玻璃球部的溶液可能会污染滤液。

3.4.2 常压蒸馏

液态物质受热沸腾化为蒸气，蒸气经冷凝又转变为液体，这个操作过程就称作蒸馏（distillation）。蒸馏是纯化和分离液态物质的一种常用方法，通过蒸馏还可以测定纯液态物质的沸点。

实验原理、方法与注意事项如下。

(1) 原理

纯的液态物质在一定压力下具有确定的沸点，不同的物质具有不同的沸点。蒸馏操作就是利用不同物质的沸点差异对液态混合物进行分离和纯化。当液态混合物受热时，由于低沸点物质易挥发，首先被蒸出，而高沸点物质因不易挥发或挥发出的少量气体易被冷凝而滞留在蒸馏瓶中，从而使混合物得以分离。不过，只有当组分沸点相差在 30℃ 以上时，蒸馏才有较好的分离效果。如果组分沸点差异不大，就需要采用分馏操作对液态混合物进行分离和纯化。需要指出的是，具有恒定沸点的液体并非都是纯化合物，因为有些化合物相互之间可以形成二元或三元共沸混合物，而共沸混合物不能通过蒸馏操作进行分离。通常，纯化合物的沸程（沸点范围）较小（约 0.5~1℃），而混合物的沸程较大。因此，蒸馏操作既可用来定性地鉴定化合物，也可用以判定化合物的纯度。

(2) 实验方法

安装好蒸馏烧瓶、冷凝管、接引管和接受瓶，然后将待蒸馏液体通过漏斗从蒸馏烧瓶颈口加入到瓶中，投入 1~2 粒沸石，再配置温度计（见图 3-13）。

接通冷凝水，开始加热，使瓶中液体沸腾。调节火焰，控制蒸馏速度，以 1~2 滴/s 为宜。在蒸馏过程中，注意温度计读数的变化，记下第一滴馏出液流出时的温度。当温度计读数稳定后，另换一个接受瓶收集馏分。如果仍然保持平稳加热，但不再有馏分流出，而且温度会突然下降，这表明该段馏分已近蒸完，需停止加热，记下该段馏分的

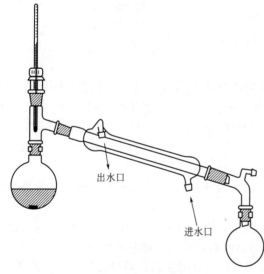

出水口

进水口

图 3-13　简单蒸馏装置

沸程和体积（或质量）。馏分的温度范围越小，其纯度就越高。

有时，在有机反应结束后，需要对反应混合物直接蒸馏，此时，可以将三口烧瓶作蒸馏瓶组装成蒸馏装置直接进行蒸馏（见图 3-14）。

(3) 注意事项

① 蒸馏烧瓶大小的选择依待蒸馏液体的量而定。通常，待蒸馏液体的体积约占蒸馏烧瓶体积的 1/3~2/3。

② 当待蒸馏液体的沸点在 140℃ 以下时，应选用直形冷凝管；沸点在 140℃ 以上时，就要选用空气冷凝管，若仍用直形冷凝管则易发生爆裂。

③ 接引管和接受瓶之间应留有空隙，以确保蒸馏装置与大气相通。否则，封闭体系受热后会引发事故。

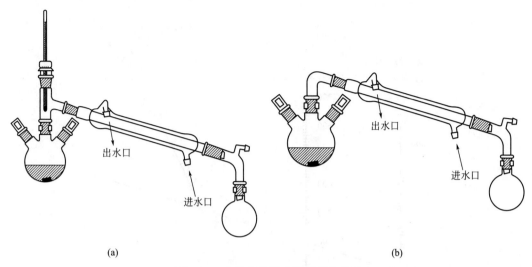

(a)　　　　　　　　　　　　　　　　　　　　(b)

图 3-14　由反应装置改装的蒸馏装置

④ 沸石是一种带多孔性的物质，如素瓷片或毛细管。当液体受热沸腾时，沸石内的小气泡就成为汽化中心，使液体保持平稳沸腾。如果蒸馏已经开始，但忘了投沸石，此时千万不要直接投放沸石，以免引发暴沸。正确的做法是，先停止加热，待液体稍冷片刻后再补加沸石。

⑤ 蒸馏低沸点易燃液体（如乙醚）时，千万不可用明火加热，此时可用热水浴加热。在蒸馏沸点较高的液体时，可以用明火加热。明火加热时，烧瓶底部一定要置放石棉网，以防因烧瓶受热不匀而炸裂。

⑥ 无论何时，都不要使蒸馏烧瓶蒸干，以防意外。

3.4.3　减压蒸馏

有些有机化合物热稳定性较差，常常在受热温度还未到达其沸点时就已发生分解、氧化或聚合。对这类化合物的纯化或分离就不宜采取常压蒸馏的方法而应该在减压条件下进行蒸馏。减压蒸馏又称真空蒸馏（vacuum distillation），可以将有机化合物在低于其沸点的温度下蒸馏出来。减压蒸馏尤其适合于蒸馏那些沸点高、热稳定性差的有机化合物。

实验原理、方法与注意事项如下。

(1) 原理

液体化合物的沸点与外界压力有密切的关系。当外界压力降低时，使液体表面分子逸出而沸腾所需要的能量也会降低。换句话说，如果降低外界压力，液体沸点就会随之下降。例如，苯甲醛在常压下的沸点为 179℃/101.3kPa（760mmHg），当压力降至 6.7kPa（50mmHg）时，其沸点已降低到 95℃。通常，当压力降低到 2.67kPa（20mmHg）时，多数有机化合物的沸点要比其常压下的沸点低 100℃ 左右。沸点与压力的关系可近似地用图3-15推出。例如，某一化合物在常压下的沸点为 200℃，若要在 4.0kPa（30mmHg）的减压条件下进行蒸馏操作，那么其蒸出沸点是多少呢？首先在图 3-15 中常压沸点刻度线上找到 200℃ 标示点，在系统压力曲线上找出 4.0kPa（30mmHg）标示点，然后将这两点连接成一直线并向减压沸点刻度线延长相交，其交点所示的数字就是该化合物在 4.0kPa（30mmHg）减压条件下的沸点，即 100℃。在没有其他资料来源的情况下，由此法所得估计值对于实际减压蒸馏操作具有一定的参考价值。

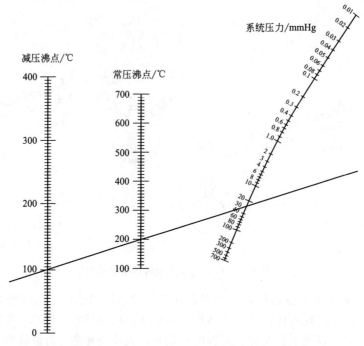

图 3-15　液体在常压和减压下的沸点近似关系（1mmHg≈133Pa）

(2)　实验方法

通常，减压蒸馏系统是由蒸馏装置、安全瓶、气体吸收装置、缓冲瓶及测压装置组成。在做减压蒸馏操作时，依次装配蒸馏烧瓶、克氏蒸馏头、冷凝管、真空接引管及接收瓶，以玻璃漏斗将待蒸馏物质注入蒸馏烧瓶中，配置毛细管，使毛细管尽量接近瓶底（见图 3-16）。

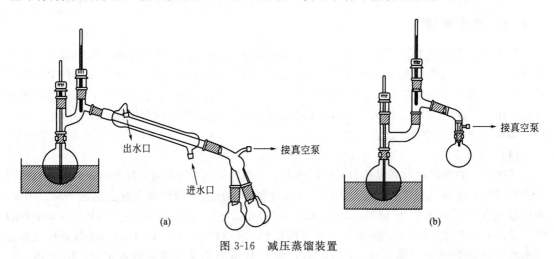

图 3-16　减压蒸馏装置

将真空接引管用厚壁真空橡胶管依序与安全瓶、冷却阱、真空计、气体吸收塔、缓冲瓶及油泵相连接（见图 3-17）。冷却阱可置于广口保温瓶中，用液氮或冰-盐冷却剂冷却。

先打开安全瓶上的活塞，使体系与大气相通。然后开启油泵抽气，慢慢关闭安全瓶上的旋塞，同时注意观察压力计读数的变化。通过小心旋转安全瓶上的旋塞，使体系真空度调节至所需值。

接通冷凝管上的冷凝水，开始用热浴液对蒸馏烧瓶加热，通常浴液温度要高出待蒸馏物

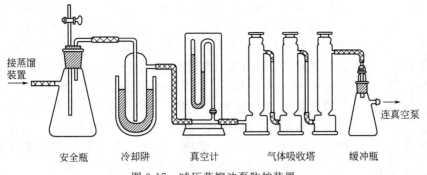

接蒸馏装置

安全瓶　　　冷却阱　　　真空计　　气体吸收塔　　缓冲瓶

连真空泵

图 3-17　减压蒸馏油泵防护装置

质减压时的沸点 30℃左右。蒸馏速度以 1～2 滴/s 为宜。当有馏分蒸出时，记录其沸点及相应的压力读数。如果待蒸馏物中有几种不同沸点的馏分，可通过旋转多头接引管、收集不同的馏分。

蒸馏结束后，停止加热，慢慢打开安全瓶上的旋塞，待系统内外的压力达到平衡后，关闭油泵。

在使用油泵进行减压蒸馏前，通常要对待蒸馏混合物做预处理，或者在常压下进行简单蒸馏，或者在水泵减压下利用旋转蒸发仪蒸馏（见图 3-18），以蒸除低沸点组分。

(3) 注意事项

① 在减压蒸馏装置中，从克氏蒸馏头直插蒸馏瓶底的是末端如细针般的毛细管，它起到引入气化中心的作用，使蒸馏平稳。如果蒸馏瓶中装入磁力搅拌子，在减压蒸馏过程中，开启磁力搅拌器，也可保持平稳蒸馏，这样就不必安装毛细管，如果待蒸馏物对空气敏感，在磁力搅拌下减压蒸馏就比较合适。此时若仍使用毛细管，则应通过毛细管导入惰性气体（如氮气）来加以防护。

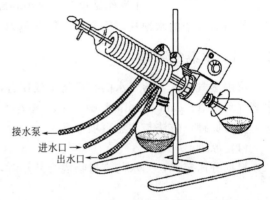

接水泵
进水口
出水口

图 3-18　旋转蒸发仪

② 打开油泵后，要注意观察压力计。如果发现体系压力无多大变化，或系统不能达到油泵应该达到的真空度，那么就该检查系统是否漏气。检查前先将油泵关闭，再分段检查那些连接部位。如果是蒸馏装置漏气，可以在蒸馏装置的各个连接部位适当地涂一点真空脂，并通过旋转使磨口接头处吻合致密。若在气体吸收塔及压力计等其他相串连的接合部位漏气，可涂上少许熔化的石蜡，并用电吹风加热熔融（或涂上真空脂）。检查完毕，即可按实验方法所述程序开启油泵。

③ 减压蒸馏时，一定要采取油浴（或水浴）的方法进行均匀加热。一般浴温要高出待蒸馏物在减压时的沸点 30℃左右。

④ 如果蒸馏少量高沸点物质或低熔点物质，则可采用如图 3-16(b) 所示装置进行蒸馏，即省去冷凝管。如果蒸馏温度较高，在高温蒸馏时，为了减少散热，可在克氏蒸馏头处用玻璃棉等绝热材料缠绕起来。如果在减压条件下，液体沸点低于 140～150℃，可用冷水浴对接收瓶冷却。

⑤ 使用油泵时，应注意防护与保养，不可使水分、有机物质或酸性气体侵入泵内，否则会严重降低油泵的效率。在蒸馏装置与油泵之间所安装的安全瓶、冷却阱、气体吸收塔及缓冲瓶，目的就是为了保护油泵。倘若在蒸馏时，突然发生暴沸或冲料，安全瓶就起到防护

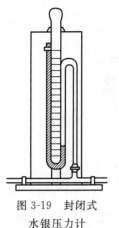

图 3-19 封闭式
水银压力计

作用。有时，由于系统内压力发生突然变化，从而导致泵油倒吸，缓冲瓶的设置就可以避免泵油冲入气体吸收塔。另外，装在安全瓶口上的带旋塞双通管可用来调节系统压力或放气。对于那些被抽出来的沸点较低的组分，可视具体情况将冷却阱浸入到盛有液氮或干冰或冰-水或冰-盐等冷却剂的广口保温瓶中进行冷却。吸收塔，也称干燥塔，一般设 2～3 个。这些干燥塔中分别装有无水氯化钙、颗粒状氢氧化钠及片状固体石蜡，用以吸收水分、酸性气体及烃类气体。应该指出的是，在用油泵减压蒸馏前，一定要先做简单蒸馏或用水泵减压蒸馏，以蒸除低沸点物质，防止低沸点物质抽入油泵。

⑥ 图 3-19 为封闭式水银压力计，常用于测量减压系统的真空度。其两臂汞面高度之差即为减压系统的真空度。使用时应当注意，当减压操作结束时，要小心旋开安全瓶上的双通旋塞，让气体慢慢进入系统，使压力计中的水银柱缓缓复原，以避免因系统内的压力突增使水银柱冲破玻璃管。

3.4.4 水蒸气蒸馏

将水蒸气通入不溶于水的有机物中或使有机物与水经过共沸而蒸出，这个操作过程称为水蒸气蒸馏（Steam Distillation）。水蒸气蒸馏是分离和提纯液态或固态有机物的一种方法。

实验原理、方法与注意事项如下。

(1) 原理

根据分压定律，当水与有机物混合共热时，其蒸气压为各组分之和。即

$$P_{混合物} = P_{水} + P_{有机物} \tag{3-3}$$

如果水的蒸气压和有机物的蒸气压之和等于大气压，混合物就会沸腾，有机物和水就会一起被蒸出。显然，混合物沸腾时的温度要低于其中任一组分的沸点。换句话说，有机物可以在低于其沸点的温度条件下被蒸出。从理论上讲，馏出液中有机物（$W_{有机物}$）与水（$W_{水}$）的重量之比，应等于两者的分压（$P_{有机物}$ 和 $P_{水}$）与各自分子量（$M_{有机物}$ 和 $M_{水}$）乘积之比。

$$\frac{W_{有机物}}{W_{水}} = \frac{P_{有机物} \times M_{有机物}}{P_{水} \times M_{水}} \tag{3-4}$$

例如，对 1-辛醇进行水蒸气蒸馏时，1-辛醇与水的混合物在 99.4℃沸腾。通过查阅手册得知，纯水在 99.4℃时的蒸气压为 99.18kPa（744mmHg）。按分压定律，水的蒸气压与 1-辛醇的蒸气压之和等于 101.31kPa（760mmHg）。因此，1-辛醇在 99.4℃时的蒸气压必为 2.13kPa（16mmHg）。故有：

$$\frac{W_{有机物}}{W_{水}} = \frac{2.13 \times 10^3 \times 130}{99.18 \times 10^3 \times 18} = 0.16$$

即每蒸出 1g 水便有 0.16g1-辛醇被蒸出。

由于有机物与水共热沸腾的温度总在 100℃以下，因此，水蒸气蒸馏操作特别适用于在高温下易发生变化的有机物分离。当然，有机物还需具有至少为 0.7kPa（5mmHg）的蒸气压，且不溶于水。此外，那些含有大量树脂状杂质，直接用蒸馏或重结晶等方法难以分离的混合物也可以采用水蒸气蒸馏的方法来分离。

(2) 实验方法

依序安装水蒸气发生器、圆底烧瓶、克氏蒸馏头、温度计、冷凝管、接引管和接收瓶，如图 3-20(a) 所示。将待分离混合物转入烧瓶中，将 T 形管活塞打开，加热水蒸气发生器

使水沸腾。当有水蒸气从 T 形管支口喷出时，将支管口关闭，使水蒸气通入烧瓶。连通冷却水，使混合蒸气能在冷凝管中迅速冷凝而流入接收瓶。馏出速度以 2 滴/s 为宜，通过调节加热温度加以控制。当馏出液清亮透明、不再含有油状物时，即可停止蒸馏。先打开 T 形管支口，然后停止加热。将收集液转入分液漏斗，静置分层，除去水层，即得分离产物。

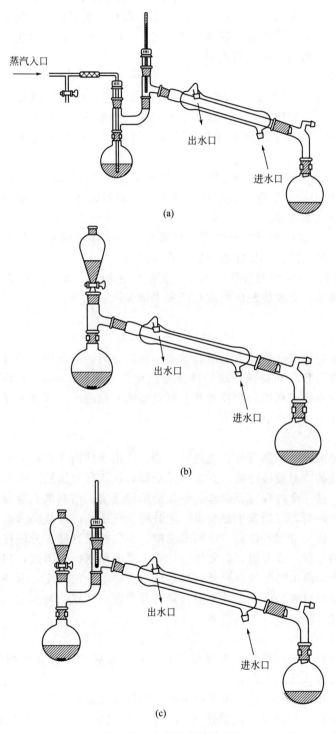

图 3-20　水蒸气蒸馏装置

如果不用水蒸气发生器而采用一种更为简单的水蒸气蒸馏装置也可以正常地进行水蒸气蒸馏操作，如图 3-20(b) 所示。其操作方法也很简单，先将待分离有机物和适量的水置入圆底烧瓶中，再投入几粒沸石，接通冷凝水，开始加热，保持平稳沸腾。其他操作同前面叙述相同，只是当烧瓶内的水经连续不断地蒸馏而减少时，可通过蒸馏头上配置的滴液漏斗补加水。如果依如图 3-20(b) 所示装置进行水蒸气蒸馏操作容易使混合物溅入冷凝管，使分离纯化受到影响，那么采用图 3-20(c) 来操作就可以有效地避免这个问题。不过，由于克氏蒸馏头弯管段较长，蒸气易冷凝，影响有效蒸馏。此时，可以用玻璃棉等绝热材料缠绕，以避免热量迅速散失，从而提高蒸馏效率。

(3) 注意事项

① 水蒸气发生器中一定要配置安全管。可选用一根长玻璃管做安全管，管子下端要接近水蒸气发生器底部。使用时，注入的水不要过多，一般不要超出其容积的 2/3。

② 水蒸气发生器与烧瓶之间的连接管路应尽可能短，以减少水蒸气在导入过程中的热损耗。

③ 导入水蒸气的玻璃管应尽量接近圆底烧瓶底部，以利提高蒸馏效率。

④ 在蒸馏过程中，如果有较多的水蒸气因冷凝而积聚在圆底烧瓶中，可以用小火隔着石棉网在圆底烧瓶底部加热。

⑤ 实验中，应经常注意观察安全管。如果其中的水柱出现不正常上升，应立即打开 T 形管，停止加热，找出原因，排除故障后再重新蒸馏。

⑥ 停止蒸馏时，一定要先打开 T 形管，然后停止加热。如果先停止加热，水蒸气发生器因冷却而产生负压，会使烧瓶内的混合液发生倒吸。

3.4.5 分馏

简单蒸馏只能对沸点差异较大的混合物做有效的分离，而采用分馏柱进行蒸馏则可对沸点相近的混合物进行分离和提纯，这种操作方法称为分馏（fractional distillation）。简单地说，分馏就是多次蒸馏，利用分馏技术甚至可以将沸点相距 1~2℃ 的混合物分离开来。

实验原理、方法与注意事项如下

(1) 原理

当混合物受热沸腾时，其蒸气首先进入分馏柱。由于柱内外存在温差，柱内蒸气中高沸点组分受柱外空气的冷却而被冷凝，并流回至烧瓶，从而导致继续上升的蒸气中低沸点组分的含量相对增加。这一个过程可以看作是一次简单的蒸馏。当高沸点冷凝液在回流途中遇到新蒸上来的蒸气时，两者之间发生热交换，上升的蒸气中，同样是高沸点组分被冷凝，低沸点组分继续上升。这又可以看作是一次简单蒸馏。蒸气就是这样在分馏柱内反复地进行着汽化、冷凝和回流的过程，或者说，重复地进行着多次简单蒸馏。因此，只要分馏柱的效率足够高，从分馏柱上端蒸出的蒸气组分就能接近低沸点单组分的纯度，而高沸点组分仍回流到蒸馏烧瓶中。需要指出的是，由于共沸混合物具有恒定的沸点，与蒸馏一样，分馏操作也不可用来分离共沸混合物。

(2) 实验方法

将待分馏物质装入圆底烧瓶，并投放几粒沸石，然后依序安装分馏柱、温度计、冷凝管、接引管及接收瓶（见图 3-21）。

接通冷凝水，开始加热，使液体平稳沸腾。当蒸气缓缓上升时，注意控制温度，使馏出速度维持在 2~3s/滴。记录第一滴馏出液滴入接收瓶时的温度，然后根据具体要求分段收集馏分，并记录各馏分的沸点范围及体积。

(3) 注意事项

① 选择合适的蒸馏瓶冷凝管。

② 分馏柱柱高是影响分馏效率的重要因素之一。一般来讲，分馏柱越高，上升蒸气与冷凝液之间的热交换次数就越多，分离效果就越好。但是，如果分馏柱过高，则会影响馏出速度。

③ 分馏柱内的填充物也是影响分馏效率的一个重要因素。填充物在柱中起到增加蒸气与回流液接触的作用，填充物比表面积越大，越有利于提高分离效率。不过，需要指出的是，填充物之间要保持一定的空隙，否则会导致蒸馏困难。实验室中常用的韦氏（Vigreux）分馏柱是一种柱内呈刺状的简易分馏柱，不需另加填料。

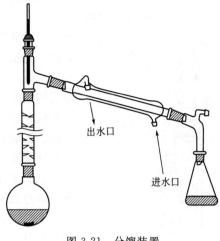

图 3-21　分馏装置

④ 当室温较低或待分馏液体的沸点较高时，分馏柱的绝热性能就会对分馏效率产生显著影响。在这种情况下，如果分馏柱的绝热性能差，其散热就快，因而难以维持柱内气液两相间的热平衡，从而影响分离效果。为了提高分馏柱的绝热性能，可用玻璃布等保温材料将柱身裹起来。

⑤ 在分馏过程中，要注意调节加热温度，使馏出速度适中。如果馏出速度太快，就会产生液泛现象，即回流液来不及流回至烧瓶，并逐渐在分馏柱中形成液柱。若出现这种现象，应停止加热，待液柱消失后重新加热，使气液达到平衡，再恢复收集馏分。

3.4.6　萃取

用溶剂从固体或液体混合物中提取所需要的物质，这一操作过程就称为萃取（extraction）。萃取不仅是提取和纯化有机化合物的一种常用方法，而且还可以用来洗去混合物中的少量杂质。

实验原理、方法与注意事项如下。

(1) 原理

萃取是利用同一种物质在两种互不相溶的溶剂中具有不同溶解度的性质，将其从一种溶剂转移到另一种溶剂，从而达到分离或提纯目的的一种方法。

在一定温度下，同一种物质（M）在两种互不相溶的溶剂（A，B）中遵循如下分配原理。

$$K=\frac{W_M/V_A}{W'_M/V'_B} \tag{3-5}$$

式中　K——分配常数；

W_M/V_A——M 组分在体积为 V 的溶剂（A）中所溶解的克数（W）；

W'_M/V'_B——M 组分在体积为 V' 的溶剂（B）中所溶解的克数（W'）。

换句话说，物质（M）在两种互不相溶的溶剂中的溶解度之比，在一定温度下是一个常数。

上式也可以改写为：

$$K=\frac{W_M}{W'_M}\times\frac{V'_B}{V_A} \tag{3-6}$$

可见，当两种溶剂的体积相等时，分配常数 K 就等于物质（M）在这两种溶剂中的溶解度之比。显然，如果增加溶剂的体积，溶解在其中的物质（M）量也会增加。

由式(3-6)还可以推出，若用一定量的溶剂进行萃取，分次萃取比一次萃取的效率高。当然，这并不是说萃取次数越多，效率就越高，一般以提取三次为宜，每次所用萃取剂约相当于被萃取溶液体积的1/3。

此外，萃取效率还与溶剂的选择密切相关。一般来讲，选择溶剂的基本原则是：被提取物质溶解度较大；与原溶剂不相混溶；沸点低、毒性小。例如，从水中萃取有机物时常用氯仿、石油醚、乙醚、乙酸乙酯等溶剂，若从有机物中洗除其中的酸或碱或其他水溶性杂质时，可分别用稀碱或稀酸或直接用水洗涤。

以上所述是针对液-液萃取而言。如果要从固体中提取某些组分，则是利用样品中被提取组分和杂质在同一溶剂中具有不同溶解度的性质进行提取和分离的。在实验室中，通常用索氏（SoXhlet）提取器（也称脂肪提取器）从固体中做连续提取操作（见图 3-22）。其工作原理是通过对溶剂加热回流并利用虹吸现象，使固体物质连续被溶剂所萃取。

（2）实验方法

① 液-液萃取。将分液漏斗置入固定在铁架台上的铁圈中，把待萃取混合液（体积为 V）和萃取剂（体积约为 V/3）倒入分液漏斗，盖好上口塞。用右手握住分液漏斗上口，并以右手食指摁住上口塞；左手握住分液漏斗下端的活塞部位，小心振荡，使萃取剂和待萃取混合液充分接触。振荡过程中，要不时将漏斗尾部向上倾斜并打开活塞，以排出因振荡而产生的气体（见图 3-23）。振荡、放气操作重复数次后，将分液漏斗再置放在铁圈上，静置分层。当两相分清后，先打开分液漏斗上口塞，然后打开活塞，使下层液经活塞孔从漏斗下口慢慢放出，上层液自漏斗上口倒出。这样，萃取剂便带着被萃取物质从原混合物中分离出来。一般像这样萃取三次就可以了。将萃取液合并，经干燥后通过蒸馏蒸除萃取剂就可以获得提取物。

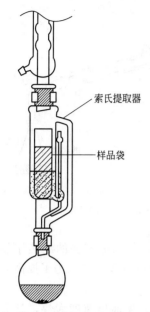

图 3-22　固-液萃取装置

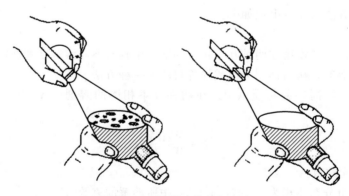

图 3-23　分液漏斗的放气方法

② 固-液萃取。将待提取物研细并用滤纸包起来以细线扎牢，呈圆柱状，置入提取管内。向圆底烧瓶加入溶剂，并投放几粒沸石，配置冷凝管（见图 3-22）。开始加热，使溶剂沸腾，保持回流冷凝液不断滴入提取管中，溶剂逐渐积聚。当其液面高出虹吸管顶端时，浸泡样品的萃取液便会自动流回烧瓶中。溶剂受热后又会被蒸发，溶剂蒸气经冷凝又回流至提取管，如此反复，使萃取物不断地积聚在烧瓶中。当萃取物基本上被提取出来后，蒸除溶剂，即可获得提取物。

(3) 注意事项

① 所用分液漏斗的容积一般要比待处理的液体体积大1～2倍。在分液漏斗的活塞上应涂上薄薄一层凡士林，注意不要抹在活塞孔中。然后转动活塞使其均匀透明。在萃取操作之前，应先加入适量的水以检查活塞处是否滴漏。

② 在使用低沸点溶剂（如乙醚）做萃取剂时，或使用碳酸钠溶液洗涤含酸液体时，应注意在摇荡过程中要不时地放气。否则，分液漏斗中的液体易从上口塞处喷出。

③ 如果在振荡过程中，液体出现乳化现象，可以通过加入强电解质（如食盐）破乳。

④ 分液时，如果一时不知哪一层是萃取层，则可以通过再加入少量萃取剂来判断。当加入的萃取剂穿过分液漏斗中的上层液溶入下层液，则下层是萃取相；反之，则上层是萃取相。为了避免出现失误，最好将上下两层液体都保留到操作结束。

⑤ 在分液时，上层液应从漏斗上口倒出，以免萃取层受污染。

⑥ 如果打开活塞却不见液体从分液漏斗下端流出，首先应检查漏斗上口塞是否打开。如果上口塞已打开，液体仍然放不出，那就该检查活塞孔是否被堵塞。

⑦ 以索氏提取器来提取物质，最显著的优点是节省溶剂。不过，由于被萃取物要在烧瓶中长时间受热，对于受热易分解或易变色的物质就不宜采用这种方法。此外，应用索氏提取器来萃取，所使用的溶剂的沸点也不宜过高。

3.4.7 升华

固体物质受热后不经熔融就直接转变为蒸气，该蒸气经冷凝又直接转变为固体，这个过程称为升华（sublimation）。升华是纯化固体有机物的一种方法。利用升华不仅可以分离具有不同挥发度的固体混合物，而且还能除去难挥发的杂质。一般由升华提纯得到的固体有机物纯度都较高。但是，由于该操作较费时，而且损失也较大，因而，升华操作通常只限于实验室少量物质的精制。

实验原理、方法与注意事项如下。

(1) 原理

广义地说，无论是由固体物质直接挥发，还是由液体物质蒸发，所产生的蒸气只要是不经过液态而直接转变为固体，这一过程都称为升华。一般来说，能够通过升华操作进行纯化的物质是那些在熔点温度以下具有较高蒸气压的固体物质。这类物质具有三相点，即固、液、气三相并存之点。一种物质的熔点，通常指的是该物质的固、液两相在大气压下达到平衡时的温度。而某物质的三相点指的是该物质在固、液、气三相达到平衡时的温度和压力。在三相点以下，物质只有固、气两相。这时，只要将温度降低到三相点以下，蒸气就可不经液态直接转变为固态。反之，若将温度升高，则固态又会直接转变为气态。由此可见，升华操作应该在三相点温度以下进行。例如，六氯乙烷的三相点温度是186℃，压力为104.0kPa（780mmHg），当升温至185℃时，其蒸气已达101.3kPa（760mmHg），六氯乙烷即可由固相常压下直接挥发为蒸气。

另外，有些物质在三相点时的平衡蒸气压比较低，在常压下进行升华时效果较差，这时可在减压条件下进行升华操作。

(2) 实验方法

将待升华物质研细后置放在蒸发皿中，然后用一张扎有许多小孔的滤纸覆盖在蒸发皿口上，并用一玻璃漏斗倒置在滤纸上面，在漏斗的颈部塞上一团疏松的棉花（见图3-24）。用小火隔着石棉网慢慢加热，使蒸发皿中的物质慢慢升华，蒸气透过滤纸小孔上升，凝结在玻璃漏斗的壁上，滤纸面上也会结晶出一部分固体。升华完毕，可用不锈钢刮匙将凝结在漏斗壁上以及滤纸上的结晶小心刮落并收集起来。

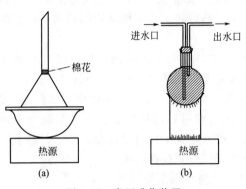

图 3-24 常压升华装置

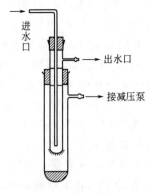

图 3-25 减压升华装置

减压条件下的升华操作与上述常压升华操作大致相同。首先将待升华物质置放在吸滤管内，然后在吸滤管上配置指形冷凝管，内通冷凝水，用油浴加热，吸滤管支口接水泵或油泵（见图 3-25）。

(3) 注意事项

① 待升华物质要经充分干燥，否则在升华操作时部分有机物会与水蒸气一起挥发出来，影响分离效果。

② 在蒸发皿上覆盖一层布满小孔的滤纸，主要是为了在蒸发皿上方形成一温差层，使逸出的蒸气容易凝结在玻璃漏斗壁上，提高物质升华的收率。必要时，可在玻璃漏斗外壁上敷上冷湿布，以助冷凝。

③ 为了达到良好的升华分离效果，最好采取砂浴或油浴而避免用明火直接加热，使加热温度控制在待纯化物质的三相点温度以下。如果加热温度高于三相点温度就会使不同挥发性的物质一同蒸发，从而降低分离效果。

3.4.8 层析技术及色谱法

色谱法（chromatography）也称色层法或层析法，是分离、提纯和鉴定有机化合物的重要方法之一。色谱法最初源于对有色物质的分离，因而得名。后来，随着各种显色、鉴定技术的引入，其应用范围早已扩展到无色物质。

实验原理、方法与注意事项如下。

(1) 原理

色谱法有许多种类，但基本原理是一致的，即利用待分离混合物中的各组分在某一物质中（此物质称作固定相）的亲和性差异，如吸附性差异、溶解性（或称分配作用）差异等，让混合物溶液（此相称作流动相）流经固定相，使混合物在流动相和固定相之间进行反复吸附或分配等作用，从而使混合物中的各组分得以分离。根据不同的操作条件，色谱法可分为柱色谱（colum chromatography）、纸色谱（paper chromatography）、薄层色谱（thin layer chromatography，简记 TLC）、气相色谱（gas chromatography）。

(2) 实验方法

① 柱色谱法。选一合适层析柱，洗净干燥后垂直固定在铁架台上，层析柱下端置一吸滤瓶或锥形瓶（见图 3-26）。如果层析柱下端没有砂芯横隔，就应取一小团脱脂棉或玻璃棉，用玻璃棒将其推至柱底，然后再铺上一层约 1cm 厚的砂。关闭层析底端的活塞，向柱内倒入溶剂至柱高的 3/4 处。然后将一定量的吸附剂（或支持剂）用溶剂调成糊状，并将其

从层析柱上端向柱内一匙一匙地添加，同时打开层析柱下端的活塞，使溶剂慢慢流入锥形瓶。在添加吸附剂的过程中，可用木质试管夹或套有橡皮管的玻璃棒轻轻敲振层析柱，促使吸附剂均匀沉降。添加完毕，在吸附剂上面覆盖约 1cm 厚的砂层。整个添加过程中，应保持溶剂液面始终高出吸附剂层面（见图 3-26）。当柱内的溶剂液面降至吸附剂表层时，关闭层析柱下端的活塞。用滴管将事先准备好的样品溶液滴加到柱内吸附剂表层。用滴管取少量溶剂洗涤层析柱内壁上沾有的样品溶液。然后打开活塞，使溶剂慢慢流出。当溶液液面降至吸附剂层面时，便可加入洗脱剂进行洗脱。如果被分离各组分有颜色，可以根据层析柱中出现的色层收集洗脱液；如果各组分无色，先依等份收集法收集，然后用薄层色谱法逐一鉴定，再将相同组分的收集液合并在一起，蒸除溶剂，即得各组分。

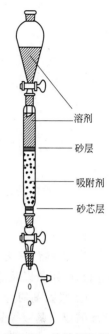

溶剂

砂层

吸附剂

砂芯层

② 薄层色谱法。将 5g 硅胶 G 在搅拌下慢慢加入到 12mL1％的羧甲基纤维素钠（CMC）水溶液中，调成糊状。然后将糊状浆液倒在洁净的载玻片上，用手轻轻振动，使涂层均匀平整，大约可铺 8cm×3cm 载玻片 6～8 块。室温下晾干，然后在 110℃烘箱内活化 0.5h。

图 3-26　柱层析装置

用低沸点溶剂（如乙醚、丙酮或氯仿等）将样品配成 1％左右的溶液，然后用内径小于 1mm 的毛细管点样。点样前，先用铅笔在层析板上距末端 1cm 处轻轻画一横线，然后用毛细管吸取样液在横线上轻轻点样，如果要重新点样，一定要等前一次点样残余的溶剂挥发后再点样，以免点样斑点过大。一般斑点直径不大于 2mm。如果在同一块薄层板上点两个样，两斑点间距应保持 1～1.5cm 为宜。干燥后就可以进行层析展开。

以广口瓶做展开器，加入展开剂，其量以液面高度 0.5cm 为宜。在展开器中靠瓶壁放入一张滤纸，使器皿内易于达到气液平衡。滤纸全部被溶剂润湿后，将点过样的薄层板斜置于其中，使点样一端朝下，保持点样斑点在展开剂液面之上，盖上盖子（见图 3-27）。当展开剂上升至离薄层板上端约 1cm 处时，将薄层板取出，并用铅笔标出展开剂的前沿位置。待薄层板干燥后，便可观察斑点的位置。如果斑点无颜色，可将薄层板置放在装有几粒碘晶的广口瓶内盖上瓶盖。当薄层板上出现明显的暗棕色斑点后，即可将其取出，并马上用铅笔标出斑点的位置。然后计算各斑点的 R_f 值（比移值）。

图 3-27　薄层色谱装置

③ 气相色谱法。选用一根干燥洁净且长度适宜的不锈钢管（有时也可用玻璃管）做层析柱。根据柱内容积量取比该容积稍多一点的担体，再量取相当于担体质量 5％～25％的固定液，用和担体量相当的低沸点溶剂混合在一起，搅拌均匀。然后利用旋转蒸发仪（或用红外灯加热蒸除溶剂，将涂有固定液的担体置入 110～120℃的烘箱中老化 2h）。

将选用的层析柱一端以玻璃毛堵住，并与真空泵相连，另一端连接一个小漏斗。开启真空泵，将老化过的担体逐渐倒入漏斗中，使担体吸入柱内。在装柱过程中，应不断敲击振动色谱柱，使担体在柱中填装得均匀致密。装毕，将漏斗移去，用玻璃毛将色谱柱此端堵住，并以此端作为进气口与色谱仪相连（见图 3-28）。

色谱柱安装在色谱仪的柱箱中，然后开启仪器，调节载气流量（约 10～5mL/min）和操作温度（略高于实验要求的温度，但低于固定液最高使用温度），待记录仪基线平稳后即可进样测定。

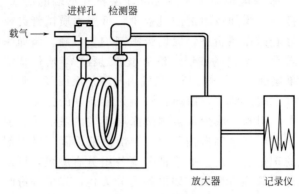

进样孔　检测器

载气 →

放大器　　记录仪

图 3-28　气相色谱仪示意

（3）注意事项

① 以柱色谱法分离混合物应该考虑到吸附剂的性质、溶剂的极性、柱子的大小尺寸、吸附剂的用量以及洗脱的速度等因素。

② 吸附剂的选择一般要根据待分离的化合物的类型而定。例如，酸性氧化铝适合于分离羧酸或氨基酸等酸性化合物；碱性氧化铝适合于分离胺；中性氧化铝则可用于分离中性化合物。硅胶的性能比较温和，属无定形多孔物质，略具酸性，适合于极性较大的物质分离。例如，醇、羧酸、酯、酮、胺等。

③ 溶剂的选择一般根据待分离化合物的极性、溶解度等因素而定。有时，使用一种单纯溶剂就能使混合物中各组分分离开来；有时，则需要采用混合溶剂；有时，则使用不同的溶剂交替洗脱。例如，先采用一种非极性溶剂将待分离混合物中的非极性组分从柱中洗脱出来，然后再选用极性溶剂以洗脱具有极性的组分。常用的溶剂有：石油醚、四氯化碳、甲苯、二氯甲烷、氯仿、乙醚、乙酸乙酯、丙酮、乙醇、甲醇、水、乙酸，极性依次递增。

④ 层析柱大小的尺寸以及吸附剂的用量要视待分离样品的量和分离难易程度而定。一般来说，层析柱的柱长与柱径之比约为 8∶1；吸附剂的用量约为待分离样品质量的 30 倍左右。吸附剂装入柱中以后，层析柱应留有约 1/4 的容量以容纳溶剂。当然，如果样品分离较困难，可以选用更长一些的层析柱，吸附剂的用量也可适当多一些。

⑤ 溶剂的流速对层析柱分离效果具有显著影响。如果溶剂流速较慢，则样品在层析柱中保留的时间就长，那么各组分在固定相和流动相之间就能得到充分的吸附或分配作用，从而使混合物，尤其是结构、性质相似的组分得以分离。但是，如果混合物在柱中保留的时间太长，则可能由于各组分在溶剂中的扩散速度大于其流出的速度，从而导致色谱带变宽，且相互重叠影响分离效果。因此，层析时洗脱速度要适中。

⑥ 装柱时要轻轻不断地敲击柱子，以除尽气泡，不留裂缝，否则会影响分离效果。

⑦ 装柱完毕后，在向柱中添加溶剂时，应沿柱壁缓缓加入，以免将表层吸附剂和样品冲溅泛起，覆盖在吸附剂表层的砂子也起这个作用。

⑧ 薄板层析法除了用于分离提纯外，还可用于有机化合物的鉴定，也可以用于寻找层析柱分离条件。在有机合成中，还可用来跟踪反应进程。其分离原理是，利用薄层板上的吸附剂在展开剂中所具有的毛细作用，使样品混合物随展开剂向上爬升。由于各组分在吸附剂上受吸附的程度不同，以及在展开剂中溶解度的差异，使其在爬升过程中得到分离。一种化合物在一定层析条件下，其上升高度与展开剂上升高度之比是一个定值，称为该化合物的比移值，记为 R_f 值。它是用来比较和鉴别不同化合物的重要依据。应该指出，在实际工作中，

R_f 值的重现性较差。因此，在鉴定过程中，常将已知物和未知物在同一块薄层板上点样，在相同展开剂中同时展开，通过比较它们的 R_f 值，即可做出判断。

⑨ 薄板层析法常用的吸附剂有硅胶和氧化铝，不含黏合剂的硅胶称硅胶 H；掺有黏合剂如煅石膏称为硅胶 G；含有荧光物质的硅胶称为硅胶 HF_{254}。可在波长为 254nm 的紫外光下观察荧光，而附着在光亮的荧光薄板上的有机化合物却呈暗色斑点，这样就可以观察到那些无色组分；既含煅石膏又含荧光物质的硅胶称为硅胶 GF_{254}。氧化铝也类似地分为氧化铝 G、氧化铝 HF_{254} 及氧化铝 GF_{254}。除了煅石膏外，羧甲基纤维素钠也是常用的黏合剂。由于氧化铝的极性较强，对于极性物质具有较强的吸附作用，因而，它适合于分离极性较弱的化合物（如烃、醚、卤代烃等）。而硅胶的极性相对较小，它适合于分离极性较大的化合物（如羧酸、醇、胺等）。

⑩ 制板时，一定要将吸附剂逐渐加入到溶剂中，边加边搅拌。如果颠倒添加秩序，把溶剂加到吸附剂中，容易产生结块。

⑪ 点样时，所用毛细管管口要平整，点样动作要轻快敏捷。否则易使斑点过大，产生拖尾、扩散等现象，影响分离效果。

⑫ 展开剂的极性差异对混合物的分离有显著影响。当被分离物各组分极性较强，经过层析后，如果混合物中各组分的斑点全部随溶剂爬升至最前沿，那么该溶剂的极性太强；相反，如果混合物中各组分的斑点完全不随溶剂的展开而移动，则该溶剂的极性太弱。选择展开剂时，可以参考注意事项③。应该指出，有时用单一溶剂不易使混合物分离，这就需要采用混合溶剂做展开剂。这种混合展开剂的极性常介于几种纯溶剂的极性之间。快速寻找合适的展开剂可以按如下方法操作：先在一块薄层板上点上待分离样品的几个斑点，斑点间留有 1cm 以上的间距。用滴管将不同溶剂分别点在不同的斑点上，这些斑点将随溶剂向周边扩展形成大小不一的同心圆环。通过观察这些圆环的层次间距，即可大致判断溶剂的适宜性。

⑬ 碘熏显色法是观察无色物质斑点的一种有效方法。因为，碘可以与除烷烃和卤代烃以外的大多数有机物形成有色配合物。不过，由于碘会升华，当薄层板在空气中放置一段时间后，显色斑点就会消失。因此，薄层板经碘熏显色后，应马上用铅笔将显色斑点圈出。如果薄层板上掺有荧光物质，则可直接在紫外灯下观察，化合物会因吸收紫外光而呈黑色斑点。

⑭ 气相色谱法是以气体作为流动相（即载气）的一种色谱法。根据固定相状态，又分为气-固色谱法和气-液色谱法。实验方法中介绍的是气-液色谱法。气-液色谱法是以多孔惰性固体物质做载体（也称担体），在其表面涂覆一层很薄的高沸点液体有机化合物作为固定相（又称固定液），并将其填充在色谱柱中。当载气将混合物带入色谱柱，混合物各组分将在载气和固定液之间反复进行分配。那些在固定液中溶解度小的组分很快就会被载气带出，而在固定液中溶解度大的组分移动得缓慢，因而各组分被分离开来。气-固色谱法与气-液色谱法原理相似。区别在于气-固色谱法中是以一些多孔固体吸附剂如硅胶、活性氧化铝等直接做固定相。

⑮ 气相色谱仪型号很多，但它们的组成基本相同。主要包括载气供应系统、进样系统、色谱柱、检测系统以及记录系统等。其操作条件要根据所用机型而定。一般来说，当色谱仪开启稳定后，可用微量注射器进样，气化后的样品经过色谱柱分离成一个个单组分，并依次先后进入检测器，检测器将这些浓度不同的各组分相应地转换为电信号，并以谱峰的形式记录在记录仪上。通常，将从进样开始到柱后出现某组分的浓度最大值所需的时间，称保留时间，一般来说，有机化合物在相同的分析条件下，其保留时间是不变的。因此，可以借助气相色谱做定性分析。另外，各组分的含量与其谱峰面积成正比，因而依峰面积大小还可进行定量分析。

⑯ 在气相色谱操作过程中要用到氢气，切忌明火，注意安全。

3.4.9 旋光度的测定

对映体是互为镜像的立体异构体。它们的熔点、沸点、相对密度、折光率以及光谱等物理性质都相同，并且在与非手性试剂作用时，它们的化学性质也一样，唯一能够反映分子结构差异的性质是它们的旋光性不同。当偏振光通过具有光学活性的物质时，其振动方向会发生旋转，所旋转的角度即为旋光度（optical rotation）。

实验原理、方法与注意事项如下。

(1) 原理

旋光性物质的旋光度和旋光方向可以用旋光仪来测定。旋光仪主要由一个钠光源、两个尼科尔棱镜和一个盛有测试样品的盛液管组成（见图 3-29）。普通光先经过一个固定不动的棱镜（起偏镜）变成偏振光，然后通过盛液管、再由一个可转动的棱镜（检偏镜）来检验偏振光的振动方向和旋转角度。若使偏振光振动平面向右旋转，则称右旋；若使偏振光振动平面向左旋转，则称左旋。

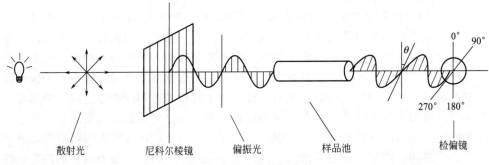

图 3-29　旋光仪结构示意

光活性物质的旋光度与其浓度、测试温度、光波波长等因素密切相关。但是，在一定条件下，每一种光活性物质的旋光度为一常数，用比旋光度 $[\alpha]$ 表示。

$$[\alpha]_\lambda^t = \frac{\alpha}{c \times l} \tag{3-7}$$

式中　α——旋光仪测试值；

　　　c——样品溶液浓度，以 1mL 溶液所含样品克数表示；

　　　l——盛液管长度，单位为 dm；

　　　λ——光源波长，通常采用钠光源，以 D 表示；

　　　t——测试温度。

如果被测样品为液体，可直接测定而不需配成溶液。求算比旋光度时，只要将其相对密度值（d）代替式(3-7)中的浓度值（c）即可得：

$$[\alpha]_\lambda^t = \frac{\alpha}{d \times l} \tag{3-8}$$

除了比旋光度外，还可用光学纯度、左旋和右旋对映体的百分含量以及对映体过量值（enantiomer excess，缩写为 $e.e.$）等来反映光活性物质的纯度。

若设 S 为旋光异构体混合物中的主要异构体含量，R 为其对映异构体含量，则对映体过量 $e.e.$ 值用下式计算：

$$e.e.\% = \frac{S-R}{S+R} \times 100 \tag{3-9}$$

若设（—）左旋对映体光学纯度为 $X\%$，则

$$（一）左旋对映体百分含量 = \left(x + \frac{100-x}{2}\right) \times 100\% \tag{3-10}$$

$$（+）右旋对映体百分含量 = \frac{100-x}{2} \times 100\% \tag{3-11}$$

光学纯度（P）定义为：

$$P = \frac{[\alpha]_{D样品}^{t}}{[\alpha]_{D标准}^{t}} \times 100\% \tag{3-12}$$

例如，已知样品 (S)-（一）-2-甲基丁醇的相对密度 $d_4^{23} = 0.8$，在 20cm 长的盛液管中，其旋光测定值为 -8.10，且其标样 $[\alpha]_D^{23} = -5.8$（纯），则有：

$$比旋光度 [\alpha]_{D样品}^{23} = \frac{\alpha^{23}}{c \times l} = \frac{-8.1°}{2 \times 0.8} = -5.1°$$

$$光学纯度 P = \frac{[\alpha]_{D样品}^{23}}{[\alpha]_{D标准}^{23}} \times 100\% = \frac{-5.1°}{-5.8°} \times 100\% = 88\%$$

$$（一）对映体百分含量 = \left(88 + \frac{100-88}{2}\right) \times 100\% = 94\%$$

$$（+）对映体百分含量 = \frac{100-88}{2} \times 100\% = 6\%$$

$$e.e.\% = \frac{S-R}{S+R} \times 100 = \frac{94\% - 6\%}{94\% + 6\%} \times 100 = 88\%$$

(2) 实验方法

旋光仪有多种类型，现以数字式自动显示旋光仪为例，其操作方法如下。

① 预热。打开旋光仪开关，使钠灯加热 15min，待光源稳定后，再按下"光源"键。

② 调零。在盛液管中装入用来配制待测样品溶液的溶剂或蒸馏水，将盛液管放置在测试槽中调零，使数字显示屏（或刻度盘）读数为零。

③ 配制溶液。准确称取 0.1～0.5g 样品，在 25mL 容量瓶中配成溶液，通常可选用水、乙醇或氯仿做溶剂。若用纯液体样品直接测试，在测试前确定其相对密度即可。

④ 测试。选用适当长度的盛液管，将样品溶液或纯液体样品装入盛液管中，注意除去气泡。然后置盛液管于试样槽中，关上盖。按"测定"键，待数字显示屏（或刻度盘）读数稳定后读数。再复测、读数两次，取其平均值。根据公式计算比旋光度、对映体过量值等。

(3) 注意事项

① 如果样品的比旋光度值较小，在配制待测样品溶液时，宜将浓度配得高一些，并选用长一点的测试盛液管，以便观察。

② 温度变化对旋光度具有一定的影响。若在钠光（$\lambda = 589.3nm$）下测试，温度每升高 1℃，多数光活性物质的旋光度会降低 0.3% 左右。

③ 测试时，盛液管所置放的位置应固定不变，以消除因距离变化所产生的测试误差。

3.5 化学反应操作技术

3.5.1 加热方法

加热能使有机反应加速。通常，反应温度每提高 10℃，反应速度就会增加一倍。常用的加热方式有空气浴、水浴、油浴和砂浴。

（1）空气浴

直接利用煤气灯或电热套隔着石棉网直接对玻璃仪器加热即为空气浴（见图 3-30），玻璃仪器离石棉网约 1cm，使中间间隙因石棉网下的火焰而充满热空气。这种加热方式较猛烈，不十分均匀，因而不适合于低沸点易燃液体的回流操作，也不能用于减压蒸馏操作。

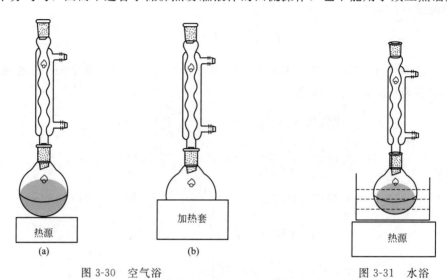

图 3-30　空气浴　　　　　　　　　　图 3-31　水浴

（2）水浴

将反应容器置入水浴锅中，使水浴液面稍高出反应容器内的液面，通过煤气灯或电热器对水浴锅加热，使水浴温度达到所需温度范围（见图 3-31）。与空气浴加热相比，水浴加热均匀，温度易控制，适合于低沸点物质回流加热。

如果加热温度接近 100℃，可用沸水浴或水蒸气浴。要注意的是，由于水会不断蒸发，在操作过程中，应及时向水浴锅中加水。

（3）油浴

当加热温度在 100～250℃ 范围内，应采用油浴。常用的油浴浴液有石蜡油、硅油、真空泵油或一些植物油（如豆油、花生油、蓖麻油等）。在油浴加热时，必须注意采取措施，不要让水溅入油中，否则加热时会产生泡沫或引起飞溅。例如，在回流冷凝管下端套上一个滤纸圈以吸收流下的水滴。在使用植物油时，由于植物油在高温下易发生分解，可在油中加入 1‰ 对苯二酚，以增加其热稳定性。硅油和真空泵油加热温度都可达到 250℃，热稳定性好，但价格较贵。

（4）砂浴

若加热温度在 250～350℃ 范围内，应采用砂浴。通常将细砂装在铁盘中，把反应容器埋在砂中，并保持其底部留有一层砂层，以防局部过热。由于砂浴温度分布不均匀，故测试浴温的温度计水银球应靠近反应容器。

3.5.2　制冷方法

根据一些实验对低温的要求，在操作中需要使用制冷剂。例如，对于一些放热反应，由于在反应过程中，温度会不断升高，为了避免反应过于剧烈，可以将反应容器浸没在冷水中或冰水中；如果水对反应无影响，还可以将冰块直接投入到反应容器中进行冷却。如果需要更低的温度（低于 0℃），可以采用冰—盐混合物做冷却剂。不同的盐和冰按一定比例可制成制冷温度范围不同的冷却剂，具体见表 3-3。

表 3-3 常用冷却剂组成及最低冷却温度

冷却剂组成	最低冷却温度/℃
冰水	0
氯化铵(1 份)＋碎冰(4 份)	−15
氯化钠(1 份)＋碎冰(3 份)	−21
六水合氯化钙(1 份)＋碎冰(1 份)	−29
六水合氯化钙(1.4 份)＋碎冰(1 份)	−55
干冰＋乙醇	−72
干冰＋丙酮	−78
干冰＋乙醚	−100
液氮	−196

应该注意，如果制冷温度低于−38℃，测温应采用内装有机液体的低温温度计，而不能使用水银温度计（水银的凝固点为−38.9℃）

3.5.3 干燥方法

干燥是指除去固体、液体或气体中的水分。有机化合物在物性测试、参与反应或蒸馏前均要进行干燥处理。根据除水原理，干燥方法可分为物理方法和化学方法。

常见的物理方法有风干、加热、吸附、分馏、共沸蒸馏、超临界干燥等，也可采用离子交换树脂或分子筛、硅胶除水。离子交换树脂和分子筛均属多孔类吸水性固体，受热后又会释放出水分子，故可反复使用。

化学方法除水主要是利用干燥剂与水分发生可逆或不可逆反应来除水。例如，无水氯化钙、无水硫酸镁（钠）等能与水反应，可逆地生成水合物；另有一些干燥剂如金属钠、五氧化二磷、氧化钙等可与水发生不可逆反应生成新的化合物。

(1) 液体有机化合物的干燥

一般可将液体有机化合物与颗粒状干燥剂混在一起，以振荡的方式进行干燥处理。如果有机化合物中含水量较大，可分次进行干燥处理，直到重新加入的干燥剂不再有明显的吸水现象为止。例如，氯化钙仍保持颗粒状、五氧化二磷不再结块等。选择合适干燥剂的原则是不与被干燥化合物发生化学反应；不溶解于该化合物；吸水量较大，干燥速度较快，并且价格低廉。常用干燥剂及适用范围见表 3-4。液体有机化合物除了用干燥剂外，还可采用共沸蒸馏的方法除水。

表 3-4 常用干燥剂及适用范围

化合物类型	干燥剂
烃	$CaCl_2$、P_2O_5、Na
卤代烃	$CaCl_2$、$MgSO_4$、Na_2SO_4、P_2O_5
醇	K_2CO_3、$MgSO_4$、CaO、Na_2SO_4
醚	$CaCl_2$、P_2O_5、Na
醛	$MgSO_4$、Na_2SO_4
酮	K_2CO_3、$CaCl_2$、$MgSO_4$、Na_2SO_4
酸、酚	$MgSO_4$、Na_2SO_4
酯	$MgSO_4$、Na_2SO_4、K_2CO_3
胺	KOH、$NaOH$、K_2CO_3、CaO

（2）固体有机化合物的干燥

干燥固体有机化合物最简便的方法就是将其摊开在表面皿或滤纸上自然晾干，不过这只适合于非吸湿性化合物。如果化合物热稳定性好且熔点较高，就可将其置于烘箱中或红外灯下进行烘干处理。对于那些易吸潮或受热时易分解的化合物，则可置放在干燥器中进行干燥。

（3）注意事项

① $CaCl_2$ 吸水量大，速度快，价廉。但不适用于醇、胺、酚、酯、酸、酰胺等。

② Na_2SO_4 吸水量大，但作用慢，效力低，宜作为初步干燥剂。

③ $MgSO_4$ 吸水量大，比 Na_2SO_4 作用快，效力高。

④ K_2CO_3 用于碱性化合物干燥，不适用于酸、酚等酸性化合物。

⑤ KOH、NaOH 适用于胺、杂环等碱性化合物，不适用于醇、酯、醛、酮、酸、酚及其他酸性化合物。

⑥ Na 适用于醚、叔胺、烃中痕量水的干燥，不适用于氯代烃、醇及其他对金属钠敏感的化合物。

⑦ P_2O_5 不适用于干燥醇、酸、胺、酮、乙醚等化合物。

3.5.4 有机实验常用装置

为了便于查阅和比较有机化学实验中常见的基本操作，在此集中讨论回流、蒸馏、气体吸收及搅拌等操作的仪器装置。

（1）回流装置

很多有机化学反应需要在反应体系的溶剂或液体反应物的沸点附近进行，这时就要用回流装置（见图 3-32）。图 3-32（a）是普通加热回流装置；图 3-32（b）是防潮加热回流装置；图 3-32（c）是带有吸收反应中生成气体的回流装置，适用于回流时有水溶性气体（如 HCl、HBr、SO_2 等）产生的实验；图 3-32（d）为回流时可以同时滴加液体的装置。回流加热前应先放入沸石，根据瓶内液体的沸腾温度，可选用水浴、油浴或石棉网，直接加热等方式。在条件允许下，一般不采用隔石棉网，直接用明火加热的方式。回流的速率应控制在液体蒸气

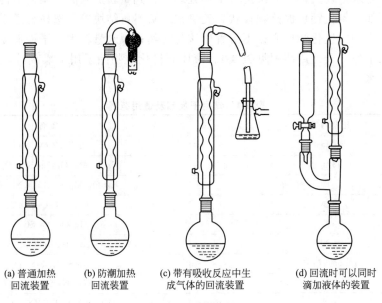

(a) 普通加热　　　(b) 防潮加热　　　(c) 带有吸收反应中生　　　(d) 回流时可以同时
回流装置　　　　　回流装置　　　　　成气体的回流装置　　　　滴加液体的装置

图 3-32　回流装置

浸润不超过两个球为宜。

（2）蒸馏装置

蒸馏是分离两种以上沸点相差较大的液体和除去有机溶剂的常用方法。几种常用的蒸馏装置如图3-33所示，可用于不同要求的场合。图3-33（a）是最常用的蒸馏装置，由于这种装置出口处与大气相通，可能逸出馏液蒸气，若蒸馏易挥发的低沸点液体时，需将接液管的支管连上橡皮管，通向水槽或室外。支管口接上干燥管，可用作防潮的蒸馏。

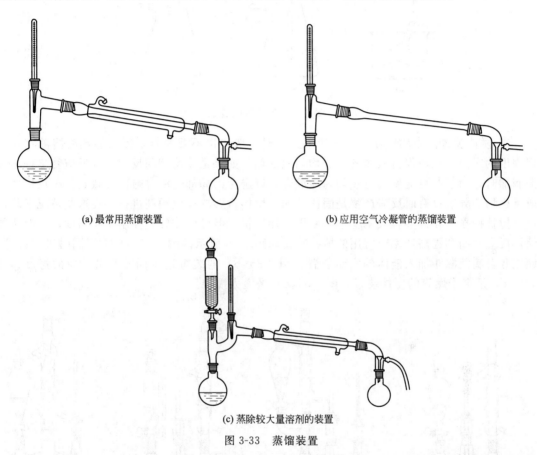

(a) 最常用蒸馏装置

(b) 应用空气冷凝管的蒸馏装置

(c) 蒸除较大量溶剂的装置

图3-33　蒸馏装置

图3-33（b）是应用空气冷凝管的蒸馏装置，常用于蒸馏沸点在140℃以上的液体。若使用直形水冷凝管，由于液体蒸气温度较高而会使冷凝管炸裂。图3-33（c）为蒸除较大量溶剂的装置，由于液体可自滴液漏斗中不断地加入，既可调节滴入和蒸出的速度，又可避免使用较大的蒸馏瓶。

（3）气体吸收装置

气体吸收装置如图3-34所示，用于吸收反应过程中生成的有刺激性和水溶性的气体（如HCl、SO_2等）。其中图3-34（a）和图3-34（b）可做少量气体的吸收装置。图3-34（a）中的玻璃漏斗应略微倾斜使漏斗口一半在水中，一半在水面上。这样，既能防止气体逸出，亦可防止水被倒吸至反应瓶中。若反应过程中有大量气体生成或气体逸出很快时，可使用图3-34（c）的装置，水自上端流入（可利用冷凝管流出的水）抽滤瓶中，在恒定的平面上溢出。粗的玻管恰好伸入水面，被水封住，以防止气体逸入大气中。图3-34中的粗玻管也可用Y形管代替。

（4）搅拌装置

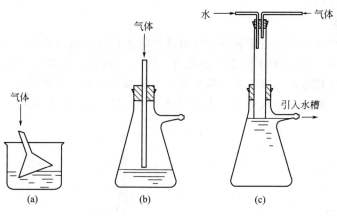

图 3-34　气体吸收装置

① 搅拌装置。当反应在均相溶液中进行时一般可以不要搅拌，因为加热时溶液存在一定程度的对流，从而保持液体各部分均匀地受热。如果是非均相间反应，或反应物之一是逐渐滴加时，为了尽可能使其迅速均匀地混合，以避免因局部过浓过热而导致其他副反应发生或有机物的分解；有时反应产物是固体，如不搅拌将影响反应顺利进行；在这些情况下均需进行搅拌操作。在许多合成实验中若使用搅拌装置不但可以较好地控制反应温度，同时也能缩短反应时间和提高产率。常用的搅拌装置如图 3-35 所示。图 3-35(a) 是可同时进行搅拌、回流和自滴液漏斗加入液体的实验装置；图 3-35(b) 的装置还可同时测量反应的温度；图 3-35(c) 是带干燥管的搅拌装置；图 3-35(d) 是磁力搅拌。

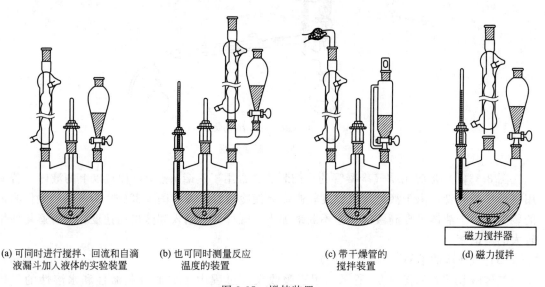

(a) 可同时进行搅拌、回流和自滴　　(b) 也可同时测量反应　　(c) 带干燥管的　　(d) 磁力搅拌
液漏斗加入液体的实验装置　　　　温度的装置　　　　搅拌装置

图 3-35　搅拌装置

② 密封装置。常用密封装置如图 3-36 所示。

为了防止蒸汽外逸，需采用密封装置，常用的有简易密封装置或液封装置：简易密封装置使用温度计套管加橡胶管构成，如图 3-36(a) 所示；搅拌棒在橡胶管内转动，在搅棒和橡胶管之间滴入润滑油；也可用带橡胶管的玻璃套管固定于塞子上代替，如图 3-36(b) 所示；液封装置中要用惰性液体（如石蜡油）进行密封，如图 3-36(c) 所示；聚四氟乙烯制成的搅拌密封塞是由上面的螺旋盖、中间的硅橡胶密封垫圈和下面的标准口塞组成，如图 3-36(d)

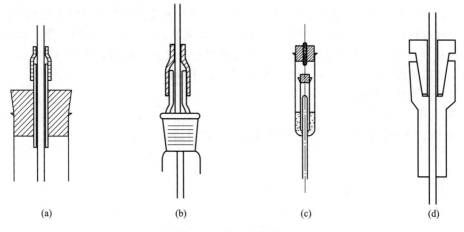

图 3-36　常用密封装置

（a）　　　　　　　　（b）　　　　　　　　（c）　　　　　　　　（d）

所示。使用时只需选用适当直径的搅拌棒插入标准口塞与垫圈孔中，在垫圈与搅拌棒接触处涂少许甘油润滑，旋上螺旋口使松紧适度，把标准口塞装在烧瓶上即可。

③　搅拌棒。为了搅拌均匀，可以将搅拌棒制造成各种形状，如图 3-37 所示。其中，图 3-37（a）和图 3-37（b）所示的两种可以容易地用玻璃棒弯制。图 3-37（c）和图 3-37（d）所示的两种较难弯制。其优点是可以伸入狭颈的瓶中，且搅拌效果较好。图 3-37（e）为筒形搅拌棒，适用于两相不混溶的体系，其优点是搅拌平稳，搅拌效果好。在安装搅拌装置时，要求搅拌棒垂直、灵活，与管壁无摩擦和碰撞；与搅拌电机轴应通过两节真空橡皮管和一段玻璃棒连接，切不可将玻璃搅棒直接与搅拌电机轴相连，避免搅拌棒磨损或折断，如图 3-38 所示。搅拌棒虽有多种形状，但安装时总是要求搅拌棒下端距瓶底应有 0.5～1cm 的距离。

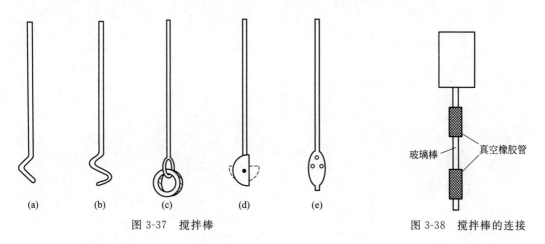

（a）　　　（b）　　　（c）　　　（d）　　　（e）

图 3-37　搅拌棒　　　　　　　　　　　　图 3-38　搅拌棒的连接

玻璃棒　　　真空橡胶管

（5）仪器装置方法

有机化学实验常用的玻璃仪器装置，一般皆用铁夹将仪器依次固定于铁架上。铁夹的双钳应贴有橡皮、绒布等软性物质，或缠上石棉绳、布条等。若铁钳直接夹住玻璃仪器，则容易将仪器夹坏。

用铁夹夹玻璃器皿时，先用左手手指将双钳夹紧，再拧紧铁夹螺丝，待夹钳手指感到螺丝触到双钳时，即可停止旋动，做到夹物不松不紧。

以回流装置［见图 3-32（b）］为例，装置仪器时先根据热源高低（一般以三脚架高低为准）用铁夹夹住圆底烧瓶瓶颈，垂直固定于铁架上。铁架应正对实验台外面，不要歪斜。若铁架歪斜，重心不一致，装置不稳。然后将球形冷凝管下端正对烧瓶口用铁夹垂直固定于烧瓶上方，再放松铁夹，将冷凝管放下，使磨口磨塞塞紧后，再将铁夹稍旋紧，固定好冷凝管，使铁夹位于冷凝管中部偏上一些。用合适的橡胶管连接冷凝水，进水口在下方，出水口在上方。最后按图 3-32（b）所示在冷凝管顶端装置干燥管。

安装仪器遵循的总原则如下。

① 先下后上，从左到右。

② 正确、整齐、稳妥、端正；其轴线应与实验台边沿平行。

第4章
化学基本操作技术实验

4.1 无机化学基本技术

4.1.1 固液分离操作技术

 **实验 1** 氯化钠的提纯

【目的和要求】

1. 学会用化学方法提纯粗食盐，同时为制备试剂级纯度的氯化钠提供原料。
2. 练习电子秤的使用以及加热、溶解、减压过滤、蒸发浓缩、结晶、干燥等基本操作。
3. 学习食盐中 Ca^{2+}、Mg^{2+}、SO_4^{2-} 的定性检验方法。

【实验原理】

1. 粗食盐中含有不溶性杂质（如泥沙）和可溶性杂质（主要是 Ca^{2+}、Mg^{2+}、K^+ 和 SO_4^{2-}），其中不溶性杂质，可用溶解和过滤的方法除去。

2. 可溶性杂质可用下列方法除去。

(1) 在粗食盐溶液中加入稍微过量的 $BaCl_2$ 溶液时，即可将 SO_4^{2-} 转化为难溶解的 $BaSO_4$ 沉淀而除去。

$$Ba^{2+} + SO_4^{2-} \rule[0.5ex]{1em}{0.5pt} BaSO_4 \downarrow$$

(2) 将溶液过滤，除去 $BaSO_4$ 沉淀，再加入 Na_2CO_3 溶液，由于发生下列反应：

$$4Mg^{2+} + 5CO_3^{2-} + 2H_2O \rule[0.5ex]{1em}{0.5pt} Mg(OH)_2 \cdot 3MgCO_3 \downarrow + 2HCO_3^-$$

$$Ca^{2+} + CO_3^{2-} \rule[0.5ex]{1em}{0.5pt} CaCO_3 \downarrow \qquad Ba^{2+} + CO_3^{2-} \rule[0.5ex]{1em}{0.5pt} BaCO_3 \downarrow$$

食盐溶液中的杂质 Mg^{2+}、Ca^{2+} 以及沉淀 SO_4^{2-} 时加入的过量 Ba^{2+} 转化为难溶的 $BaCO_3$，$CaCO_3$，$Mg(OH)_2 \cdot 3MgCO_3$ 沉淀，并通过过滤的方法除去。

(3) 过量的 $NaOH$ 和 Na_2CO_3 可以用纯盐酸中和除去。

$$OH^- + H^+ \rule[0.5ex]{1em}{0.5pt} H_2O \qquad 2H^+ + CO_3^{2-} \rule[0.5ex]{1em}{0.5pt} H_2O + CO_2 \uparrow$$

(4) 少量可溶性的杂质（如 KCl）由于含量很少，在蒸发浓缩和结晶过程中仍留在溶液中，不会和 $NaCl$ 同时结晶出来。

【仪器和试剂】

仪器：烧杯（50mL），量筒（25mL），吸滤瓶，布氏漏斗，石棉网，蒸发皿，电子秤，循环水式真空泵，定性滤纸，广泛 pH 试纸。

试剂：NaOH（6mol/L），HCl（6mol/L），H_2SO_4（2mol/L），HAc（2mol/L），$BaCl_2$（1mol/L），Na_2CO_3（饱和），$(NH_4)_2C_2O_4$（饱和），镁试剂 I 和粗食盐等。

【实验内容】

1. 溶解粗食盐

在电子秤上称取 5.0g 粗食盐，放在 50mL 烧杯中，加入 20mL 水，搅拌并加热使其溶解（不溶性杂质沉于底部）。

2. 除去 SO_4^{2-}

加热溶液至近沸，在搅拌下逐滴加入 1mol/L $BaCl_2$ 溶液至沉淀完全（约 1.5mL）。继续加热 1min，使 $BaSO_4$ 的颗粒长大而易于沉淀和过滤。为了检验沉淀是否完全，可将烧杯从石棉网上取下，待沉淀下降后，取少量上层清液于试管中，滴加几滴 6mol/L HCl，再加几滴 1mol/L $BaCl_2$ 检验。如果出现浑浊，表示 SO_4^{2-} 尚未除尽，需继续加 $BaCl_2$ 溶液以除干净。如果不浑浊，表示 SO_4^{2-} 已除尽。吸滤，弃去沉淀。

3. 除去 Ca^{2+}、Mg^{2+} 及过量的 Ba^{2+}

将所得滤液加热近沸，边搅拌边滴加饱和 Na_2CO_3，直至不再出现沉淀（约 2～3mL），再多加 0.5mL，加热至沸，将烧杯从石棉网上取下，待沉淀下降后，取少量上层清液放在试管中，滴加 Na_2CO_3 溶液，检查有无沉淀生成。如不再产生沉淀，吸滤，弃去沉淀。

4. 除去过量的 CO_3^{2-}

在滤液中逐滴加入 6mol/L HCl，加热搅拌，直至溶液呈微酸性为止（pH 值约为 2～3）。

5. 浓缩和结晶

将滤液倒入蒸发皿中，用小火加热蒸发，当溶液中有大量晶体出现（溶液体积约为原体积的 1/4，注意切不可将溶液蒸干）时，冷却，吸滤，用少量蒸馏水洗涤晶体，抽干。

将制备的晶体放回蒸发皿中，小火加热干燥，烘干时应不断地用玻璃棒搅动，以免结块，一直烘干至 NaCl 晶体不沾玻璃棒为止。将纯 NaCl 冷却至室温，称重并计算产率。

6. 产品纯度的检验

取粗盐和纯 NaCl 各 1g，分别溶于 5mL 去离子水中，两种溶液分别盛于三支小试管中，组成三组，然后进行下列离子的定性检验。

(1) SO_4^{2-} 的检验：在第一组溶液中分别加入 2 滴 6mol/L HCl，使溶液呈酸性，再加入 3～5 滴 1mol/L $BaCl_2$，如有白色沉淀，证明存在 SO_4^{2-}，记录结果，进行比较。

(2) Ca^{2+} 的检验：在第二组溶液中分别加入 2 滴 2mol/L HAc 使溶液呈酸性，再加入 3～5 滴饱和的 $(NH_4)_2C_2O_4$ 溶液。如有白色 CaC_2O_4 沉淀生成，证明 Ca^{2+} 存在。记录结果，进行比较。

(3) Mg^{2+} 的检验：在第三组溶液中分别加入 3～5 滴 6mol/L NaOH，使溶液呈碱性，再加入 1 滴镁试剂。若有天蓝色沉淀生成，证明 Mg^{2+} 存在。记录结果，进行比较。

7. 实验现象、数据记录及处理

产品外观：　　　　　　产品质量/g：　　　　　　产率/％：

精盐纯度检验记录表见表 4-1。

表 4-1　精盐纯度检验记录表

检验项目	检验方法	实验现象	
		粗食盐	纯 NaCl
SO_4^{2-}	加入 $BaCl_2$ 溶液		

检验项目	检验方法	实验现象	
		粗食盐	纯 NaCl
Ca^{2+}	加入 $(NH_4)_2C_2O_4$ 溶液		
Mg^{2+}	加入 NaOH 溶液和镁试剂		

【实验说明】

1. 粗食盐颗粒要研细。

2. 减压过滤时，布氏漏斗管下方的斜口要对着吸滤瓶的支管口；先接橡胶管，开水泵，后转入固液混合物；结束时，先拔去橡胶管，后关水泵。

3. 蒸发皿可直接加热，但不能骤冷，装入溶液体积应少于其容积的 2/3。

4. 蒸发浓缩至有大量晶体析出即可，不能蒸干，否则易带入 K^+（KCl 溶解度较大，且浓度低，留在母液中）。

5. 为防止烘干后 NaCl 结成块状，要及时加以搅拌，并且火不能太大。

6. 对硝基苯偶氮苯二酚结构式如图 4-1 所示，俗称镁试剂 I，在碱性环境下呈红色或红紫色，被 $Mg(OH)_2$ 沉淀吸附后则呈天蓝色。

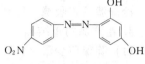

图 4-1　对硝基苯偶氮苯二酚结构式

【思考题】

1. 计算说明加盐酸除去剩余的 CO_3^{2-}，溶液的 pH 值应该控制在何值？

2. 氯化钠溶液的浓缩程度对产品的质量有何影响？

3. 为什么要分两步过滤？能否一次过滤除去硫酸钡、碳酸盐（或氢氧化物）沉淀？

实验2　硝酸钾的制备（转化法）

【目的和要求】

1. 学习转化法制备硝酸钾晶体的原理及方法。

2. 掌握溶解、热过滤、吸滤、重结晶等基本操作。

【实验原理】

当 KCl 和 $NaNO_3$ 溶液混合时，混合液中同时存在 K^+、Cl^-、Na^+、NO_3^- 四种离子，它们可以组成四种盐，分别是 KNO_3、NaCl、KCl 和 $NaNO_3$。在不同的温度下这四种盐的溶解度不同（见表 4-2），利用 NaCl、KNO_3 的溶解度随温度变化而变化的差别，高温除去 NaCl 后，滤液冷却就可以得到 KNO_3。

表 4-2　四种盐在水中的溶解度 (g/100g H_2O)

温度/℃	0	20	40	60	80	100
KNO_3	13.3	31.6	63.9	110.0	169.0	246.0
KCl	27.6	34.0	40.0	45.5	51.1	56.7
$NaNO_3$	73.0	88.0	104.0	124.0	148.0	180.0
NaCl	35.7	36.0	36.6	37.3	38.4	39.8

【仪器和试剂】

仪器：烧杯（50mL），量筒（25mL），吸滤瓶，布氏漏斗，石棉网，蒸发皿，电子秤，循环水式真空泵，定性滤纸，广泛 pH 试纸。

试剂：KCl（s），NaNO₃（s），HNO₃（6mol/L），AgNO₃（0.1mol/L）。

【实验内容】

1. 溶解固体

在电子称上称取 8.5g NaNO₃ 和 7g KCl（试剂用量依据反应式给出的计量比，可根据试剂的实际纯度自行折算），放入 50mL 小烧杯中，加 15mL 蒸馏水，加热搅拌使固体溶解，记下小烧杯中液面的位置。

2. 高温除去 NaCl

继续加热并不断搅动溶液，NaCl 逐渐析出，当体积减少到约为原来的 1/2 时，趁热过滤，动作要快！承接滤液的小烧杯预先加入 2mL 蒸馏水，以防降温时 NaCl 达到饱和而析出。

3. 得到粗产品

冷却滤液，吸滤。得到的晶体为 KNO₃ 粗产品、称重。

4. 粗产品的重结晶

(1) 除保留少量（0.1～0.2g）粗产品提供纯度检验外，按粗产品∶水＝2∶1（质量比），将粗产品溶于蒸馏水中。

(2) 加热搅拌，待晶体全部溶解。若溶液沸腾时晶体还未完全溶解，可补加少量蒸馏水使其溶解。

(3) 待溶液冷却后吸滤，得到纯度较高的 KNO₃ 晶体，称量，计算产率。

5. 纯度检验

定性检验：分别取 0.1g 粗产品和重结晶得到的产品放入两支小试管中，各加入 2mL 蒸馏水配成溶液。在溶液中分别滴入 1 滴 6mol/L HNO₃ 酸化，再各滴入 2 滴 0.1mol/L AgNO₃ 溶液，记录结果，进行对比，重结晶后的产品溶液应为澄清。

6. 实验现象、数据记录及处理

产品外观：　　　　　　产品质量/g：　　　　　　产率/%：

【实验说明】

1. 本实验中，热过滤是关键。因此要使实验成功，应先准备好合适的滤纸，预热漏斗。

2. 烧杯很烫时，可用干净的小手帕或未用过的小抹布折成整齐的长条拿烧杯，以便迅速转移溶液。趁热过滤的操作一定要迅速，全部转移溶液与晶体，使烧杯中的残余物最少。

3. 趁热过滤失败，不必从头做起。只要把滤液、漏斗中的固体全部转移到原来的小烧杯中，加水至原记号处，再加热溶解、蒸发浓缩即可。如果漏斗中的滤纸与固体难以分开，可将滤纸放到烧杯中，在趁热过滤时与氯化钠一起除去。

【思考题】

1. 什么是重结晶？本实验都涉及了哪些基本操作？应注意什么？

2. 产品的主要杂质是什么？怎样提纯？

3. 能否将除去氯化钠后的滤液直接冷却制取硝酸钾？为什么？

4.1.2　酸度与常数测定操作技术

实验3 弱酸标准解离常数和解离度的测定（pH 法）

【目的和要求】

1. 了解 pH 法测定醋酸解离度和解离常数的原理。

2. 学习 pH 计、滴定管、移液管等仪器的使用方法。

【实验原理】

醋酸是一元弱酸，在水溶液中存在着下列平衡。

$$HAc(aq) \rightleftharpoons H^+(aq) + Ac^-(aq) \tag{4-1}$$

起始浓度/(mol/L) c 0   0

平衡浓度/(mol/L) $c-c\alpha$ $c\alpha$ $c\alpha$

其标准解离常数表达式如下：

$$K_a^\theta = \frac{\dfrac{c(H^+)}{c^\theta} \cdot \dfrac{c(Ac^-)}{c^\theta}}{\dfrac{c(HAc)}{c^\theta}} = \frac{c^2\alpha^2}{c-c\alpha} = \frac{c\alpha^2}{1-\alpha} \approx c\alpha^2 \tag{4-2}$$

式中 α——醋酸的解离度。

$$\alpha = c/c(H^+) \tag{4-3}$$

在一定温度时，用 pH 计测定一系列已知浓度的醋酸的 pH 值，再按 $pH = -\lg c(H^+)$，求出 $c(H^+)$。根据 $\alpha = c/c(H^+)$，即可求得一系列的 HAc 的 α 和 K_a^θ 值，取其平均值即为在该温度下 HAc 的标准解离常数。

【仪器和试剂】

仪器：pH 计，容量瓶（50mL），烧杯（100mL），移液管（25mL），吸量管（10mL），吸耳球。

试剂：HAc（约 0.1mol/L，4 位有效数字）标准溶液，NaAc（0.10mol/L）。

【实验内容】

1. 配制不同浓度的醋酸溶液

(1) 用吸量管或移液管分别移取 5.00mL、10.00mL、25.00mL HAc 标准溶液于三只 50mL 容量瓶中，用蒸馏水稀释至刻度，摇匀。连同未稀释的 HAc 标准溶液，可得到四种不同浓度的溶液，由稀到浓依次编号为 1、2、3、4。

(2) 移取 25.00mL HAc 标准溶液于 50mL 容量瓶中，再加 5.00mL 0.10mol/L NaAc 溶液，用蒸馏水稀释至刻度，摇匀，编号为 5。

2. 醋酸溶液 pH 值的测定

用五只干燥的 100mL 小烧杯，分别盛入上述五种溶液，按照由稀到浓的顺序，在 pH 计上测定它们的 pH 值。数据记录于表 4-3 中。

表 4-3 醋酸溶液 pH 值的测定

编号	$c(HAc)$/(mol/L)	pH 值	$c(H^+)$/(mol/L)	$c(Ac^-)$/(mol/L)	K_a^θ	α
1						
2						
3						
4						
5						

3. 数据处理

测定时温度_____℃ K_a^θ（平均）＝_____

1. 测量 pH 值之前,烧杯必须洗涤并干燥。
2. 复合电极要轻拿轻放,避免损坏。
3. 每次变换溶液时,应将电极冲洗干净并轻轻擦干。
4. 测定不同浓度醋酸溶液的 pH 值时,宜按由稀到浓的顺序测定。

【思考题】
1. 实验所用烧杯、移液管(或吸量管)各用哪种 HAc 溶液润洗?容量瓶是否要用 HAc 溶液润洗?为什么?
2. 用 pH 计测定溶液的 pH 值时,各用什么标准溶液定位?
3. 测定 HAc 溶液的 pH 值时,为什么要按 HAc 浓度由稀到浓的顺序测定?
4. 实验所测的四种醋酸溶液的解离度各为多少?由此可以得出什么结论?

实验 4　缓冲溶液的配制及性质

【目的和要求】
1. 学习缓冲溶液的配制方法,加深对缓冲溶液性质的理解。
2. 了解缓冲容量与缓冲剂浓度和缓冲组分的比值关系。
3. 学习 pH 计的使用方法,练习吸量管的使用方法。

【实验原理】
缓冲溶液一般是由弱酸及其盐、弱碱及其盐、多元弱酸的酸式盐及其次级盐组成。缓冲溶液的 pH 值可用下式计算。

$$pH = pK_a^\theta + \lg \frac{C_s}{C_a} \tag{4-4}$$

或
$$pOH = pK_b^\theta + \lg \frac{C_s}{C_b} \tag{4-5}$$

缓冲溶液 pH 值除主要决定于 $pK_a^\theta(pK_b^\theta)$ 外,还与盐和酸(或碱)的浓度比值有关,若配制缓冲溶液所用的盐和酸(或碱)的原始浓度相同均为 c,酸(碱)的体积为 $V_a(V_b)$,盐的体积为 V_s,总体积为 V,混合后酸(或碱)的浓度为 $\dfrac{C \cdot V_a}{V}\left(\dfrac{C \cdot V_b}{V}\right)$,盐的浓度为 $\dfrac{C \cdot V_s}{V}$,则

$$\frac{C_s}{C_a} = \frac{CV_s/V}{CV_A/V} = \frac{V_s}{V_a} 或 \frac{C_s}{C_b} = \frac{V_s}{V_b} \tag{4-6}$$

所以,缓冲溶液 pH 值可写为

$$pH = pK_a^\theta + \lg \frac{V_s}{V_a} \tag{4-7}$$

或
$$pOH = pK_b^\theta + \lg \frac{V_s}{V_b} \tag{4-8}$$

配制缓冲溶液时,只要按计算值量取盐和酸(或碱)溶液的体积,混合后即可得到一定 pH 值的缓冲溶液。

缓冲容量是衡量缓冲溶液的缓冲能力大小的尺度。为获得最大的缓冲容量,应控制 C_s/C_a(或 C_s/C_b)=1,酸(或碱)、盐浓度越大,缓冲容量越大。但实际中酸(或碱)、盐浓度不

宜过大。

【仪器和试剂】

仪器：pH 计，烧杯（50mL），吸量管（10mL），量筒（10mL），试管，吸耳球，广泛 pH 试纸。

试剂：HCl（0.1mol/L），NaOH（0.1mol/L、2mol/L），HAc（0.1mol/L、1mol/L），NaAc（0.1mol/L、1mol/L），$NH_3 \cdot H_2O$（0.1mol/L）、NH_4Cl（0.1mol/L），NaH_2PO_4（0.1mol/L），Na_2HPO_4（0.1mol/L）。

【实验内容】

1. 缓冲溶液配制

甲、乙、丙三种缓冲溶液的组成见表 4-4。计算配制三种缓冲溶液各 20mL 所需各组分的体积，填入表 4-4 中。并按照表 4-4 中用量，配制甲、乙、丙三种缓冲溶液于已标号的三个干燥小烧杯中。

表 4-4　缓冲溶液理论配制与 pH 值测定

缓冲溶液	pH 值（计算值）	缓冲溶液组分	各组分的体积/mL	pH 值（实验值）
甲	4.0	0.1mol/L HAc 0.1mol/L NaAc		
乙	7.0	0.1mol/L NaH_2PO_4 0.1mol/L Na_2HPO_4		
丙	10.0	0.1mol/L $NH_3 \cdot H_2O$ 0.1mol/L NH_4Cl		

2. 缓冲溶液 pH 值的测定

在 pH 计上测定上述三种缓冲溶液的 pH 值。数据记录于表 4-4 中。试比较实验值与计算值是否相符（保留溶液，留作下面实验用）。

3. 缓冲溶液的性质

(1) 缓冲溶液对强酸和强碱的缓冲能力

① 在两支试管中各加入 3mL 蒸馏水，用 pH 试纸测定其 pH 值；然后分别加入 3 滴 0.1mol/L HCl 和 0.1mol/L NaOH 溶液，再用 pH 试纸测其 pH 值，数据记录于表 4-5 中。

表 4-5　缓冲溶液的性质

水/缓冲溶液	加酸/碱	pH 值
水	不加	
	酸	
	碱	
甲	不加	
	酸	
	碱	
乙	不加	
	酸	
	碱	
丙	不加	
	酸	
	碱	

② 将实验 1 中配制的甲、乙、丙三种溶液依次各取 3mL，每种取 2 份，共取 6 份加入六支干净的试管中，用 pH 试纸测定其 pH 值；然后分别加入 3 滴 0.1mol/L HCl 和 0.1mol/L NaOH 溶液，用 pH 试纸测其 pH 值，数据记录于表 4-5 中。

测定分别加入酸和碱后，同一缓冲溶液的 pH 值有无变化？与未加酸、碱的缓冲溶液的 pH 值比较有无变化？为什么？

(2) 缓冲溶液对稀释的缓冲能力

按表 4-6 在 3 支试管中依次加入 1mL 的 pH＝4 的缓冲溶液、pH＝4 的 HCl 溶液、pH＝10 的缓冲溶液、pH＝10 的 NaOH 溶液，然后在各试管中加入 10mL 蒸馏水，混合后用精密 pH 试纸测量其 pH 值。并解释实验现象。

表 4-6   缓冲溶液的稀释

试管号	溶液	稀释后的 pH 值
1	pH＝4 的缓冲溶液	
2	pH＝4 的 HCl 溶液	
3	pH＝10 的缓冲溶液	
4	pH＝10 的 NaOH 溶液	

4. 缓冲容量

(1) 缓冲容量与缓冲剂浓度的关系

取 2 支试管，用吸量管在一支试管中加 0.1mol/L HAc 和 0.1mol/L NaAc 溶液各 3mL，另一支试管中加 1mol/L HAc 和 1mol/L NaAc 溶液各 3mL，摇动使之混合均匀。

测两试管内溶液的 pH 值是否相同？在两试管中分别滴入 2 滴甲基红指示剂，溶液分别是什么颜色？然后在两试管中分别滴加 2mol/L NaOH 溶液（每加一滴均需充分混合），直到溶液的颜色变成黄色。记录各管所加的滴数。解释所得的结果。

(2) 缓冲容量与缓冲组分比值的关系

取 2 支试管，用吸量管在一支试管中加入 0.1mol/L Na_2HPO_4 和 0.1mol/L NaH_2PO_4 各 5mL，另一支试管中加入 9mL 0.1mol/L Na_2HPO_4 和 1mL 0.1mol/L NaH_2PO_4，用精密 pH 试纸或 pH 计测定两溶液的 pH 值。

然后在每支试管中加入 1mL 0.1mol/L NaOH，再用精密 pH 试纸或 pH 计测定它们的 pH 值。每一试管加 NaOH 溶液前后两次的 pH 值是否相同？两只试管比较情况又如何？解释原因。

【实验说明】

1. 复合电极要轻拿轻放，避免损坏。

2. 每次变换溶液时，应将电极冲洗干净并轻轻擦干。

【思考题】

1. 缓冲溶液的 pH 值由哪些因素决定？

2. 现有下列几种酸及这些酸的各种对应盐类（包括酸式盐），欲配制 pH＝2、pH＝10、pH＝12 的缓冲溶液，应各选用哪种缓冲剂较好？

H_3PO_4、HAc、$H_2C_2O_4$、H_2CO_3、HF

3. 将 10mL 0.1mol/L HAc 溶液和 10mL 0.1mol/L NaOH 溶液混合后，所得溶液是否具有缓冲能力？

4. 为什么缓冲溶液具有缓冲能力？

实验 5 难溶化合物溶度积的测定（电位法）

【目的和要求】

1. 了解电位法测定难溶化合物溶度积的原理及方法。

2. 学习用图解法求卤化银的溶度积。

【实验原理】

用电位法可以测定难溶化合物的溶度积。例如，当测定某一卤化银的溶度积时，只需选用两支电极和相应的溶液组成如下原电池。

$$-)饱和甘汞电极 \parallel KX \left[c(X^-)\right] \mid AgX(s),Ag(+$$

通过测定该原电池的电动势，就可方便地求出该化合物的溶度积。

$$E(电动势) = \varphi(AgX/Ag) - \varphi(甘汞) \tag{4-9}$$

$$\varphi(AgX/Ag) = \varphi^\theta(AgX/Ag) - \frac{0.05915}{z}\lg\{c(X^-)/c^\theta\} \tag{4-10}$$

$$\varphi^\theta(AgX/Ag) = \varphi(Ag^+/Ag) = \varphi^\theta(Ag^+/Ag) + \frac{0.05915}{z}\lg K_{sp}^\theta \tag{4-11}$$

由式(4-9)、式(4-10)、式(4-11) 可得

$$E(电动势) = -\frac{0.05915}{z}\lg\{c(X^-)/c^\theta\} + \left[\frac{0.05915}{z}\lg K_{sp}^\theta + \varphi^\theta(Ag^+/Ag) - \varphi(甘汞)\right]$$

$$\tag{4-12}$$

式(4-12) 中，$\varphi^\theta(Ag^+/Ag)$、φ（甘汞）（分别为 0.7996V 和 0.2415V）均可从有关手册中查到，因此，只要在一定的 $c(X^-)$ 下测出原电池的 E（电动势），即可算出 K_{sp}^θ。

为了减小溶液中 $c(X^-)$ 的大小对 K_{sp}^θ 测定带来的实验误差，可以通过改变所测体系的 $c(X^-)$，测得相应的 E（电动势），然后以 E（电动势）为纵坐标，$\lg\{c(X^-)/c^\theta\}$ 为横坐标作图，外推到 $c(X^-)=0$ 时，再从直线在纵坐标上的截距求得 K_{sp}^θ。

【仪器和试剂】

仪器：pH 计，双接界甘汞电极（外套管内装有 0.1mol/L KNO_3 溶液），银电极，电子天平，容量瓶（50mL），烧杯（100mL）。

试剂：KCl（s），KBr（s），$AgNO_3$（0.1mol/L）。

【实验内容】

1. 溶液配制

用 50mL 容量瓶分别精确配制 0.2000mol/L 的 KCl 和 KBr 溶液［算出需要的 KCl(s)，KBr(s) 用量，在电子天平上准确称取］。

2. 银电极活化

将银电极插入 6mol/L HNO_3 溶液（含有 0.1mol/L KNO_3）中活化，当银电极表面有气泡产生且呈银白色时，将电极取出，洗净，用吸水纸擦干备用。

也可用小块细砂纸将电极表面擦亮，水洗后擦干备用。

3. 电动势（E）的测定

(1) 在电极架上安装银电极和双接界甘汞电极，银电极接 pH 计的正极，甘汞电极接 pH 计的负极。将 pH—mV 选择开关置于 mV 挡。

(2) 在 100mL 干燥烧杯中准确加入 50.00mL 蒸馏水，用吸量管移入 1.00mL

0.2000mol/L KCl 溶液，然后滴入一滴 0.1mol/L AgNO$_3$ 溶液，并搅拌均匀。静置约 20s 后，将电极插入该溶液中，测定电动势值（E_a），再稍稍摇动溶液，静置约 20s 后再测一次电动势值（E_b）。计算两次测定的平均值，记为 E_1。

（3） 再移取 1.00mL 0.2000mol/L KCl 溶液于同一烧杯中，搅拌均匀后，按上述方法测定电动势，测定的平均值记为 E_2。

（4） 如此反复，分别测得 E_3、E_4、E_5，并填入表 4-7 中。

表 4-7　AgCl K_{sp}^{θ} 的测定

测定次数		1	2	3	4	5
加入 KCl 的累计体积/mL						
$c(Cl^-)/(mol/L)$						
$lg\{c(Cl^-)/c^{\theta}\}$						
电动势 E/V	E_a					
	E_b					
	$E_{平均}$					

4. 数据处理

以 E（电动势）为纵坐标，$lg\{c(Cl^-)/c^{\theta}\}$ 为横坐标作图，根据直线的截距求出 K_{sp}^{θ}。

因加入的 AgNO$_3$ 溶液体积很小，所以生成 AgCl 消耗的 Cl$^-$ 也很少，因此，$c(Cl^-)$ 可用下式求得。

$$c(Cl^-) = \frac{c(KCl) \cdot V(KCl)}{V(H_2O) + V(KCl)} \tag{4-13}$$

5. 按上述相同方法，可以测定 AgBr 的 K_{sp}^{θ}。

【实验说明】

1. 每次变换溶液时，应将两电极冲洗干净并轻轻擦干。

2. 为了减少对测定体系中 $c(X^-)$ 的影响，本实验宜采用双接界甘汞电极，外套管内装有 0.1mol/L KNO$_3$ 或 NaNO$_3$ 溶液。

【思考题】

1. 本实验测定电动势时，为什么待装溶液的烧杯应是干燥的？

2. 每次加入 KX 后，若搅拌不均匀，对测定结果有无影响？

实验6　化学反应速率与活化能的测定

【目的和要求】

1. 了解浓度、温度和催化剂对反应速率的影响。

2. 测定过二硫酸铵与碘化钾反应的速率，并计算反应级数、反应速率常数和反应的活化能。

【实验原理】

在水溶液中过二硫酸铵与碘化钾反应为：

$$(NH_4)_2S_2O_8 + 3KI = (NH_4)_2SO_4 + K_2SO_4 + KI_3 \tag{4-14}$$

其离子反应为： $$S_2O_8^{2-}+3I^- = SO_4^{2-}+I_3^- \tag{4-15}$$

反应速率方程为： $$r=kc_{S_2O_8^{2-}}^m \cdot c_{I^-}^n \tag{4-16}$$

式中 r——瞬时速率。

若 $c_{S_2O_8^{2-}}$、c_{I^-} 是起始浓度，则 r 表示初速率（v_0）。在实验中只能测定出在一段时间内反应的平均速率 $\bar{r}$。

$$\bar{r}=\frac{-\Delta c_{S_2O_8^{2-}}}{\Delta t} \tag{4-17}$$

在此实验中近似地用平均速率代替初速率：

$$r_0=kc_{S_2O_8^{2-}}^m \cdot c_{I^-}^n=\frac{-\Delta c_{S_2O_8^{2-}}}{\Delta t} \tag{4-18}$$

为了能测出反应在 Δt 时间内 $S_2O_8^{2-}$ 浓度的改变量，需要在混合（NH_4）$_2S_2O_8$ 和 KI 溶液的同时，加入一定体积已知浓度的 $Na_2S_2O_3$ 溶液和淀粉溶液，这样在式（4-15）进行的同时还进行着另一反应：

$$2S_2O_3^{2-}+I_3^- = S_4O_6^{2-}+3I^- \tag{4-19}$$

此反应几乎是瞬间完成，式（4-15）反应比式（4-19）反应慢得多。因此，式（4-15）反应生成的 I_3^- 立即与 $S_2O_3^{2-}$ 反应，生成无色 $S_4O_6^{2-}$ 和 I^-，而观察不到碘与淀粉呈现的特征蓝色。当 $S_2O_3^{2-}$ 消耗尽，式（4-19）反应不进行，式（4-15）反应还在进行，则生成的 I_3^- 遇淀粉呈蓝色。

从反应开始到溶液出现蓝色这一段时间 Δt 里，$S_2O_3^{2-}$ 浓度的改变值为：

$$\Delta c_{S_2O_3^{2-}}=-[c_{S_2O_3^{2-}(\text{终})}-c_{S_2O_3^{2-}(\text{始})}]=c_{S_2O_3^{2-}(\text{始})}$$

再从式（4-15）和式（4-19）反应对比，则得：

$$\Delta c_{S_2O_8^{2-}}=\frac{c_{S_2O_3^{2-}(\text{始})}}{2}$$

通过改变 $S_2O_8^{2-}$ 和 I^- 的初始浓度，测定消耗等量的 $S_2O_8^{2-}$ 的物质的量浓度 $\Delta c_{S_2O_8^{2-}}$ 所需的不同时间间隔，即计算出反应物不同初始浓度的初速率，确定出速率方程和反应速率常数。

【仪器和试剂】

仪器：恒温水浴 1 台，烧杯（50mL）5 个，量筒（10mL 4 个、5mL 2 个），秒表，温度计，玻璃棒或电磁搅拌器。

试剂：（NH_4）$_2S_2O_8$（0.20mol/L），KI（0.20mol/L），$Na_2S_2O_3$（0.050mol/L），KNO_3（0.20mol/L），（NH_4）$_2SO_4$（0.20mol/L），$Cu(NO_3)_2$（0.02mol/L），淀粉溶液（0.2%）。

材料：坐标纸。

【实验内容】

1. 浓度对化学反应速率的影响

在室温条件下进行编号 I 的实验。用量筒分别量取 20.0mL 0.20mol/L KI 溶液，8.0mL 0.010mol/L $Na_2S_2O_3$ 溶液和 2.0mL 0.4%淀粉溶液，全部注入烧杯中，混合均匀。

然后用另一量筒取 20.0mL 0.2mol/L（NH_4）$_2S_2O_8$ 溶液，迅速倒入上述混合溶液中，同时开动秒表，并不断搅拌，仔细观察。

当溶液刚出现蓝色时，立即按停秒表，记录反应时间和室温。

按表 4-8 各溶液用量进行实验。

表 4-8 浓度对化学反应速率的影响

室温＿＿＿＿＿℃

实 验 编 号		Ⅰ	Ⅱ	Ⅲ	Ⅳ	Ⅴ
试剂用量/mL	0.20mol/L(NH$_4$)$_2$S$_2$O$_8$	20.0	10.0	5.0	20.0	20.0
	0.20mol/L KI	20.0	20.0	20.0	10.0	5.0
	0.010mol/L Na$_2$S$_2$O$_3$	8.0	8.0	8.0	8.0	8.0
	0.4%淀粉溶液	2.0	2.0	2.0	2.0	2.0
	0.20mol/L KNO$_3$	0	0	0	10.0	15.0
	0.20mol/L(NH$_4$)$_2$SO$_4$	0	10.0	15.0	0	0
混合液中反应的起始浓度/(mol/L)	(NH$_4$)$_2$S$_2$O$_8$					
	KI					
	Na$_2$S$_2$O$_3$					
反应时间 Δt/s						
S$_2$O$_8^{2-}$ 的浓度变化 $\Delta c_{S_2O_8^{2-}}$ /(mol/L)						
反应速率 r						

2. 温度对化学反应速率的影响

按上表实验Ⅳ中的药品用量，将装有 KI、Na$_2$S$_2$O$_3$、KNO$_3$ 和淀粉混合溶液的烧杯和装有 (NH$_4$)$_2$S$_2$O$_8$ 溶液的小烧杯，放在冰水浴中冷却，待温度低于室温 10℃时，将两种溶液迅速混合，同时计时并不断搅拌，出现蓝色时记录反应时间。

用同样方法在热水浴中进行高于室温 10℃时的实验，具体见表 4-9。

表 4-9 温度对化学反应速率的影响

实 验 编 号	Ⅵ	Ⅳ	Ⅶ
反应温度 t/℃			
反应时间 Δt/s			
反应速率 r			

3. 催化剂对化学反应速率的影响

按实验Ⅳ药品用量进行实验，在 (NH$_4$)$_2$S$_2$O$_8$ 溶液加入 KI 混合液之前，先在 KI 混合液中加入 2 滴 Cu(NO$_3$)$_2$(0.02mol/L) 溶液，搅匀，其他操作同实验Ⅰ。

4. 数据处理

(1) 如何根据所得实验数据计算反应级数和反应速率常数?

$$r = kc_{S_2O_8^{2-}}^{m} \cdot c_{I^-}^{n} \tag{4-20}$$

两边取对数：

$$\lg r = m \lg c_{S_2O_8^{2-}} + n \lg c_{I^-} + \lg k \tag{4-21}$$

当 c_{I^-} 不变（实验Ⅰ、Ⅱ、Ⅲ）时，以 $\lg v$ 对 $\lg c_{S_2O_8^{2-}}$ 作图，得直线，斜率为 m。同理，当 $c_{S_2O_8^{2-}}$ 不变（实验Ⅰ、Ⅳ、Ⅴ）时，以 $\lg r$ 对 $\lg c_{I^-}$ 作图，得 n，此反应级数为 $m+n$。利用实验Ⅰ一组实验数据即可求出反应速率常数 k。反应级数和反应速率常数的计算见表 4-10。

表 4-10　反应级数和反应速率常数的计算

实验编号	I	II	III	IV	V
$\lg r$					
$\lg c_{S_2O_8^{2-}}$					
$\lg c_{I^-}$					
m					
n					
反应速率常数 k					

（**2**）如何根据实验数据计算反应活化能？

$$\lg k = A - \frac{E_a}{2.30RT} \tag{4-22}$$

测出不同温度下的 k 值，以 $\lg k$ 对 $\frac{1}{T}$ 作图，得直线，斜率为 $-\frac{E_a}{2.30R}$，可求出反应的活化能 E_a。反应活化能的计算见表 4-11。

表 4-11　反应活化能的计算

实　验　编　号	VI	VII	IV
反应速率常数 k			
$\lg k$			
$\frac{1}{T}$			
反应活化能 E_a			

【思考题】

1. 反应液中为什么加入 KNO_3、$(NH_4)_2SO_4$？
2. 取 $(NH_4)_2S_2O_8$ 试剂量筒没有专用，对实验有何影响？
3. $(NH_4)_2S_2O_8$ 缓慢加入 KI 等混合溶液中，对实验有何影响？
4. 催化剂 $Cu(NO_3)_2$ 为何能够加快该化学反应的速率？

4.1.3　物质基本性质鉴定技术

实验7　氧化还原反应和氧化还原平衡

【目的和要求】

1. 加深理解电极电势与氧化还原反应的关系。
2. 了解介质的酸碱性对氧化还原反应方向和产物的影响。
3. 了解反应物浓度和温度对氧化还原反应速率的影响。
4. 掌握浓度对电极电势的影响。

【实验原理】

参加反应的物质间有电子转移或偏移的化学反应称为氧化还原反应。在氧化还原反应中，还原剂失去电子被氧化，元素的氧化值增大；氧化剂得到电子被还原，元素的氧化值减小。物质的氧化还原能力的大小可以根据相应电对电极电势的大小来判断。电极电势越大，电对中的氧化型的氧化能力越强。电极电势越小，电对中的还原型的还原能力越强。

根据电极电势的大小可以判断氧化还原反应的方向。当氧化剂电对的电极电势大于还原剂电对的电极电势时，即 $E_{MF}=E_{(氧化剂)}-E_{(还原剂)}>0$ 时，反应能正向自发进行。当氧化剂电对和还原剂电对的标准电极电势相差较大时（如 $|E_{MF}^{\theta}|>0.2V$），通常可以用标准电池电极电动势判断反应的方向。

由电极反应的能斯特（Nernst）方程式可以看出浓度对电极电势的影响，298.15K时，反应如下。

$$E=E^{\theta}+\frac{0.0592V}{Z}\lg\frac{c(氧化型)}{c(还原型)} \tag{4-23}$$

溶液的pH值会影响某些电对的电极电势或氧化还原反应的方向。介质的酸碱性也会影响某些氧化还原反应的产物。例如，在酸性、中性、强碱性溶液中，MnO_4^- 的还原产物分别为 Mn^{2+}、MnO_2 和 MnO_4^{2-}。

原电池是利用氧化还原反应将化学能转变为电能的装置。以饱和甘汞电极为参比电极，与待测电极组成原电池，用电位差计（或酸度计）可以测定原电池的电动势，然后计算出待测电极的电极电势。同样，也可以用酸度计测定铜-锌原电池的电池电动势。当有沉淀或配合物生成时，会引起电极电势和电池电动势的改变。

【仪器和试剂】

仪器：酸度计，酒精灯，石棉网，水浴锅，饱和甘汞电极，锌电极，铜电极，饱和KCl盐桥，试管，试管架，点滴板。

试剂：H_2SO_4（2mol/L），HAc（1mol/L），$H_2C_2O_4$（0.1mol/L），H_2O_2（3%），NaOH（2mol/L），$NH_3\cdot H_2O$（2mol/L），KI（0.02mol/L，0.1mol/L），KIO_3（0.1mol/L），KBr（0.1mol/L），$K_2Cr_2O_7$（0.1mol/L），$KMnO_4$（0.01mol/L），$KClO_3$（饱和），Na_2SiO_3（0.5mol/L），Na_2SO_3（0.1mol/L），Pb$(NO_3)_2$（0.5mol/L，1mol/L），$FeSO_4$（0.1mol/L），$FeCl_3$（0.1mol/L），$CuSO_4$（0.005mol/L），$ZnSO_4$（1mol/L）。

材料：蓝色石蕊试纸，砂纸，锌片。

【实验内容】

1. 比较电对 E^{θ} 值的相对大小

按照下列简单的实验步骤进行实验，观察现象。查出有关的标准电极电势，写出反应方程式。

(1) 0.02mol/L KI 溶液与 0.1mol/L $FeCl_3$ 溶液的反应。

(2) 0.1mol/L KBr 溶液与 0.1mol/L $FeCl_3$ 溶液混合。

由实验（1）和（2）比较 $E^{\theta}(I_2/I^-)$，$E^{\theta}(Fe^{3+}/Fe^{2+})$，$E^{\theta}(Br_2/Br^-)$ 的相对大小；并找出其中最强的氧化剂和最强的还原剂。

(3) 在酸性介质中，0.02mol/L KI 溶液与 3% 的 H_2O_2 的反应。

(4) 在酸性介质中，0.01mol/L $KMnO_4$ 溶液与 3% 的 H_2O_2 的反应。

指出 H_2O_2 在实验（3）和（4）中的作用。

(5) 在酸性介质中，0.1mol/L $K_2Cr_2O_7$ 溶液与 0.1mol/L Na_2SO_3 溶液的反应。写出反应方程式。

(6) 在酸性介质中，0.1mol/L $K_2Cr_2O_7$ 溶液与 0.1mol/L $FeSO_4$ 溶液的反应。写出反应方程式。

2. 介质的酸碱性对氧化还原反应产物及反应方向的影响

（1）介质的酸碱性对氧化还原反应产物的影响。

在点滴板的三个孔穴中各滴入 1 滴 0.01mol/L $KMnO_4$ 溶液，然后再分别加入 1 滴 2mol/L H_2SO_4 溶液，1 滴 H_2O 和 1 滴 2mol/L NaOH 溶液，最后再分别滴入 0.1mol/L Na_2SO_3 溶液。观察现象，写出反应方程式。

（2）溶液的 pH 值对氧化还原反应方向的影响。

将 0.1mol/L KIO_3 溶液与 0.1mol/L KI 溶液混合，观察有无变化。再滴入几滴 2mol/L H_2SO_4 溶液，观察有何变化。再加入 2mol/L NaOH 溶液使溶液呈碱性，观察又有何变化。写出反应方程式并解释原因。

3. 浓度和温度对氧化还原反应速率的影响

（1）浓度对氧化还原反应速率的影响。

在两支试管中分别加入 3 滴 0.5mol/L $Pb(NO_3)_2$ 溶液和 3 滴 1mol/L $Pb(NO_3)_2$ 溶液，各加入 30 滴 1mol/L HAc 溶液，混合后，再逐滴加入 0.5mol/L Na_2SiO_3 溶液约 26～28 滴，摇匀，用蓝色石蕊试纸检查溶液仍呈弱酸性。在 90℃ 水浴中加热至试管中出现乳白色透明凝胶，取出试管，冷却至室温，在两支试管中同时插入表面积相同的锌片，观察两支试管中"铅树"生长速率的快慢，并解释原因。

（2）温度对氧化还原反应速率的影响。

在 A，B 两支试管中各加入 1mL 0.01mol/L $KMnO_4$ 溶液和 3 滴 2mol/L H_2SO_4 溶液；在 C，D 两支试管中各加入 1mL 0.1mol/L $H_2C_2O_4$ 溶液。将 A，C 两试管放在水浴中加热几分钟后取出，同时将 A 中溶液倒入 C 中，将 B 中溶液倒入 D 中，观察 C、D 两试管中的溶液哪一个先退色，并解释原因。

4. 浓度对电极电势的影响

（1） 在 50mL 烧杯中加入 25mL 1mol/L $ZnSO_4$ 溶液，插入饱和甘汞电极和用砂纸打磨过的锌电极，组成原电池。将甘汞电极与 pH 计的"+"极相连，锌电极与"—"相连。将 pH 计的 pH-mV 开关扳向"mV"挡，量程开关扳向 0～7，用零点调节器调零点。将量程开关扳到 7～14，按下读数开关，测原电池的电动势 $E_{MF}(1)$。已知饱和甘汞电极的 $E=0.2415V$，计算 $E(Zn^{2+}/Zn)$（虽然本实验所用的 $ZnSO_4$ 溶液浓度为 1mol/L，但由于温度、活度因子等因素的影响，所测数值并非 -0.763V）。

（2） 在另一个 50mL 烧杯中加入 25mL 0.005mol/L $CuSO_4$ 溶液，插入铜电极，与（1）中的锌电极组成原电池，两烧杯间用饱和 KCl 盐桥连接，将铜电极接"+"极，锌电极接"—"极，用 pH 计测原电池的电动势 $E_{MF}(2)$，计算 $E(Cu^{2+}/Cu)$ 和 $E^\theta(Cu^{2+}/Cu)$。

（3） 向 0.005mol/L $CuSO_4$ 溶液中滴入过量 2mol/L $NH_3 \cdot H_2O$ 溶液至生成深蓝色透明溶液，再测原电池的电动势 $E_{MF}(3)$，并计算 $E\{[Cu(NH_3)_4]^{2+}/Cu\}$。

比较两次测得的铜-锌原电池的电动势和铜电极电极电势的大小，你能得出什么结论？

【思考题】

1. 为什么 $K_2Cr_2O_7$ 能氧化浓盐酸中的氯离子，而不能氧化 NaCl 浓溶液中的氯离子？

2. 在碱性溶液中，$E^\theta(IO_3^-/I_2)$ 和 $E^\theta(SO_4^{2-}/SO_3^{2-})$ 的数值分别为多少伏？

3. 温度和浓度对氧化还原反应的速率有何影响？EMF 大的氧化还原反应的反应速率也一定大吗？

4. 饱和甘汞电极与标准甘汞电极的电极电势是否相等？

5. 计算原电池（—）Ag｜AgCl(s)｜KCl(0.01mol/L)‖$AgNO_3$(0.01mol/L)｜Ag（+）（盐桥为饱和 NH_4NO_3 溶液）的电动势。

实验8 常见阳离子的分离与鉴定

【目的和要求】

1. 掌握常见二十多种阳离子的主要性质。
2. 掌握各种离子的鉴定及混合液的分离操作。

【实验原理】

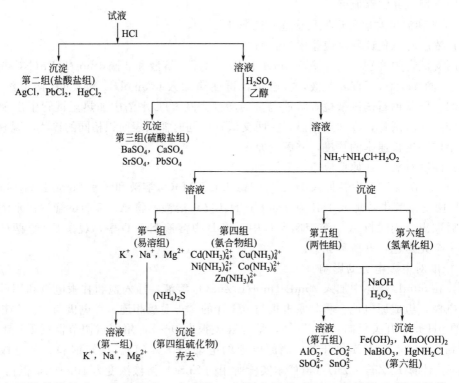

阳离子的种类较多，常见的有二十多种，个别定性检出时，容易发生相互干扰，所以一般阳离子分析都是利用阳离子的共同特性，先分成几组，然后再根据阳离子的个别特性加以检出。凡能使一组阳离子在适当的条件下，生成沉淀而与其他组阳离子分离的试剂称为组试剂。利用不同的组试剂将阳离子逐组分离再进行检出的方法，叫做阳离子的系统分析。

为使学生学到的无机化学理论知识和元素及其化合物性质能够得到反复巩固，本试验将常见的二十多种阳离子分为六组。

第一组：易溶组 Na^+、K^+、NH_4^+、Mg^{2+}。

第二组：氯化物组 Ag^+、Hg_2^{2+}、Pb^{2+}。

第三组：硫酸盐组 Ba^{2+}、Ca^{2+}、Pb^{2+}。

第四组：氨合物组 Cu^{2+}、Cd^{2+}、Zn^{2+}、Co^{2+}、Ni^{2+}。

第五组：两性组 Al^{3+}、Cr^{3+}、$Sb(Ⅲ，Ⅴ)$、$Sn(Ⅱ，Ⅳ)$。

第六组：氢氧化物组 Fe^{2+}、Fe^{3+}、Bi^{3+}、Mn^{2+}、Hg^{2+}。

然后再根据各组离子的特性，加以分离和比较。

【仪器和药品】

仪器：试管，离心管，离心机，烧杯，玻璃棒，黑白点滴板，铝试管架。

试剂：HAc（6mol/L），NaOH（40%，6mol/L），$Na_3[Co(NO_2)_6]$（饱和），醋酸铀酰锌试剂，镁试剂，HCl（浓，2mol/L），NH_4Ac（3mol/L），$K_2Cr_2O_7$（0.1mol/L），K_2CrO_4（0.1mol/L），HNO_3（浓，6mol/L），NaAc（饱和，3mol/L），KI（0.1mol/L），$NH_3 \cdot H_2O$（浓，6mol/L），H_2SO_4（1mol/L），乙醇（95%），$(NH_4)_2C_2O_4$（饱和），NH_4Cl（3mol/L，0.1mol/L），H_2O_2（3%），$K_4[Fe(CN)_6]$（0.1mol/L），$SnCl_2$（0.1mol/L），NH_4SCN（饱和），二乙酰二肟，戊醇 $(NH_4)_2S$（6mol/L），二苯硫腙，H_2S（饱和），乙醚，铝试剂，铝片，$HgCl_2$（0.1mol/L），锡箔，$NaBiO_3$（s），KSCN（0.1mol/L），pH试纸，红色石蕊试纸，阳离子试液：Na^+，K^+，NH_4^+，Mg^{2+}，Ag^+，Hg_2^{2+}，Pb^{2+}，Ba^{2+}，Ca^{2+}，Cu^{2+}，Cd^{2+}，Zn^{2+}，Co^{2+}，Ni^{2+}，Al^{3+}，Cr^{3+}，Sb（Ⅲ，Ⅴ），Sn（Ⅱ，Ⅳ），Fe^{2+}，Fe^{3+}，Bi^{3+}，Mn^{2+}，Hg^{2+}。

【实验内容】

1. 第一组、第二组、第三组阳离子的分离和鉴别方法

(1) 第一组。易溶组阳离子的分析。

本组阳离子包含 Na^+、K^+、NH_4^+、Mg^{2+}，它们的盐大多数可溶于水，没有一种共同的试剂可以作为组试剂，而是采用个别鉴定的方法，将它们检出。

① K^+ 的鉴定。取试液 3～4 滴，加 1～2 滴 6mol/L HAc 酸化，加入 4～5 滴饱和 $Na_3[Co(NO_2)_6]$ 溶液，用玻璃棒搅拌，并摩擦试管内壁，片刻后，如有黄色沉淀生成，则表明有 K^+ 存在。NH_4^+ 与 $Na_3[Co(NO_2)_6]$ 作用也能生成黄色沉淀，干扰 K^+ 的鉴定，应预先用灼烧法除去。

② NH_4^+ 的鉴定。用两块表面皿，一块表面皿内滴入 2 滴试液与 2～3 滴 40% NaOH 溶液，另一块表面皿贴上红色石蕊试纸，然后将两块表面皿扣在一起做成气室，若红色石蕊试纸变蓝，则表示有 NH_4^+ 存在。

③ Na^+ 的鉴定。取试液 3～4 滴，加入 1 滴 6mol/L HAc 及 7～8 滴醋酸铀酰锌溶液，用玻璃棒在试管内壁摩擦，如有黄色晶体沉淀，表示有 Na^+ 存在。

④ Mg^{2+} 的鉴定。取 1 滴试液，加入 6mol/L NaOH 及镁试剂各 1～2 滴，搅拌均匀后，如有天蓝色沉淀生成，则表示有 Mg^{2+} 存在。

(2) 第二组。氯化物组阳离子的分析。

本组阳离子包括 Ag^+、Hg_2^{2+}、Pb^{2+}，它们的氯化物都不溶于水，因此检出这三种离子时，可先把这些离子沉淀为氯化物，然后再进行鉴定反应。

取分析试液 20 滴，加入 2mol/L HCl 至沉淀完全，离心分离，沉淀用 2mol/L HCl 洗涤后按下列方法鉴定 Ag^+、Hg_2^{2+}、Pb^{2+} 的存在。

① Pb^{2+} 的鉴定。

a. 将上面得到的沉淀加入 5 滴 3mol/L NH_4Ac，在水浴中加热，搅拌，趁热离心分离。将离心液分成两份，在其中一份离心液中加入 $K_2Cr_2O_7$ 或 K_2CrO_4 2～3 滴，若有黄色沉淀，表示有 Pb^{2+} 存在，再根据试验沉淀在 6mol/L HNO_3、6mol/L NaOH、6mol/L HAc 及饱和 NaAc 溶液中的溶解情况，写出反应方程式。

b. 在另一份离心液中加入 1～2 滴 0.1mol/L KI 溶液，观察现象，试验沉淀在热水中的溶解情况。

沉淀用 3mol/L NH_4Ac 溶液数滴洗涤后，离心分离除去 Pb^{2+}，保留沉淀做 Ag^+ 和 Hg_2^{2+} 的鉴定。

② Ag^+ 和 Hg_2^{2+} 的分离和鉴定。

取上面保留的沉淀加 5～6 滴 $NH_3 \cdot H_2O$，不断搅拌，若沉淀变为灰黑色，表示有 Hg_2^{2+} 的存在，离心分离。在离心液中加入硝酸酸化，如有白色沉淀产生，表示有 Ag^+ 存在。

第二组阳离子的分离示意图如下。

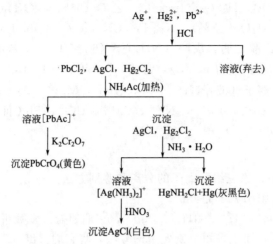

(3) 第三组硫酸盐组阳离子的分析。

取 Ca^{2+}、Ba^{2+}、Pb^{2+} 混合试液 20 滴在水浴中加热，逐滴加入 1mol/L H_2SO_4 至沉淀完全后再过量数滴，加入 95% 乙醇 4～5 滴，静置 3～5min，冷却后离心分离，沉淀用混合液（10 滴 1mol/L H_2SO_4 加入乙醇 3～4 滴）洗涤数次后，弃去洗涤液，在沉淀中加入 7～8 滴 3mol/L NH_4Ac，加热搅拌，离心分离，离心液按第二组鉴定 Pb^{2+} 的方法鉴定 Pb^{2+} 的存在。

沉淀加入 10 滴饱和碳酸钠溶液，置于沸水浴中加热，搅拌 1～2min，离心分离，弃去离心液。沉淀再用饱和碳酸钠溶液同样处理两次，用约 10 滴热蒸馏水洗涤一次，弃去洗涤液。沉淀用数滴 HAc 溶解后，加热氨水调节 pH 值为 4～5，加入 2～3 滴 $K_2Cr_2O_7$，加热搅拌生成黄色沉淀，表示有 Ba^{2+} 存在。

离心分离，在离心液中加入饱和 $(NH_4)_2C_2O_4$ 溶液 2～3 滴，温热后，慢慢生成白色沉淀，表示有 Ca^{2+} 存在。

第三组阳离子的分离示意图如下。

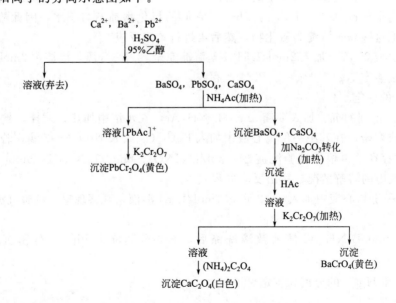

2. 第四组、第五组、第六组离子的分离和鉴定方法

(1) 第四组。氨合物组阳离子的分析。

本组阳离子包括 Cu^{2+}、Cd^{2+}、Zn^{2+}、Co^{2+}、Ni^{2+} 等离子，它们和过量的氨水都能生成相应的氨合物，故本组成为氨合物组。

取本组混合液 20 滴，加入 2 滴 3mol/L NH_4Cl，3～4 滴 3％的 H_2O_2，用浓氨水碱化后水浴加热，再滴加氨水，每滴加一滴即搅拌，注意有无沉淀生成，如有沉淀生成，再加入浓氨水，并过量 4～5 滴，搅拌后注意沉淀是否溶解，继续在水浴中加热 1min，取出，冷却后离心分离，离心液按下列方法鉴定 Cu^{2+}、Cd^{2+}、Zn^{2+}、Co^{2+}、Ni^{2+} 等离子。

① Cu^{2+} 的鉴定。取离心液 2～3 滴，加入 HAc 酸化后，加入 $K_4[Fe(CN)_6]$ 溶液 1～3 滴，生成红棕色沉淀表示有 Cu^{2+} 存在。

② Co^{2+} 的鉴定。取离心液 2～3 滴，加入 HCl 酸化后，加入新配制的 $SnCl_2$ 溶液 2～3 滴，饱和 NH_4SCN 溶液 2～3 滴和戊醇 5～6 滴，搅拌后有机层呈蓝色，表示有 Co^{2+} 存在。

③ Ni^{2+} 的鉴定。取离心液 2 滴，加入二乙酰二肟溶液 1 滴，戊醇 5 滴，搅拌后出现红色表示有 Ni^{2+} 存在。

④ Zn^{2+}、Cd^{2+} 的分离和鉴定。取离心液 15 滴，在沸水浴中加热近沸，加入 5～6 滴 $(NH_4)_2S$ 溶液，搅拌加热至沉淀凝聚，再继续加热 3～4min，离心分离。沉淀用 0.1mol/L NH_4Cl 溶液数滴洗涤两次，离心分离，弃去洗涤液。在沉淀中加入 4～5 滴 2mol/L HCl，充分搅拌片刻，离心分离，将离心液在沸水浴中加热除尽 H_2S，用 6mol/L NaOH 碱化并过量 2～3 滴，搅拌，离心分离。取离心液 5 滴加入 10 滴二苯硫腙，搅拌并在沸水浴中加热，水溶液呈粉红色，表示有 Zn^{2+} 存在。

沉淀用蒸馏水数滴洗涤 2 次后，离心分离，弃去洗涤液，沉淀加 3～4 滴 2mol/L HCl，搅拌溶解后，加入等体积饱和的 H_2S 溶液，如有黄色沉淀生成，表示有 Cd^{2+} 存在。

第四组阳离子分离示意图如下。

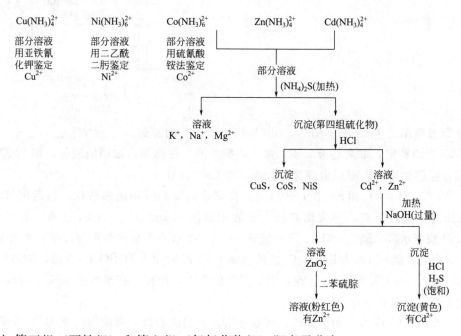

(2) 第五组（两性组）和第六组（氢氧化物组）阳离子分离。

取第五组、第六组两组混合离子试液 20 滴在水浴中加热，加入 2 滴 3mol/L NH_4Cl，3～

4滴3％ H_2O_2，逐滴加入浓氨水至沉淀完全，离心分离，弃去离心液。

在所得沉淀中加入3～4滴3％ H_2O_2 溶液，15滴6mol/L NaOH，在沸水浴中加热搅拌3～5min，使 CrO_2^- 氧化为 CrO_4^{2-}，并破坏过量的 H_2O_2，离心分离，离心液做鉴定第五组阳离子用，沉淀做鉴定第六组阳离子用。

第五组、第六组阳离子的分离示意图如下。

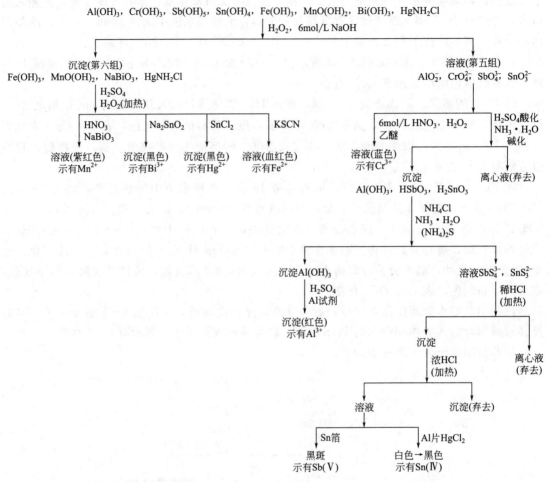

① 第五组阳离子 Cr^{3+}、Al^{3+}、$Sb(V)$、$Sn(IV)$ 的鉴定。

a. Cr^{3+} 的鉴定：取离心液2滴，加入乙醚2滴，逐滴加入浓硝酸酸化，加3％的 H_2O_2 2～3滴，振荡试管，乙醚层出现蓝色，表示有 Cr^{3+} 存在。

b. Al^{3+}、$Sb(V)$ 和 $Sn(IV)$ 的鉴定：将剩余的离心液用硫酸酸化，然后用氨水碱化，并多加几滴，离心分离，弃去离心液，沉淀用数滴 0.1mol/L NH_4Cl 洗涤，加入 3mol/L NH_4Cl 及浓氨水各2滴，$(NH_4)_2S$ 溶液7～8滴，在水浴中加热至沉淀凝聚，离心分离。

沉淀用含数滴0.1mol/L NH_4Cl 溶液洗涤1～2次后加入 H_2SO_4 2～3滴，加热使沉淀溶解，然后加入 3mol/L NH_4Ac 3滴，铝试剂溶液2滴，搅拌，在沸水中加热1～2min，如有红色絮状沉淀出现表示有 Al^{3+} 存在。

离心液用 HCl 逐滴中和至酸性，离心分离，弃去离心液，沉淀加入浓 HCl 15滴，在沸水浴中加热，充分搅拌除尽 H_2S 后，离心分离，弃去不溶物。

$Sn(IV)$ 离子的鉴定：取上述离心液10滴，加入铝片或少许镁粉，在水浴中加热，使其溶解完全后，再加 1 滴浓盐酸和 2 滴 $HgCl_2$，搅拌，若有白色或灰黑色沉淀析出表示有 $Sn(IV)$ 存在。

$Sb(V)$ 离子的鉴定：取上述离心液 1 滴，于光亮的锡箔上放置约 $2\sim3min$，如锡箔上出现黑色斑点，表示有 $Sb(V)$ 存在。

② 第六组阳离子的鉴定。

取第五组步骤中所得的沉淀，加入 10 滴 $3mol/L\ H_2SO_4$，$2\sim3$ 滴 $3\frac{V}{V}\ H_2O_2$，在充分搅拌下加热 $3\sim5min$，以溶解沉淀和破坏过量的 H_2O_2，离心分离，弃去不溶物，离心液供下面 Mn^{2+}、Bi^{3+}、Hg^{2+}、Fe^{3+} 的鉴定。

a. Mn^{2+} 的鉴定：取离心液 2 滴，加入硝酸数滴，加入少量 $NaBiO_3$ 固体，搅拌，离心沉降，如溶液出现紫红色，表示有 Mn^{2+} 存在。

b. Bi^{3+} 的鉴定：取离心液 2 滴，加入自己配制的亚锡酸钠溶液数滴，若有黑色沉淀，表示有 Bi^{3+} 存在。

c. Hg^{2+} 的鉴定：取离心液 2 滴，加入新配制的 $SnCl_2$ 数滴，若有白色或灰黑色沉淀析出，表示有 Hg^{2+} 存在。

d. Fe^{3+} 的鉴定：取离心液 1 滴，加入 KSCN 溶液，如溶液呈红色，表示有 Fe^{3+} 存在。

3. 未知阳离子混合液的分析

在下列编号试液中可能含有下列阳离子，领取一份进行分离分析鉴定。

(1) Ag^+、Ca^{2+}、Al^{3+}、Fe^{3+}、Ba^{2+}、Na^+。

(2) $Sn(IV)$、Ca^{2+}、Cr^{3+}、Ni^{2+}、Cu^{2+}、NH_4^+。

(3) Pb^{2+}、Ni^{2+}、Mn^{2+}、Zn^{2+}、Mg^{2+}、Cr^{3+}、NH_4^+。

【思考题】

1. 拟定各组阳离子的分离和鉴定的方案。

2. 如何消除个别离子鉴定中的干扰影响？

3. 如果未知液呈碱性，哪些离子可能不存在？

实验9　常见非金属阴离子的分离与鉴定

【目的和要求】

1. 熟悉常见阴离子的有关分析特性。

2. 掌握常见阴离子的分离、鉴定原理和方法。

【实验原理】

ⅢA 族到ⅦA 族的 22 种非金属元素在形成化合物时常常生成阴离子，阴离子可分为简单阴离子和复杂阴离子，简单阴离子只含有一种非金属元素，复杂阴离子是由两种和两种以上元素构成的酸根或配离子。形成阴离子的元素虽然不多，但是同一元素常常不止形成一种阴离子。例如，由 S 就可以构成 S^{2-}、SO_3^{2-}、SO_4^{2-}、$S_2O_3^{2-}$、$S_2O_8^{2-}$ 等常见的阴离子；由 N 也可以构成 NO_3^-、NO_2^- 等，存在形式不同，性质各异，所以分析结果要求知道元素及其存在形式。

大多数阴离子在分析鉴定中彼此干扰较少，而且可能共存的阴离子不多，许多阴离子还有特效反应，故常采用分别分析法。只有当先行推测或检出某些离子有干扰时才可适当地进行掩蔽或分离。

在进行混合阴离子的分析鉴定时，一般是利用阴离子的分析特性进行初步试验，确定离子存在的可能范围，然后进行个别离子的鉴定。阴离子的分析特性主要有如下几点。

(1) 低沸点酸和易分解酸的阴离子与酸作用放出气体或产生沉淀，利用产生气体的物理化学性质，可初步推断阴离子 CO_3^{2-}、SO_3^{2-}、$S_2O_3^{2-}$、S^{2-}、NO_2^- 是否存在。

(2) 除碱金属盐和 NO_3^-、ClO_3^-、ClO_4^-、Ac^- 等阴离子形成的盐易溶解外，其余的盐类大多数是难溶的。

(3) 除 Ac^-、CO_3^{2-}、SO_4^{2-} 和 PO_4^{3-} 外，绝大多数阴离子具有不同程度的氧化还原性，在溶液中可能相互作用，改变离子原来的存在形式。在酸性溶液中，强还原性的阴离子 SO_3^{2-}、$S_2O_3^{2-}$、S^{2-} 可被 I_2 氧化。利用加入 I_2-淀粉溶液后是否褪色，可判断这些阴离子是否存在。用强氧化剂 $KMnO_4$ 与之作用，若红色消失，还可能有 Br^-、I^- 弱还原性阴离子存在。如红色不消失，则上述还原性阴离子都不存在。Cl^- 的还原性更弱，只有在 Cl^- 和 H^+ 浓度较大时，Cl^- 才能将 $KMnO_4$ 还原。

在酸性溶液中氧化性阴离子 NO_2^- 可氧化 I^- 成为 I_2，使淀粉溶液变蓝，用 CCl_4 萃取后，CCl_4 层呈现紫红色，而 NO_3^- 只有浓度大时才有类似反应。AsO_4^{3-} 氧化 I^- 成为 I_2 的反应是可逆的，若在中性或弱碱性时 I_2 能氧化 AsO_3^{3-} 生成 AsO_4^{3-}。

根据以上阴离子的分析特性进行初步试验，可以对试液中可能存在的阴离子做出判断，然后根据存在离子性质的差异和特征反应进行分别鉴定。

【仪器和药品】

仪器与材料：试管、离心试管、烧杯、点滴板、酒精灯、pH 试纸、KI-淀粉试纸、$Pb(Ac)_2$ 试纸、离心机。

固体试剂：$PbCO_3$、$NaNO_2$、$FeSO_4 \cdot 7H_2O$、锌粉。

酸碱溶液：HCl（2.0mol/L，6.0mol/L，浓）、H_2SO_4（1.0mol/L，3.0mol/L，6.0mol/L，浓）、HNO_3（2.0mol/L，6.0mol/L，浓）、NaOH（2.0mol/L，6.0mol/L）、$NH_3 \cdot H_2O$（2.0mol/L，6.0mol/L，浓）。

盐溶液：$NaNO_2$（0.1mol/L）、$NaNO_3$（0.1mol/L）、KI（0.1mol/L）、NaCl（0.1mol/L）、KBr（0.1mol/L）、Na_2SO_3（0.1mol/L）、$Na_2S_2O_3$（0.1mol/L）、Na_2CO_3（0.1mol/L）、Na_2S（0.1mol/L）、Na_2SO_4（0.1mol/L）、$AgNO_3$（0.1mol/L）、$(NH_4)_2MoO_4$（0.1mol/L）、$KMnO_4$（0.01mol/L）、$BaCl_2$（0.1mol/L）、$K_4[Fe(CN)_6]$（0.1mol/L）、$ZnSO_4$（饱和）。

其他试剂：$Na_2[Fe(CN)_5NO]$ 溶液（5%）、氯水（新配制）、I_2-淀粉溶液、CCl_4、对氨基苯磺酸（1%）、α-萘胺（0.4%）。

【实验内容】

1. 阴离子的初步试验

(1) 酸碱性试验。

对于混合阴离子试液，首先用 pH 试纸测定其酸碱性，若试液呈强酸性，则低沸点酸或易分解酸的阴离子如 CO_3^{2-}、SO_3^{2-}、$S_2O_3^{2-}$、S^{2-}、NO_2^- 等不存在。若为中性或弱碱性，则继续以下试验。

(2) 挥发性试验。

待检阴离子：SO_3^{2-}、CO_3^{2-}、$S_2O_3^{2-}$、S^{2-}、NO_2^-。

在 5 支试管中分别滴加 SO_3^{2-}、CO_3^{2-}、$S_2O_3^{2-}$、S^{2-}、NO_2^- 的试液 3～4 滴，再加入 3.0mol/L H_2SO_4 溶液 2 滴，用手指轻敲试管的下端，必要时在水浴中微热，观察微小气泡的产生，颜色及溶液是否变浑。如何检验产生的 SO_2、CO_2、H_2S 和 NO_2 气体？写出反应方程式。由此可判断这些阴离子是否存在。

(3) 沉淀试验。

① 与 $BaCl_2$ 的反应。待检阴离子为 SO_4^{2-}、PO_4^{3-}、SO_3^{2-}、CO_3^{2-}、$S_2O_3^{2-}$。

在 5 支离心试管中分别滴加 SO_4^{2-}、PO_4^{3-}、SO_3^{2-}、CO_3^{2-}、$S_2O_3^{2-}$ 的试液 3～4 滴，然后滴加 0.1mol/L 的 $BaCl_2$ 溶液 3～4 滴，观察沉淀的生成。离心分离，试验沉淀在 6.0mol/L HCl 溶液中的溶解性。解释现象并写出反应方程式。

② 与 $AgNO_3$ 的反应。待检阴离子为 Cl^-、Br^-、I^-、SO_4^{2-}、PO_4^{3-}、SO_3^{2-}、CO_3^{2-}、S^{2-}、$S_2O_3^{2-}$。

在 9 支试管中分别滴加 Cl^-、Br^-、I^-、SO_4^{2-}、PO_4^{3-}、SO_3^{2-}、CO_3^{2-}、S^{2-}、$S_2O_3^{2-}$ 的试液 3～4 滴，再滴加 0.1mol/L 的 $AgNO_3$ 溶液 3～4 滴，观察沉淀的生成与颜色的变化（$Ag_2S_2O_3$ 刚生成时为白色，迅速变黄→棕→黑）。然后用 6.0mol/L HNO_3 溶液酸化，观察哪些沉淀不溶于 HNO_3（若 S^{2-} 和 $S_2O_3^{2-}$ 生成的沉淀不溶解，可加热后再观察）。写出反应方程式。

(4) 氧化还原性的试验。

① 氧化性试验。待检阴离子为 NO_2^-、NO_3^-。

在 2 支试管中分别滴加 NO_2^-、NO_3^- 试液 10 滴，用 3.0mol/L H_2SO_4 溶液酸化后，加 CCl_4 10 滴和 0.1mol/L KI 溶液 5 滴，振荡试管，观察现象，写出反应方程式。

② 还原性试验。

a. I_2^- 淀粉试验。待检阴离子为 SO_3^{2-}、S^{2-}、$S_2O_3^{2-}$。

在 3 支试管中分别滴加 SO_3^{2-}、S^{2-}、$S_2O_3^{2-}$ 的试液 3～4 滴，用 1.0mol/L H_2SO_4 溶液酸化后，滴加 I_2-淀粉溶液 2 滴，观察现象，写出反应方程式。

b. $KMnO_4$ 试验。待检阴离子为 Cl^-、Br^-、I^-、SO_3^{2-}、S^{2-}、$S_2O_3^{2-}$、NO_2^-。

在 7 支试管中分别滴加 Cl^-、Br^-、I^-、SO_3^{2-}、S^{2-}、$S_2O_3^{2-}$、NO_2^- 的试液 3～4 滴，用 1.0mol/L H_2SO_4 溶液酸化后，滴加 0.01mol/L 的 $KMnO_4$ 溶液 2 滴，振荡试管，观察现象，写出反应方程式。

根据初步试验结果，可推断出混合液可能存在的离子，然后进行分别鉴定。

2. 常见阴离子的鉴定

(1) Cl^- 的鉴定。

在离心试管中加 5 滴 0.1mol/L NaCl 溶液，再加入 1 滴 6mol/L HNO_3，振荡试管，加入 5 滴 0.1mol/L $AgNO_3$，观察沉淀的颜色。然后离心沉降后，弃去清液，并在沉淀中加入数滴 6mol/L $NH_3 \cdot H_2O$，振荡后，观察沉淀溶解，然后再加 6mol/L HNO_3，又有白色沉淀析出，就证明 Cl^- 的存在。

(2) Br^- 的鉴定。

取 2 滴 0.1mol/L KBr 溶液于试管中，加 1 滴 1mol/L H_2SO_4 和 5 滴 CCl_4，然后加入氯水，边加边摇，若 CCl_4 层出现棕色或黄色，表示有 Br^- 存在。

(3) I^- 的鉴定。

取 2 滴 0.1mol/L KI 溶液于试管中，加入 1 滴 1mol/L H_2SO_4 和 5 滴 CCl_4，然后加入氯水，边加边摇，若 CCl_4 层出现紫色，再加氯水，紫色褪去，变成无色，表示有 I^- 存在。

(4) S^{2-} 的鉴定。

① 取 0.1mol/L Na_2S 溶液 5 滴于试管中，加数滴 2.0mol/L HCl 溶液，若产生的气体使 $Pb(Ac)_2$ 试纸变黑，则表示有 S^{2-} 存在。

② 在点滴板上滴 2 滴 0.1mol/L Na_2S 溶液，加 2 滴亚硝酰铁氰化钠 $\{Na_2[Fe(CN)_5NO]\}$ 溶

液，若溶液显示特殊的红紫色，则表示有 S^{2-} 存在。

（5）SO_3^{2-} 的鉴定。

① 取 $0.1mol/L$ Na_2SO_3 溶液 5 滴于试管中，加 3 滴 I_2-淀粉溶液，用 $2.0mol/L$ HCl 溶液酸化，若蓝紫色褪去，则表示有 SO_3^{2-} 存在（但试液中要保证无 S^{2-} 和 $S_2O_3^{2-}$，否则会干扰）。

② 在点滴板上滴 1 滴饱和 $ZnSO_4$ 溶液，加 1 滴 $0.1mol/L$ $K_4[Fe(CN)_6]$ 溶液，即有白色沉淀产生，继续加 1 滴 $Na_2[Fe(CN)_5NO]$，1 滴 $0.1mol/L$ Na_2SO_3 溶液，用稀氨水调节溶液为中性，白色沉淀转化为红色沉淀，表示有 SO_3^{2-} 存在（试液中有 S^{2-} 会干扰鉴定）。

（6）$S_2O_3^{2-}$ 的鉴定。

① 在点滴板上滴 2 滴 $0.1mol/L$ $Na_2S_2O_3$ 溶液，加 $2\sim3$ 滴 $0.1mol/L$ $AgNO_3$ 溶液，观察沉淀颜色的变化（白→黄→棕→黑）。利用 $Ag_2S_2O_3$ 分解时颜色的变化可以鉴定 $S_2O_3^{2-}$ 的存在。

② 取 $0.1mol/L$ $Na_2S_2O_3$ 溶液 5 滴于试管中，加 $2.0mol/L$ HCl 溶液数滴（若现象不明显，可适当加热），若溶液变浑浊，则表示有 $S_2O_3^{2-}$ 存在。

（7）SO_4^{2-} 的鉴定。

取 $0.1mol/L$ Na_2SO_4 溶液 5 滴于试管中，加 $6.0mol/L$ HCl 溶液 2 滴，再加入 $0.1mol/L$ $BaCl_2$ 溶液 2 滴，若有白色沉淀产生，则表示有 SO_4^{2-} 存在。

（8）NO_2^- 的鉴定。

取 5 滴 $0.1mol/L$ $NaNO_2$ 溶液于试管中，加入几滴 $6mol/L$ HAc，再加入 1 滴对氨基苯磺酸和 1 滴 α-萘胺，溶液呈粉红色。当 NO_2^- 浓度大时，粉红色很快褪去，生成黄色或褐色溶液。则表示有 NO_2^- 存在。

（9）NO_3^- 的鉴定。

取 10 滴 $0.1mol/L$ $NaNO_3$ 溶液于试管中，加入 $1\sim2$ 小粒 $FeSO_4$ 晶体，振荡试管，待固体溶解后，将试管斜持，沿试管内壁加 $8\sim10$ 滴浓 H_2SO_4（注意不要摇晃试管），加入时使液流成线连续加入，以便迅速沉底后分层。观察浓 H_2SO_4 和溶液两个液层交界处有无棕色环出现。如有棕色环出现，证明有 NO_3^- 存在。

（10）PO_4^{3-} 的鉴定。

取含 PO_4^{3-} 的试液（可以是 Na_3PO_4、Na_2HPO_4、NaH_2PO_4、H_3PO_3 等溶液）3 滴于试管中，加入 6 滴 $6mol/L$ HNO_3 溶液和 10 滴 $0.1mol/L$ 的 $(NH_4)_2MoO_4$ 溶液，微热（必要时用玻璃棒摩擦试管壁），若生成黄色沉淀，表示有 PO_4^{3-} 存在。

3. 阴离子混合液的鉴定设计实验

（1）SO_4^{2-}、SO_3^{2-}、S^{2-}、Cl^- 的混合液的鉴定。

（2）SO_4^{2-}、PO_4^{3-}、I^-、Br^- 的混合液的鉴定。

（3）CO_3^{2-}、PO_4^{3-}、SO_3^{2-}、$S_2O_3^{2-}$ 的混合液的鉴定。

（4）CO_3^{2-}、Cl^-、NO_3^-、Br^- 的混合液的鉴定。

以上几组混合液，由教师分发给学生选做。各组中的阴离子可能全部存在或部分存在，请根据实验室提供的试剂，设计合理方案，将它们一一鉴别出来。

【思考题】

1. 某阴离子未知液经初步试验结果

（1）试液呈酸性时无气体产生。

（2）酸性溶液中加 $BaCl_2$ 溶液无沉淀产生。

（3）加入稀硝酸溶液和 $AgNO_3$ 溶液产生黄色沉淀。

（4）酸性溶液中加入 $KMnO_4$，紫色褪去，加入 I_2-淀粉溶液，蓝色不褪去。

（5）与 KI 无反应。

根据以上初步试验结果，推断哪些阴离子可能存在，哪些阴离子不存在？拟出进一步鉴定的实验方案。

2. 一个能溶于水的混合物，已检出含有 Ba^{2+} 和 Ag^+，下列阴离子中，哪几种可不必鉴定？

SO_3^{2-}、Cl^-、NO_3^-、SO_4^{2-}、CO_3^{2-}、I^-

4.2　化学分析基本技术

4.2.1　滴定操作技术训练

实验 10　分析天平称量练习及滴定操作练习

【目的和要求】

1. 熟悉电子分析天平的原理和使用规则。

2. 学习分析天平的基本操作和常用称量方法。

3. 掌握酸碱滴定的原理。

4. 掌握滴定操作，学会正确判断滴定终点。

【实验原理】

1. 电子分析天平的原理

电子分析天平是基于电磁力平衡原理来称量的天平。在磁场中放置通电线圈，若磁场强度保持不变，线圈产生的磁力大小与线圈中的电流大小成正比。称物时，物体产生向下的重力，线圈产生向上的电磁力，为维持两者的平衡，反馈电路系统会很快调整好线圈中的电流大小，达到平衡时，线圈中的电流大小与物体的质量成正比，因而可显示物体的质量。

2. 滴定分析原理

滴定分析是将一种已知准确浓度的标准溶液滴加到被测试样的溶液中，直到化学反应完全为止，然后根据标准溶液的浓度和体积求得被测试样中组分含量的一种方法。滴定分析主要包括酸碱滴定法、络合滴定法、氧化还原滴定法和沉淀滴定法。本实验是以酸碱滴定法来练习滴定分析的基本操作。

本实验以酚酞为指示剂，用 NaOH 溶液分别滴定 HCl 和 HAc，当指示剂由无色变为淡粉红色时，即表示已达到终点，由化学计量式求出酸或碱的浓度。

【仪器和试剂】

仪器：电子天平，通用滴定管（25mL，简称滴定管，带有聚四氟乙烯旋塞），移液管（20mL），烧杯（50mL），锥形瓶（250mL），洗瓶。

试剂：石英砂，Na_2CO_3（s），0.1mol/L HCl 标准溶液（浓度待标定），NaOH 溶液（0.1mol/L，浓度待标定），甲基橙指示剂（0.2%）。

【实验内容】

1. 电子分析天平的称量练习

(1) 固定质量称量（称取 0.1256g 石英砂试样 3 份）。

称量步骤如下，将干净、干燥的小烧杯置于电子天平秤盘上（之前，应该检查天平是否水平，若不水平，调节底座螺丝，使气泡位于水平仪中心），关闭天平门，待天平稳定后按清零键（即 On/Off 键），显示重量为 0.0000g，打开天平门，用左手手指轻击右手腕部，将牛角匙中石英砂样品慢慢震落于烧杯内，当达到所需质量时停止加样，关上天平门，看读数是否仍然为 0.1256g，根据实际情况继续加减质量。按同样步骤再操作 2 次，每次称好后均应及时记录称量数据。

(2) 差减称量法（称取 0.10～0.12g 无水 Na_2CO_3 试样 3 份）。

差减称量法也叫递减称量法，按电子天平清零键，使其显示 0.0000g，然后打开天平门，将 1 个洁净、干燥的小烧杯放在秤盘上，关好天平门，读取并记录其质量。

将已经盛装好试样的称量瓶置于秤盘上，关好天平门，称出称量瓶及试样的准备质量（也可按清零键，即按 On/Off 键，使其显示 0.0000g）；用滤纸条将称量瓶取出，在接收烧杯的上方，倾斜瓶身，用称量瓶盖轻敲瓶口上部使试样缓缓落入锥形瓶中。当估计敲落试样接近所需量时（一般称第 2 份时可根据第 1 份的体积估计），一边继续用瓶盖轻敲瓶口上部，同时将瓶身缓缓竖直，使黏附于瓶口的试样落下，然后盖好瓶盖，把称量瓶放回天平秤盘，准确称出其质量；两次质量之差，即为 0.10～0.12g 试样的质量（若先清了零，显示值为负值，则显示值的绝对值即为试样质量）；若一次差减出的试样量未达到要求的质量范围，可重复相同的操作，直至合乎要求。

称量小烧杯的质量，比较烧杯中试样的质量与从称量瓶中敲出的试样量，看其差别是否合乎要求（一般应小于 0.4mg）。按此方法连续递减，换一个新的烧杯称取多份试样（共称取 3 份试样）。注意：若敲出质量多于所需质量时，则需重称（烧杯要重新洗净、干燥），已取出试样不能收回，需弃去。

2. 滴定操作练习

(1) 0.1mol/L HCl 溶液浓度的标定。

洗净通用滴定管（分别自来水、去离子水洗），检查不漏水后，用 0.1mol/L HCl 溶液润洗 2～3 次，每次用量 5～10mL，荡洗液从滴定管两端分别流出弃去。然后将酸液装入滴定管中至 "0" 刻度线上，排除管尖的气泡，调节滴定管内溶液的弯月面至 0.00 刻度或零点稍下处（最好不要超过 0.50mL），静置 1min 后，精确读取滴定管内液面位置，并记录在报告本上。

用差减法准确称取 0.10～0.12g 无水 Na_2CO_3，置于 250mL 锥形瓶中，加入 20～30mL 蒸馏水使之溶解后，滴加 1～2 滴甲基橙指示剂，用待标定的 HCl 溶液滴定，待滴定近终点时，用去离子水冲洗锥形瓶内壁，再继续滴定，直至在加下半滴 HCl 后，溶液由黄色变为橙色，半分钟不褪色，此时即为终点。准确读取滴定管中 HCl 溶液的体积，终读数和初读数之差，即为与碳酸钠中和所消耗的 HCl 体积。

按上述方法平行滴定三次，计算 HCl 的浓度。三次测定结果的相对平均偏差一般不应大于 0.2%。

(2) 0.1mol/L NaOH 溶液浓度的标定。

洗净移液管，并用 0.1mol/L NaOH 溶液润洗移液管，用移液管取 20.00mL NaOH 溶液于锥形瓶中，加入 1～2 滴甲基橙指示剂，用已经标定好浓度的 HCl 溶液滴定。边滴边摇动锥形瓶，使溶液充分反应。待滴定近终点时，用去离子水冲洗锥形瓶内壁，再继续逐滴或半滴滴定至溶液恰好由黄色转变为橙色，半分钟不褪色，此时即为终点。

按上述方法平行滴定三次，计算 NaOH 的浓度，三次测定结果的相对平均偏差一般不应大于 0.2%。

3. 数据记录与处理

固定质量称量见表 4-12，差减称量见表 4-13，HCl 溶液浓度的标定见表 4-14，NaOH 溶液浓度的标定见表 4-15。

表 4-12　固定质量称量

编号	1	2	3
$m_{石英砂}$/g			

表 4-13　差减称量

编号	1	2	3
称量瓶倒出试样 m_1/g			
$m_{空烧杯}$/g			
$m_{烧杯+试样}$/g			
烧杯中试样质量 m_2/g			
偏差 (m_2-m_1)/mg			

表 4-14　HCl 溶液浓度的标定

记录项目 ＼ 测定序号		1	2	3
称量瓶＋样品质量(倒出前)/g				
称量瓶＋样品质量(倒出后)/g				
无水碳酸钠质量/g				
HCl 溶液的用量	终读数/mL			
	初读数/mL			
	净用量/mL			
HCl 溶液的浓度/(mol/L)				
HCl 溶液的浓度平均值/(mol/L)				
相对平均偏差				

表 4-15　NaOH 溶液浓度的标定

数据记录与计算 ＼ 测定序号		1	2	3
称量瓶＋样品质量(倒出前)/g				
称量瓶＋样品质量(倒出后)/g				
无水碳酸钠质量/g				
HCl 标准溶液的浓度/(mol/L)				
HCl 溶液的用量	终读数/mL			
	初读数/mL			
	净用量/mL			
NaOH 标准溶液的净用量/mL		20.00	20.00	20.00
NaOH 溶液的浓度/(mol/L)				
NaOH 溶液的浓度平均值/(mol/L)				
相对偏差				
相对平均偏差				

【实验说明】

1. 0.1mol/L HCl 和 NaOH 标准溶液的浓度要保留四位有效数字。

2. 滴定操作应控制滴定液速度，注意最后半滴的滴定操作。

【思考题】

1. 固定质量称量和递减称量法各有什么优缺点？在什么情况下选用这两种方法？

2. 使用称量瓶时，如何操作才能保证不损失试样？

3. 分析用 HCl 滴定 Na_2CO_3 和 NaOH，当达到化学计量点时，溶液的 pH 值是否相同？

4. 滴定管和移液管均需要用待装溶液荡洗三次的原因？滴定用的锥形瓶也要用待装溶液荡洗吗？

实验 11　酸碱标准溶液的配制与标定

【目的和要求】

1. 学会标准溶液的配制方法，掌握标定过程及原理。

2. 学会酸碱滴定的基本操作，掌握滴定过程及指示剂选择原则和变色原理。

3. 熟练掌握台秤、移液管和量筒的操作。

【实验原理】

标准溶液是指已知准确浓度的溶液。其配制方法通常有两种，包括直接法和标定法。

1. 直接法

准确称取一定质量的物质经溶解后定量转移到容量瓶中，并稀释至刻度，摇匀。根据称取物质的质量和容量瓶的体积即可算出该标准溶液的准确浓度。适用此方法配制标准溶液的物质必须是基准物质。

2. 标定法

大多数物质的标准溶液不宜用直接法配制，可选用标定法。即先配成近似所需浓度的溶液，再用基准物质或已知准确浓度的标准溶液标定其准确浓度。HCl 和 NaOH 标准溶液在酸碱滴定中最常用，但由于浓盐酸易挥发，NaOH 固体易吸收空气中的 CO_2 和水蒸气，故只能选用标定法来确定其浓度。其浓度一般在 $0.01\sim1mol/L$ 之间，通常配制 0.1mol/L 的溶液。

常用标定碱标准溶液的基准物质有邻苯二甲酸氢钾、草酸等。本实验选用邻苯二甲酸氢钾做基准物质，其反应如下。

$$\underset{\text{COOH}}{\underset{\text{COOK}}{\bigcirc}} + NaOH \longrightarrow \underset{\text{COONa}}{\underset{\text{COOK}}{\bigcirc}} + H_2O$$

化学计量点时，溶液呈弱碱性，可选用酚酞做指示剂。

常用于标定酸的基准物质有无水碳酸钠和硼砂。其浓度还可通过与已知准确浓度的 NaOH 标准溶液进行标定。0.1mol/L HCl 和 0.1mol/L NaOH 溶液的标定是强酸强碱的滴定，化学计量点时 pH＝7.00，滴定突跃范围比较大（pH 值为 $4.30\sim9.70$），因此，凡是变色范围全部或部分落在突跃范围内的指示剂，如甲基橙、甲基红、酚酞、甲基红-溴甲酚绿混合指示剂，都可用来指示终点。本实验 HCl 溶液滴定 NaOH 溶液，选用甲基橙为指示剂。

【仪器与试剂】

仪器：电子称，通用滴定管（25mL，简称滴定管，带有聚四氟乙烯旋塞），移液管

（20mL），试剂瓶（500mL），量筒（10mL），锥形瓶（250mL），洗瓶。

试剂：浓盐酸，NaOH(s)，酚酞指示剂（0.2%），甲基橙指示剂（0.2%），邻苯二甲酸氢钾（s）。

【实验内容】

1. 酸碱标准溶液的配制

（1） 0.1mol/L HCl 溶液的配制。用洁净量筒量取浓 HCl 约5mL（为什么？预习中应计算）倒入500mL 试剂瓶中，用去离子水稀释至500mL，盖上玻璃塞，充分摇匀，贴好标签，备用。

（2） 0.1mol/L NaOH 溶液的配制。用电子称迅速称取 2g NaOH 固体（为什么？）于500mL 试剂瓶中，加约30mL 无 CO_2 的去离子水溶解，然后转移至试剂瓶中，用去离子水稀释至500mL，摇匀后，用橡皮塞塞紧，贴好标签，备用。

2. NaOH 溶液浓度的标定

洗净通用滴定管（简称滴定管），检查不漏水后，用所配制的 NaOH 溶液润洗 2～3 次，每次用量 5～10mL，然后将碱液装入滴定管中至"0"刻度线上，排除管尖的气泡，调节滴定管内溶液的弯月面至 0.00 刻度或零点稍下处（最好不要超过 0.50mL），静置 1min 后，精确读取滴定管内液面位置，并记录在报告本上。

用差减法准确称取 0.4～0.6g 已烘干的邻苯二甲酸氢钾 3 份，分别放入 3 个已编号的250mL 锥形瓶中，加 20～30mL 水溶解（若不溶可稍加热），冷却后，加入 1～2 滴酚酞指示剂，用 0.1mol/L NaOH 溶液滴定至呈微红色，半分钟不褪色，即为终点。计算 NaOH 标准溶液的浓度。平行滴定三次，计算平均结果和相对平均偏差，要求相对平均偏差不大于 0.2%。

3. HCl 溶液浓度的标定

洗净滴定管，经检漏、润洗、装 HCl 溶液、静置等操作，备用。

移液管取 20.00mL NaOH 溶液于锥形瓶中，加入 1～2 滴甲基橙指示剂，用已经配制好的 HCl 溶液滴定。边滴边摇动锥形瓶，使溶液充分反应。待滴定近终点时，用去离子水冲洗在瓶壁上的酸或碱液，再继续逐滴或半滴滴定至溶液恰好由黄色转变为橙色，即为终点。平行滴定三次，计算平均结果和相对平均偏差，要求相对平均偏差不大于 0.2%。

4. 数据记录与处理

NaOH 溶液浓度的标定按表 4-16 进行数据记录与处理，HCl 溶液浓度的标定按照《分析天平称量练习及滴定操作练习》的类似表格，进行本实验的数据记录与处理，表格和有效数字的规范作为评价本实验报告的重点内容。

表 4-16 NaOH 溶液浓度的标定

记录项目	测定序号	1	2	3
称量瓶+样品质量（倒出前）/g				
称量瓶+样品质量（倒出后）/g				
邻苯二甲酸氢钾质量/g				
NaOH 溶液的用量	终读数/mL			
	初读数/mL			
	净用量/mL			
NaOH 溶液的浓度/(mol/L)				
NaOH 溶液的浓度平均值/(mol/L)				
相对平均偏差				

【实验说明】

1. 配制好的 HCl 和 NaOH 标准溶液分别用玻璃塞、橡皮塞塞好。
2. 滴定管换为盛装 HCl 时，滴定管要充分洗干净。

【思考题】

1. NaOH 和 HCl 能否直接配制成标准溶液？为什么？
2. 用电子称称取固体 NaOH 时，应注意什么？
3. 标准溶液的浓度应保留几位有效数字？
4. 从滴定管中流出半滴溶液的操作要领是什么？
5. 标定 NaOH 溶液，邻苯二甲酸氢钾的质量是怎样计算得来的？

4.2.2 酸碱滴定操作技术

实验 12　食用醋总酸度和工业草酸含量的测定

【目的和要求】

1. 掌握食醋中总酸度、工业草酸含量测定的原理和方法。
2. 掌握强碱滴定弱酸的滴定过程、突跃范围及指示剂的选择原则。
3. 掌握电子天平、滴定管、移液管、容量瓶的使用方法和滴定操作技术。
4. 比较不同指示剂对滴定结果的影响。

【实验原理】

食醋是混合酸，其主要成分是 HAc（有机弱酸，$K_a = 1.8 \times 10^{-5}$），与 NaOH 反应产物为弱酸强碱盐 NaAc。

$$HAc + NaOH \xrightarrow{\quad\quad} NaAc + H_2O$$

HAc 与 NaOH 反应产物为弱酸强碱盐 NaAc，化学计量点时 pH≈8.7，滴定突跃在碱性范围内（0.1mol/L NaOH 滴定 0.1mol/L HAc 突跃范围为 pH 值为 7.74～9.70），在此若使用在酸性范围内变色的指示剂如甲基橙，将引起很大的滴定误差（该反应化学计量点时溶液呈弱碱性，酸性范围内变色的指示剂变色时，溶液呈弱酸性，则滴定不完全）。因此，应选择在碱性范围内变色的指示剂酚酞（pH 值为 8.0～9.6）（指示剂的选择主要以滴定突跃范围为依据，指示剂的变色范围应全部或一部分在滴定突跃范围内，则终点误差小于 0.1%）。因此可选用酚酞做指示剂，利用 NaOH 标准溶液测定 HAc 含量。食醋中总酸度用 HAc 的含量来表示。

工业草酸是无色透明或白色的粉末，由水中结晶获得的试剂含 2 分子结晶水。草酸易溶于水，在水中可解离出 H^+，其离解常数为 $K_{a1} = 5.4 \times 10^{-2}$，$K_{a2} = 5.4 \times 10^{-5}$，因此，可用标准碱溶液直接滴定。由于 K_{a1} 和 K_{a2} 比较接近，因而并不出现两个突跃而被一次滴定，计量点时溶液的 pH 值是 8.4，可用酚酞做指示剂。

$$H_2C_2O_4 + 2NaOH \xrightarrow{\quad\quad} Na_2C_2O_4 + 2H_2O$$

【仪器和试剂】

仪器：电子天平，滴定管（25mL），移液管（10mL），移液管（20mL），移液管（25mL），容量瓶（100mL），容量瓶（250mL），锥形瓶（250mL），量筒（50mL），滴定台。

试剂：食醋样品，工业草酸样品，NaOH 标准溶液（0.1mol/L），乙醇酚酞指示液（1%），乙醇甲基红指示剂（1%）。

【实验内容】

1. 食醋总酸量测定

（1） 进入实验室，将实验要用到的有关仪器从仪器橱中取出，把玻璃器皿按洗涤要求洗涤干净备用。

（2） 用配制且已标定好的 NaOH 溶液润洗洗涤好的滴定管，然后装入 NaOH 溶液。

（3） 用移液管吸取食醋试样 25.00mL，移入 250mL 容量瓶中，以去离子水稀释至刻度，摇匀，备用。用移液管吸取上述试液 20.00mL 于锥形瓶中，加入 25mL 去离子水稀释，加酚酞指示剂 2 滴，用已标定的 NaOH 标准溶液滴定溶液由无色变为浅红色，且持续 30s 不褪即为终点，平行测定 3 次。记录 NaOH 标准溶液的用量，按下式计算食醋中的总酸量。

$$\rho(\text{HAc})(\text{g/L}) = \frac{C(\text{NaOH}) \times V(\text{NaOH})M(\text{HAc})}{25.00} \times 10$$

（4） 用甲基橙做指示剂，用上法测定，计算结果，比较两种指示剂结果之间的差别。

2. 工业草酸的含量测定

① 方法 1：准确称取试样约 0.12g（0.11~0.13g），置于 250mL 锥形瓶中，加去离子水 25mL 使完全溶解，加酚酞指示液 2 滴，用 0.1mol/L 的 NaOH 标准溶液滴定至溶液呈淡粉红色，经振荡不再消失（半分钟内）即为终点，平行测定 3 次，记录 NaOH 标准溶液的用量，按下式计算草酸的含量。

$$w(\text{H}_2\text{C}_2\text{O}_4 \cdot 2\text{H}_2\text{C}_2\text{O}_4) = \frac{C(\text{NaOH}) \times V(\text{NaOH}) \times \frac{1}{2}M(\text{H}_2\text{C}_2\text{O}_4 \cdot 2\text{H}_2\text{C}_2\text{O}_4)}{m_s}$$

② 方法 2：准确称取试样约 1.2g，置于 100mL 洁净的小烧杯中，加入适量的去离子水溶解，并定量转移至于 100mL 容量瓶中，稀释至刻度、摇匀。吸取上述溶液 10mL 于锥形瓶内，加入。加酚酞 2~3 滴，用 0.1mol/L 的 NaOH 滴定至呈现淡粉红色 30s 不褪色时为终点。记录 NaOH 标准溶液的用量，按下式计算草酸的含量。

$$w(\text{H}_2\text{C}_2\text{O}_4 \cdot 2\text{H}_2\text{C}_2\text{O}_4) = \frac{C(\text{NaOH}) \times V(\text{NaOH}) \times \frac{1}{2}M(\text{H}_2\text{C}_2\text{O}_4 \cdot 2\text{H}_2\text{C}_2\text{O}_4)}{m_s \times \frac{10.00}{100.0}}$$

【实验说明】

1. 滴定完毕后，尖嘴外不应留有液滴，尖嘴内不应有气泡。

2. 滴定过程中，碱液可能溅在锥形瓶内壁的上部，半滴碱液也是由锥形瓶内壁碰下来的，因此将到终点时，要用洗瓶以少量蒸馏水冲洗锥形瓶内壁，以免引起误差。

3. 强碱弱酸中和终点的溶液显微碱性，会吸收空气中的 CO_2，而使溶液趋近中性，因此已达终点的溶液久置后酚酞会褪色，但这并不说明中和反应没有完成。

4. 注意食醋取后应立即将试剂瓶盖盖好，防止挥发。

5. 数据处理时应注意最终结果的表示方式。

6. 甲基红做指示剂时，注意观察终点的颜色变化。

【思考题】

1. 加入 25mL 蒸馏水的作用是什么？

2. 为什么使用酚酞做指示剂？

3. 以 NaOH 溶液滴定 HAc、$H_2C_2O_4$ 溶液，属于哪类滴定？怎样选择指示剂？

4. 溶解烧杯中已准确称量的草酸样品时，加入水的体积需要很准确吗？能否用量筒取被测的草酸溶液？

5. 本次实验所用指示剂酚酞，为何需要出现持续的浅红色才是终点？为何半分钟后再褪色就不再继续滴定了？

实验 13 铵盐中氮含量的测定

【目的和要求】

1. 学会用基准物质标定标准溶液浓度的方法。
2. 了解甲醛法测定氮的原理。
3. 了解和掌握甲醛法在测定铵盐含量的应用。

【实验原理】

常见的铵盐如硫酸铵、氯化铵、硝酸铵，都是强酸弱碱盐，虽然 NH_4^+ 具有酸性，但由于 $K_a < 10^{-8}$，所以不能直接滴定，但可用间接的方法来测定。

生产和实验室中常采用甲醛法测定铵盐的含量。首先甲醛与铵盐反应，生成 $(CH_2)_6N_4H^+$（$K_a = 7.1 \times 10^{-6}$）和 H^+，然后以酚酞为指示剂，用 NaOH 标准溶液滴定，其反应式如下。

$$4NH_4^+ + 6HCHO =\!=\!= (CH_2)_6N_4H^+ + 3H^+ + 6H_2O$$
$$(CH_2)_6N_4H^+ + 3H^+ + 4OH^- =\!=\!= (CH_2)_6N_4 + 4H_2O$$

通过 NaOH 标准溶液滴定，可间接测定铵盐中氮的含量。

【仪器与试剂】

仪器：电子天平，电子称，通用滴定管（25mL），移液管（20mL），锥形瓶（250mL），洗瓶。

试剂：NaOH(s)，酚酞指示剂［w（质量分数）为 0.01］，硫酸铵试样（s），邻苯二甲酸氢钾（s），甲醛中性水溶液（w 为 0.40）。

【实验内容】

1. 0.1mol/L NaOH 溶液的配制和标定

(1) 0.1mol/L NaOH 溶液的配制。

用电子称称取 2g NaOH 固体于 500mL 试剂瓶中，加约 30mL 无 CO_2 的去离子水溶解，然后转移至试剂瓶中，用去离子水稀释至 500mL，摇匀后，用橡皮塞塞紧，贴好标签，备用。

(2) 0.1mol/L NaOH 溶液浓度的标定。

洗净滴定管，经检漏、润洗、装 NaOH 溶液、静置等操作，备用。

用差减法准确称取 0.4～0.6g 已烘干的邻苯二甲酸氢钾 3 份，分别放入 3 个已编号的 250mL 锥形瓶中，加 20～30mL 水溶解（若不溶可稍加热），冷却后，加入 1～2 滴酚酞指示剂，用 0.1mol/L NaOH 溶液滴定至呈微红色，半分钟不褪色，即为终点。计算 NaOH 标准溶液的浓度。平行滴定 3 次，计算平均结果和相对平均偏差，要求相对平均偏差不大于 0.2%。

2. 样品测定

准确称取 0.15g 硫酸铵试样 3 份，放入 250mL 锥形瓶中，加 50mL 去离子水溶解，再加 5mL 甲醛中性水溶液［w（质量分数）为 0.40］，摇加 1～2 滴酚酞指示液，充分摇动后静置 1min，使反应完全，最后用 0.1mol/L NaOH 标准滴定至溶液呈浅粉色，半分钟不褪色，即为终点。平行滴定 3 次，计算氮含量的平均结果和相对平均偏差。

3. 数据记录与处理

NaOH 溶液浓度标定的数据记录与处理参照《酸碱标准溶液的配制与标定》部分，铵盐中氮含量的测定按表 4-17 进行实验的数据记录与处理。

表 4-17 铵盐中氮含量的测定

测定序号 记录项目		1	2	3
称量瓶＋样品质量(倒出前)/g				
称量瓶＋样品质量(倒出后)/g				
试样质量/g				
NaOH 溶液的用量	终读数/mL			
	初读数/mL			
	净用量/mL			
N 的含量				
N 的含量平均值				
相对平均偏差				

【思考题】

1. 铵盐中氮的测定为何不采用 NaOH 直接滴定法？

2. 为什么中和甲醛试剂中的甲酸以酚酞做指示剂，而中和铵盐试样中的游离酸则以甲基红做指示剂？

3. NH_4HCO_3 中含氮量的测定，能否用甲醛法？

实验 14　阿司匹林药片中乙酰水杨酸含量的测定

【目的和要求】

1. 掌握乙酰水杨酸的测定原理及方法。

2. 熟悉返滴定法的操作要领。

3. 学习利用滴定法分析药品。

【实验原理】

阿司匹林的主要成分是乙酰水杨酸，是一种被广泛使用的解热镇痛类药物，早在 19 世纪末，人们成功地合成了乙酰水杨酸，目前多由水杨酸和醋酐反应制得。

乙酰水杨酸是有机弱酸（$K_a=1\times10^{-3}$），结构式是 ，微溶于水，易溶于乙醇。由于它的 K_a 值较大，可以作为一元酸用 NaOH 溶液直接滴定，以酚酞为指示剂。为了防止乙酰基水解，应在 10℃ 以下的中性冷乙醇介质中进行滴定，滴定反应式如下。

直接滴定法适用于乙酰水杨酸纯品的测定，由于药品中都添加了一定量的赋形剂，如硬脂酸镁、淀粉等不溶物，在冷乙醇中不易溶解完全，不宜直接滴定，可利用水解反应，乙酰水杨酸在强碱性溶液中溶解并水解成乙酸盐和水杨酸（邻羟基苯甲酸）。采用返滴定法进行测定。水解反应如下。

将药品碾磨成粉末后，加入准确过量的 NaOH 标准溶液，加热一段时间，让乙酰基完全水解，再用 HCl 标准溶液回滴过量的氢氧化钠，滴定至溶液由红色恰好褪为无色即为终点。在这个滴定反应中，1mol 乙酰水杨酸消耗 2mol 氢氧化钠（酚羟基 pK_a 约为 10，在 NaOH 溶液中为钠盐，用酸返滴定终点，pH<10，酚又游离出来）。碱液在受热时易吸收 CO_2，用酸返滴定时会影响滴定结果，故需要在相同条件下进行空白校正。

【仪器和试剂】

仪器：电子天平，滴定管（25mL），移液管（25mL），烧杯（100mL），容量瓶（250mL），表面皿，锥形瓶（250mL），量筒（50mL），滴定台，电炉，研钵。

试剂：阿司匹林药片，乙醇酚酞指示液（1%），HCl 标准溶液（0.1mol/L），NaOH 标准溶液（1mol/L）。

【实验内容】

1. 药片中乙酰水杨酸的含量测定

准确称取阿司匹林药片 4 片，于瓷研钵中碾成粉末并混匀，转入称量瓶中。精密称取阿司匹林片粉 0.6g 左右，置于干燥的小烧杯中，用移液管准确量取 1mol/L 的 NaOH 溶液 25.00mL，加入 30mL 水，盖上表面皿，轻摇几下，置水浴上加热 15min，期间摇动 2 次并冲洗瓶壁 1 次，迅速用流水冷却至室温，将烧杯中的溶液定量转移至 250mL 的容量瓶中，用去离子水稀释至刻度摇匀。准确移取上述溶液 25.00mL，置于 250mL 的锥形瓶中，加酚酞指示液 2～3d，用 0.1mol/L 的 HCl 标准溶液至终点，平行测定 3 次，记录所消耗的 HCl 标准溶液的体积。根据所消耗的 HCl 标准溶液的体积，计算药片中乙酰水杨酸的质量分数及每片药片（75mg/片）中乙酰水杨酸的质量。

2. NaOH 标准溶液和 HCl 标准溶液体积比测定

用移液管准确移取 1mol/L 的 NaOH 溶液 20.00mL 于 100mL 小烧杯中，在与测定药粉相同的实验条件下进行加热冷却后，定量转移至 250mL 的容量瓶中，用去离子水稀释至刻度摇匀。在 250mL 的锥形瓶中，加入上述溶液 25.00mL，加水 25mL，加酚酞指示液 3d，用 0.1mol/L 的 HCl 标准溶液至终点。平行测定 5 次，记录所消耗的 HCl 标准溶液的体积。计算 $V(NaOH)/V(HCl)$ 的值。

3. 数据记录与处理

不同滴定次数的实验数据见表 4-18。

表 4-18　不同滴定次数的实验数据

滴定次数	1	2	3	4	5
阿司匹林质量/g					
移取试液的体积/mL					
NaOH 溶液体积/mL					
$c(HCl)/(mol/L)$					

滴定次数	1	2	3	4	5
$V(HCl)/mL$					
乙酰水杨酸的含量/%					
乙酰水杨酸含量的平均值/%					
相对偏差/%					
相对平均偏差/%					

【实验说明】

1. 水浴加热后，必须迅速冷却，否则水杨酸易挥发，热溶液会吸收较多的空气中的二氧化碳，淀粉，糊精等进一步水解，引进误差。

2. NaOH 标准溶液和 HCl 标准溶液浓度不同，计算时要注意换算。

3. 烧杯中的样品需全部定量转移至容量瓶中，所以烧杯和玻棒需多次用去离子水淋洗，洗涤液并入容量瓶后准确定量。

4. 需做空白试验。由于 NaOH 溶液在加热过程中会受空气中 CO_2 的干扰，给测定造成一定程度的系统误差，而在与测定样品相同的条件测定两种溶液的体积比就可扣除空白值。

【思考题】

1. 在测定药粉的实验中，为什么是 1mol 乙酰水杨酸消耗 2mol 氢氧化钠，而不是 3mol 氢氧化钠？回滴后的溶液，水解产物的存在形式是什么？滴定过程中如何防止乙酰水杨酸水解？

2. 请列出计算药品中乙酰水杨酸含量的关系式？

3. 若测定的是乙酰水杨酸的晶体（纯品），可否采用直接滴定法？

4. 称取纯品试样（晶体）时，所用锥形瓶为什么要干燥？

5. 分析乙酰水杨酸的化学结构，说明可以用标准碱溶液直接滴定的理由。

实验15 混合碱总碱度及碳酸钠和碳酸氢钠含量测定

【目的和要求】

1. 学会用双指示剂法测定混合碱中各组分含量的原理、方法和计算。

2. 进一步掌握酸式滴定管的使用，熟悉容量瓶、移液管的使用方法。

3. 进一步熟练滴定操作和滴定终点的判断。

【实验原理】

混合碱是 Na_2CO_3 与 NaOH 或 Na_2CO_3 与 $NaHCO_3$ 的混合物，可采用双指示剂法测定各组分的含量。

在混合碱的试液中加入酚酞指示剂，用 HCl 标准溶液滴定至溶液呈微红色，消耗 HCl V_1 mL。此时试液中所含 NaOH 完全被中和，Na_2CO_3 也被滴定成 $NaHCO_3$，反应如下。

$$NaOH + HCl = NaCl + H_2O$$

$$Na_2CO_3 + HCl = NaCl + NaHCO_3$$

再加入甲基橙指示剂，继续用 HCl 标准溶液滴定至溶液由黄色变为橙色，消耗 HCl V_2 mL。此时 $NaHCO_3$ 被中和成 H_2CO_3，反应如下。

$$NaHCO_3 + HCl \Longrightarrow NaCl + H_2O + CO_2\uparrow$$

根据 V_1 和 V_2 的大小，可以判断出混合碱的组成，并能计算出混合碱中各组分的含量。

当 $V_1 > V_2$ 时，试液为 NaOH 和 Na_2CO_3 的混合物，其含量（以质量浓度 g/L 表示）可由下式计算。

$$\rho_{NaOH} = \frac{(V_1 - V_2)C_{HCl}M_{NaOH}}{V_{试液}} \qquad \rho_{Na_2CO_3} = \frac{V_2 \cdot C_{HCl} \cdot M_{Na_2CO_3}}{V_{试液}}$$

当 $V_1 < V_2$ 时，试液为 Na_2CO_3 和 NaHCO$_3$ 的混合物，其含量（以质量浓度 g/L 表示）可由下式计算。

$$\rho_{NaHCO_3} = \frac{(V_2 - V_1) \cdot C_{HCl} \cdot M_{NaHCO_3}}{V_{试液}} \qquad \rho_{Na_2CO_3} = \frac{V_1 \cdot C_{HCl} \cdot M_{Na_2CO_3}}{V_{试液}}$$

【仪器和试剂】

仪器：滴定管，容量瓶（100mL），小烧杯（100mL），锥形瓶（250mL）。

试剂：HCl 标准溶液（0.1mol/L），甲基橙水溶液（1g/L），酚酞乙醇溶液（1g/L），混合碱试液（NaOH 和 Na_2CO_3 或 Na_2CO_3 和 NaHCO$_3$）。

【实验内容】

1. 试液的配制

准确称取混合碱试样 0.5g 于小烧杯中，加 30mL 去离子水使其溶解，必要时适当加热。冷却后，将溶液定量转移至 100mL 容量瓶中，稀释至刻度并摇匀。

2. 混合碱中各组分含量的测定

准确移取 10.00mL 上述试液于锥形瓶中，加入 2 滴酚酞指示剂，用 HCl 标准溶液滴定 [边滴加边充分摇动，以免局部 Na_2CO_3 直接被滴至 H_2CO_3（CO_2 和 H_2O）] 至溶液由红色变为无色，此时即为第一个终点，记下所用 HCl 体积 V_1（用酚酞指示剂作终点时，最好以 NaHCO$_3$ 溶液滴入相等量指示剂做对照确定）。再加 1～2 滴甲基橙指示剂，继续用 HCl 滴定，溶液由黄色变为橙色，即为第二个终点，记下所用 HCl 溶液的体积 V_2。计算各组分的含量，平行测定三次。测定相对平均偏差小于 0.4%。

3. 混合碱总碱量的测定

准确移取 10.00mL 上述试液于锥形瓶中，加入 1～2 滴甲基橙指示剂，用 HCl 标准溶液滴定至溶液由黄色变为橙色即为终点。计算混合碱的总碱度 $w(Na_2O)$，平行测定三次。测定相对平均偏差小于 0.4%。

4. 实验记录与数据处理

多次实验数据记录见表 4-19。

表 4-19　多次实验数据记录

项目　　　　　　　　　　次数	1	2	3
滴定时移取混合碱体积 $V_{试液}$/mL			
C_{HCl}/(mol/L)			
V_{HCl}/mL			
ρ_{NaOH}			
$\rho_{Na_2CO_3}$			
ρ_{NaHCO_3}			
$\rho_{Na_2CO_3}$			
w_{Na_2O}			
相对平均偏差			

【实验说明】

1. 混合碱是 NaOH 和 Na_2CO_3 组成时，酚酞指示剂可适当多加几滴，否则常因滴定不完全使 NaOH 的测定结果偏低，Na_2CO_3 的测定结果偏高。

2. 近终点时，要充分摇动，以防形成 CO_2 的过饱和溶液而使终点提前到达。

【思考题】

1. 采用双指示剂法测定混合碱时，在同一份溶液中测定，试判断下列五种情况中混合碱的成分各是什么？

(1) $V_1 = 0$，$V_2 \neq 0$；(2) $V_1 \neq 0$，$V_2 = 0$；(3) $V_1 > V_2$；(4) $V_1 < V_2$；(5) $V_1 = V_2$

2. 用 HCl 滴定混合碱液时，将试液在空气中放置一段时间后滴定，将会给测定结果带来什么影响？若到达第一化学计算点前，滴定速度过快或摇动不均匀，对测定结果有何影响？

实验 16　非水滴定法测定硫酸阿托品原料药含量

【目的要求】

掌握非水滴定测定药物含量的原理和操作。

【实验原理】

硫酸阿托品结构示意如下。

阿托品具有一定弱碱性，在水溶液中进行滴定时，没有明显的滴定突跃，难于掌握滴定终点。选择某些适当的非水溶剂（如冰醋酸）为滴定介质，可以增加弱碱性化合物的相对碱度，用强酸（如高氯酸）进行滴定。按干燥品计算，含 $(C_{17}H_{23}NO_3)_2 \cdot H_2SO_4$ 不得少于 98.5%。

【仪器和试剂】

仪器：分析天平、滴定装置、量筒、吸量管。

试剂：硫酸阿托品原料药、0.1mol/L 高氯酸滴定液、冰醋酸、醋酐、结晶紫指示液。

【实验内容】

1. 溶液配制

① 0.1mol/L 高氯酸滴定液：取无水冰醋酸（按含水量计算，每 1g 水加醋酐 5.22mL）750mL，加入高氯酸（70%～72%）8.5mL，摇匀，在室温下缓缓滴加醋酐 23mL，边加边摇，加完后再振摇均匀，放冷，加无水冰醋酸适量使成 1000mL，摇匀，放置 24h。若所测供试品易乙酰化，则需用水分测定法测定本液的含水量，再用水和醋酐调节至本液的含水量为 0.01%～0.2%。

② 结晶紫指示液：取结晶紫 0.5g，加冰醋酸 100mL 使溶解，即得。

2. 含量测定

准确取本品约 0.5g，加冰醋酸与醋酐各 10mL 溶解后，加结晶紫指示液 1～2 滴，用高氯酸滴定液（0.1mol/L）滴定至溶液显纯蓝色，并将滴定的结果用空白试验校正。每 1mL 高氯酸滴定液（0.1mol/L）相当于 67.68mg 的（$C_{17}H_{23}NO_3$）$_2$ · H_2SO_4。

$$含量\% = \frac{(V-V_0)F}{W} \times 1$$

式中，V 为滴定供试液所消耗的高氯酸滴定液体积；V_0 为滴定空白试液所消耗的高氯酸滴定液体积；F 为 67.68mg/mL；W 为供试品质量。

3. 数据处理

硫酸阿托品原料药含量的测定见表 4-20。

表 4-20　硫酸阿托品原料药含量的测定

测定次数	1	2	3
V_0/mL			
V/mL			
W/mg			
含量/%			
含量平均值/%			
标准偏差/%			
相对标准偏差/%			

【实验说明】

1. 冰醋酸有刺激性，高氯酸与有机物接触，遇热极易引起爆炸，和醋酐混合时易发生剧烈反应放出大量热，因此，配制高氯酸滴定液时，应先将高氯酸用冰醋酸稀释后再在不断搅拌下缓缓滴加适量醋酐，量取高氯酸的量筒不得量醋酐，以免引起爆炸。

2. 温度变化对滴定介质冰醋酸影响较大，滴定温度应控制在 20℃ 以上。若滴定样品与标定高氯酸滴定液时的温度差别超过 10℃，则应重新标定高氯酸滴定液；若未超过 10℃，则需根据下式将高氯酸滴定液的浓度加以校正。

$$C_1 = \frac{C_0}{1+0.0011(t_1-t_0)}$$

3. 所有仪器，供试品中均不得有水分存在，所用的试剂的含水量均应在 0.2% 以下，必要时常加入适量的醋酐以脱水。

冰醋酸在使用前，宜做空白试验。方法：取冰醋酸 5～10mL 于 50mL 锥形瓶中，加结晶紫指示液 1 滴，应为紫色，加高氯酸滴定液（0.1mol/L）1 滴，即应变为黄绿色，若为蓝色，则表示有水分存在，可加醋酐脱水，或加醋酐后重蒸一次。

4. 冰醋酸有挥发性，所以高氯酸滴定液应密闭储存。滴定液装入滴定管后，其上方宜用一干燥小烧杯盖上，最好采用自动滴定管进行滴定，以避免与空气中的二氧化碳以及水蒸气直接接触而产生干扰，亦可防止溶剂冰醋酸的挥发。

5. 若加冰醋酸后不易很快溶解的供试品，最好采用振摇溶解，或加温热促使溶解，但需放冷至室温才能进行滴定。

6. 在所有的滴定中，均需同时另做空白试验，以消除试剂引入的误差。

【思考题】

本实验中醋酐的作用？冰醋酸为什么可以增加阿托品的相对碱度？滴定弱酸时如何选择溶剂和滴定液？除了酸碱滴定外，非水滴定还有哪些类型？

4.2.3　配位滴定操作技术

🧪 **实验 17**　EDTA 标准溶液的配制、标定与自来水硬度的测定

【目的和要求】

1. 掌握 EDTA 标准溶液的配制和标定的原理与方法。
2. 掌握络合滴定法的条件选择、指示剂的使用及其变色原理。
3. 了解水硬度的概念和表示方法以及测定的意义。
4. 理解 EDTA 法测定水中钙、镁含量的原理和方法。

【实验原理】

由于乙二胺四乙酸（简称 EDTA，常用 H_4Y 表示）常温下溶解度为 0.2g/L（约 0.0007 mol/L），难溶于水，因此，分析中常用乙二胺四乙酸二钠盐（$Na_2H_2Y \cdot 2H_2O$）（溶解度为 120g/L）配制标准溶液，其水溶液的 pH 值约为 4.4。

市售 EDTA 中的水分含量一般为 $0.3\% \sim 0.5\%$，可在 80℃时干燥 12h 除去。若在 120℃下烘干，即得到不含结晶水的 Na_2H_2Y。但通常不用此方法，原因是不含结晶水的 EDTA，其吸湿性很强。此外，市售的 EDTA 常含有少量杂质，配制所用的水和其他试剂也常含有金属离子，因此，常采用间接配制法配制 EDTA 的标准溶液。

标定 EDTA 溶液常用的基准物有 Zn、ZnO、$ZnSO_4 \cdot 7H_2O$、$CaCO_3$、Bi、Cu、CuO、$MgSO_4 \cdot 7H_2O$、Hg、Ni、Pb、Pd 等。为了保证滴定条件一致，减小误差，通常选用其中与被测物组分相同的物质作为基准物。例如，EDTA 溶液若用于测定石灰石或白云石中 CaO、MgO 的含量，则宜用 $CaCO_3$ 为基准物。

天然水的硬度主要由 Ca^{2+}、Mg^{2+} 组成，分为水的总硬度和钙、镁硬度，前者是指 Ca^{2+}、Mg^{2+} 总量，后者则分别为 Ca^{2+}、Mg^{2+} 的含量。

水的总硬度的表示方法很多，但常用的有两种，一是用"德国度（°）"表示，即将水中的 Ca^{2+}、Mg^{2+} 折合为 CaO 来计算，每升水含 10mg CaO 就称为 1 德国度。另一种方法是用"mg/L（$CaCO_3$）"表示，它是将每升水所含的 Ca^{2+}、Mg^{2+} 都折合成 $CaCO_3$ 的毫克数。

按照"德国度（°）"表示水硬度的方法，可将天然水分为以下几类。$0° \sim 4°$ 称为极软水，$4° \sim 8°$ 称为软水，$8° \sim 16°$ 称为中等软水，$16° \sim 30°$ 称为硬水，$30°$ 以上称为极硬水。

目前，我国常用硬度表示方法有两种，一种是用 $CaCO_3$ 的质量浓度 $\rho(CaCO_3)$ 表示水中 Ca^{2+}、Mg^{2+} 的含量，单位是 mg/L；另一种是用 $c(Ca^{2+} + Mg^{2+})$ 来表示水中 Ca^{2+}、Mg^{2+} 含量，单位是 mmol/L。计算公式如下。

$$\rho_{CaCO_3} = \frac{c_{EDTA} \cdot V_{EDTA} \cdot M_{CaCO_3}}{V_水} \times 1000 \text{mg/L}$$

$$c_{Ca^{2+} + Mg^{2+}} = \frac{c_{EDTA} \cdot V_{EDTA}}{V_水} \text{mmol/L}$$

式中　$V_水$——水样体积，mL。

水的总硬度的测定：在 pH＝10 的氨性缓冲溶液中，以铬黑 T 为指示剂，用 EDTA 标准溶液滴定。此时，铬黑 T 和 EDTA 都能与 Ca^{2+}、Mg^{2+} 生成络合物，其稳定次序为：$CaY^{2-} > MgY^{2-} > MgIn^- > CaIn^-$，因此，加入铬黑 T 后，它首先与 Mg^{2+} 结合，生成酒红色络合物。当滴入 EDTA 时，EDTA 则先与游离的 Ca^{2+} 络合，然后与游离的 Mg^{2+} 络合，最后夺取铬黑 T 络合物中的 Mg^{2+}，使铬黑 T 游离出来，终点溶液由酒红色变为纯蓝

色。滴定时，对于 Fe^{3+}、Al^{3+} 等干扰离子需用三乙醇胺掩蔽。

铬黑 T 与 Mg^{2+} 显色灵敏度高，与 Ca^{2+} 显色灵敏度较低，故当水样中 Mg^{2+} 含量低时，往往不能得到敏锐的终点。这时可在 EDTA 标准溶液中加入适量的 Mg^{2+}（滴定前加入 Mg^{2+} 对终点没有影响）或者在缓冲溶液中加入一定量 Mg^{2+}-EDTA 盐，利用置换滴定法的原理来提高终点变色的敏锐性。

用此法测定钙硬度时，先用 NaOH 溶液调节溶液的 $pH \geqslant 12$，使 Mg^{2+} 形成 $Mg(OH)_2$ 沉淀，再加入钙指示剂，用 EDTA 滴定至由钙指示剂-Ca^{2+} 络合物的红色转变为钙指示剂的蓝色，即为终点。

络合滴定中所用的水，应不含 Fe^{3+}、Cu^{2+}、Mg^{2+} 等杂质离子。

【仪器和试剂】

1. 仪器

烧杯（100mL）、容量瓶（250mL）、锥形瓶（250mL）、移液管（25mL、50mL）、玻璃棒、量筒（10mL）、称量瓶、分析天平。

2. 试剂

(1) EDTA（$Na_2H_2Y \cdot 2H_2O$，相对分子量 372.24）。

(2) pH=10 的缓冲溶液：称取 20g NH_4Cl 固体溶解于蒸馏水中，加 100mL 原装氨水，用水稀释至 1L。

(3) 铬黑 T（EBT）（5g/L）：称取 0.5g 铬黑 T，溶于 25mL 三乙醇胺与 75mL 无水乙醇的混合溶液中，低温保存，有效期约 100d。

(4) 钙指示剂（0.05g/L）：称取 0.005g 钙指示剂，溶于 25mL 三乙醇胺与 75mL 无水乙醇的混合溶液中，低温保存，有效期约 100d。

(5) 二甲酚橙指示剂（2g/L）：称取 0.2g 二甲酚橙，加蒸馏水 100mL 使溶解即得。低温保存，有效期约半年。

(6) $CaCO_3$ 基准试剂：120℃干燥 2h。

(7) ZnO（GR 或 AR）或锌片（纯度 99.9%）。

(8) 盐酸（6mol/L）：市售浓盐酸与蒸馏水等体积混合。

(9) NaOH 溶液（6mol/L）。

(10) 三乙醇胺溶液（200g/L）：市售三乙醇胺与蒸馏水按体积比 1∶2 混合。

(11) NH_3 溶液（7mol/L）：市售浓氨水与蒸馏水等体积混合。

(12) 六亚甲基四胺溶液（200g/L）：在 200mL 水中溶解六亚甲基四胺 40g，加浓 HCl 10mL，再加水稀释至 1L。

(13) 甲基红（1g/L，60%乙醇溶液）。

(14) Mg^{2+}-EDTA 溶液：先配制 0.05mol/L $MgCl_2$ 溶液和 0.05mol/L EDTA 溶液各 500mL，然后在 pH=10 的氨性条件下，以铬黑 T 为指示剂，用 EDTA 溶液滴定 $MgCl_2$ 溶液，按所得比例把 EDTA 溶液和 $MgCl_2$ 溶液混合，确保 $n_{Mg^{2+}} : n_{EDTA} = 1 : 1$。

【实验内容】

1. 0.01mol/L EDTA 溶液的配制

在电子称上称取乙二胺四乙酸二钠 1.8~2.0g，溶解于 200mL 温水中，稀释至 500mL，如混浊，应过滤。转移至 500mL 细口瓶中，摇匀。

2. 以 $CaCO_3$ 为基准物标定 EDTA 溶液

(1) 钙标准溶液的配制：置碳酸钙基准物于称量瓶中，在 110℃干燥 2h，置于干燥器中冷却后，准确称取 0.20～0.25g（称准到小数点后第四位，为什么？）于 100mL 洁净的小烧杯中，加少量蒸馏水润湿，盖上表面皿，再从杯嘴边逐滴加入（注意！为什么？）约 10mL 6mol/L HCl 溶液至完全溶解，用水把可能溅到表面皿上的溶液淋洗入杯中，加热接近沸腾，待冷却后移入 250mL 容量瓶中，稀释至刻度，摇匀，计算 Ca^{2+} 标准溶液的浓度。

(2) 标定：用移液管移取 25.00mL 钙标准溶液，置于锥形瓶中，加 1 滴 1g/L 甲基红，再滴加 7mol/L 氨水至溶液由红变黄。再加入约 20mL 蒸馏水、5mLMg^{2+}-EDTA 溶液、10mLNH$_3$-NH$_4$Cl 缓冲液、2～3 滴 5g/L 铬黑 T 指示剂，摇匀后，用 EDTA 溶液滴定至由酒红色变至纯蓝色，即为终点。平行滴定 3 份，计算 EDTA 的准确浓度。

3. 以 Zn 或 ZnO 为基准物标定 EDTA 溶液

(1) 锌标准溶液的配制：准确称取基准锌片 0.15～0.20g 于 50mL 洁净的烧杯中，加入约 5mL 6mol/L HCl 溶液，立即盖上表面皿，待锌片完全溶解后（必要时，可稍加热），以少量蒸馏水冲洗表面皿，将溶液定量转移至 250mL 容量瓶中，用蒸馏水稀释至刻度并摇匀，计算 Zn^{2+} 标准溶液的浓度。

准确称取在 800～1000℃ 烧过（需 20min 以上）的基准物 ZnO 0.5～0.6g 于 100mL 烧杯中，用少量水润湿，然后逐滴加入 6mol/L HCl，边加边搅拌至完全溶解。将溶液定量转移至 250mL 容量瓶中，稀释至刻度并摇匀，计算 Zn^{2+} 标准溶液的浓度。

(2) 标定：移取 25.00mL 锌标准溶液于 250mL 锥形瓶中，加 2～3 滴二甲酚橙指示剂，然后滴加 200g/L 六亚甲基四胺溶液至呈稳定的紫红色后，再多加 5mL 六亚甲基四胺溶液，用 EDTA 溶液滴定至溶液由红紫色变亮黄色，即为终点。平行滴定 3 份，计算 EDTA 溶液的准确浓度。

4. 自来水总硬度的测定

取一洁净大烧杯或试剂瓶接自来水 500～1000mL，用移液管准确移取水样 100.00mL 于 250mL 锥形瓶中，加入 1～2 滴 6mol/L HCl 使之酸化，并煮沸数分钟除去 CO_2，冷却后加入 200g/L 三乙醇胺溶液 5mL，pH≈10 氨性缓冲溶液 5mL，2～3 滴铬黑 T 指示剂，摇匀，用 EDTA 标准溶液滴定至溶液由酒红色转变为纯蓝色即为终点，记下消耗 EDTA 体积 V_1。平行滴定 3 份，计算水的总硬度。

5. 钙硬度的测定

用移液管准确移取水样 100mL 于 250mL 锥形瓶中，加入 6mol/L NaOH 溶液 2mL、4～5 滴钙指示剂，摇匀，此时溶液呈酒红色。用 EDTA 标准溶液滴定至溶液呈纯蓝色即为终点。记下消耗 EDTA 体积 V_2。平行滴定 3 份，计算水的钙硬度和镁硬度。

6. 数据记录与处理

EDTA 溶液浓度的标定见表 4-21，自来水总硬度的测定见表 4-22，自来水钙硬度和镁硬度的测定见表 4-23。

表 4-21　EDTA 溶液浓度的标定

记录项目	测定序号	1	2	3
称量瓶＋基准物质质量(倒出前)/g				
称量瓶＋基准物质质量(倒出后)/g				
基准物质质量/g				
EDTA 溶液的用量	初读数/mL			
	终读数/mL			
	滴定消耗/mL			
EDTA 溶液的浓度/(mol/L)				
EDTA 溶液的浓度平均值/(mol/L)				
相对平均偏差				

表 4-22　自来水总硬度的测定

记录项目 \ 测定序号		1	2	3
取水量/mL				
EDTA 溶液的用量	初读数/mL			
	终读数/mL			
	滴定消耗/mL			
自来水总硬度/mg(CaCO₃)/L				
自来水总硬度平均值/(mol/L)				
相对平均偏差				

表 4-23　自来水钙硬度和镁硬度的测定

记录项目 \ 测定序号		1	2	3
取水量/mL				
EDTA 溶液的用量	初读数/mL			
	终读数/mL			
	滴定消耗/mL			
自来水钙硬度/(mmol/L)				
自来水钙硬度平均值/(mmol/L)				
相对平均偏差				
自来水镁硬度/(mmol/L)				

【实验说明】

1. 络合反应进行的速度较慢（不像酸碱反应能在瞬间完成），故滴定时加入 EDTA 溶液的速度不能太快，在室温低时，尤其要注意。特别是最接近终点时，应逐滴加入，并充分振摇。

2. 络合滴定中，加入指示剂的量是否适当对于终点的观察十分重要，宜在实践中总结经验，加以掌握。

3. 若水样不清，则必须过滤，过滤所用的器皿和滤纸必须是干燥的，最初的滤液需弃去。

4. 若水中含有铜、锌、锰、铁、铝等离子，则会影响测定结果，可加入 1‰ Na_2S 溶液 1mL 使 Cu^{2+}、Zn^{2+} 等成硫化物沉淀，过滤。锰的干扰可加入盐酸羟胺消除。

5. 在氨性缓冲液中，$Ca(HCO_3)_2$ 含量较高时，可能慢慢析出 $CaCO_3$ 沉淀，使滴定终点拖长，变色不敏锐，所以滴定前最好将溶液酸化，煮沸除去 CO_2，注意 HCl 不可多加，否则影响滴定时溶液的 pH 值。

【思考题】

1. 为什么通常使用乙二胺四乙酸二钠盐配制 EDTA 标准溶液，而不用乙二胺四乙酸？

2. 以 HCl 溶液溶解 $CaCO_3$ 基准物时，操作中应注意些什么？

3. 以 $CaCO_3$ 为基准物，以钙指示剂为指示剂标定 EDTA 溶液时，应控制溶液的酸度为什么？为什么？怎样控制？

4. 以 ZnO 为基准物，以二甲酚橙为指示剂标定 EDTA 溶液浓度的原理是什么？溶液的 pH 值应控制在什么范围？若溶液为强酸性，应如何调节？

5. 络合滴定法与酸碱滴定法相比较，有哪些不同点？操作中应注意哪些问题？

6. 什么叫水的硬度？水的硬度单位有几种表示方法？

实验 18　混合溶液中 Bi^{3+}、Pb^{2+} 含量的连续测定

【目的和要求】

1. 了解酸度对 EDTA 络合滴定选择性的影响。

2. 熟悉二甲酚橙指示剂的应用。

3. 掌握用 EDTA 进行连续滴定的方法。

【实验原理】

混合离子的滴定常用控制酸度法、掩蔽法进行。Bi^{3+}、Pb^{2+} 均能与 EDTA 形成稳定的 1∶1 络合物，它们的 $\lg K$ 分别为 27.94 和 18.04。由于两者的 $\lg K$ 相差很大，故可利用酸效应，在不同的酸度下进行分别滴定。在 pH≈1 时滴定 Bi^{3+}，在 pH≈5～6 时滴定 Pb^{2+}。

在 Bi^{3+} 与 Pb^{2+} 混合溶液中，首先调节溶液的 pH≈1，以二甲酚橙为指示剂，Bi^{3+} 与指示剂形成紫红色络合物（Pb^{2+} 在此条件下不会与二甲酚橙形成有色络合物），用 EDTA 标液滴定 Bi^{3+}，当溶液由紫红色恰变为黄色，即为滴定 Bi^{3+} 的终点。

$$Bi^{3+}+H_2Y^{2-} =\!=\!= BiY^- +2H^+$$

在滴定 Bi^{3+} 后的溶液中，加入六亚甲基四胺溶液，调节溶液 pH 值为 5～6，此时，Pb^{2+} 与二甲酚橙形成紫红色络合物，溶液再次呈现紫红色，然后用 EDTA 标液继续滴定，当溶液由紫红色恰转变为黄色时，即为滴定 Pb^{2+} 的终点。

$$Pb^{2+}+H_2Y^{2-} =\!=\!= PbY^{2-} +2H^+$$

实验中所用的二甲酚橙为三苯甲烷显色剂，易溶于水，有 7 级酸式离解，其中，H_7In 至 H_3In^{4-} 呈黄色，H_2In^{5-} 至 In^{7-} 呈红色，因此它在水溶液中的颜色随酸度而改变，在 pH<6.3 时呈黄色，在 pH>6.3 时呈红色。二甲酚橙与 Bi^{3+}、Pb^{2+} 所形成的配合物呈紫红色，它们的稳定性比 Bi^{3+}、Pb^{2+} 和 EDTA 所形成的配合物要低，而且 $K_{Bi-XO}>K_{Pb-XO}$。

【仪器和试剂】

1. 仪器

锥形瓶（250mL）、移液管（25mL）、量筒（10mL）、称量瓶、分析天平、滴定管（50mL）。

2. 试剂

(1) EDTA 标准溶液（0.01～0.015mol/L）。

(2) 二甲酚橙指示剂（2g/L 水溶液）。

(3) 六亚甲基四胺溶液（200g/L）。

(4) HCl 溶液（6mol/L）。

(5) 2mol/L NaOH 溶液。

(6) 6mol/L HNO_3 溶液。

(7) 0.1mol/L HNO_3 溶液。

(8) Bi^{3+} 与 Pb^{2+} 混合液（含 Bi^{3+}，Pb^{2+} 各约 0.01mol/L）：称取 49g $Bi(NO_3)_3 \cdot 5H_2O$，33g $Pb(NO_3)_2$，转入含 312mL HNO_3 的烧杯中，在电炉上微热溶解后，稀释至 10L。

【实验内容】

1. EDTA 标准溶液的标定：参见实验 16。

2. Bi^{3+} 与 Pb^{2+} 混合液的测定：准确移取 25.00mL Pb^{2+}、Bi^{3+} 混合液于 250mL 锥形瓶

中，加入 1～2 滴二甲酚橙指示剂，用 EDTA 标液滴定至溶液由紫红色恰变为黄色，即为 Bi^{3+} 的终点。记下 V_1（EDTA），计算混合液中 Bi^{3+} 的含量（以 $\rho_{Bi^{3+}}/(g/L)$ 表示）。平行滴定 3 份，计算平均值。

在滴定 Bi^{3+} 后的溶液中，补加 2 滴二甲酚橙指示剂，并逐滴滴加 200g/L 六亚甲基四胺溶液，至溶液呈紫红色，再多加入 5mL，此时溶液的 pH 值约 5～6。用 EDTA 标准溶液滴定至溶液由紫红色恰变为黄色，即为终点。记下 V_2（EDTA），根据滴定结果，计算混合液中 Pb^{2+} 的含量（以 $\rho_{Pb^{2+}}/(g/L)$ 表示）。如此平行滴定 3 份，计算平均值。

3. 数据记录与处理

EDTA 溶液浓度的标定见表 4-24，Bi^{3+} 的测定见表 4-25，Pb^{2+} 的测定见表 4-26。

表 4-24　EDTA 溶液浓度的标定

记录项目	测定序号	1	2	3
称量瓶＋基准物质质量(倒出前)/g				
称量瓶＋基准物质质量(倒出后)/g				
基准物质质量/g				
EDTA 溶液的用量	初读数/mL			
	终读数/mL			
	滴定消耗/mL			
c(EDTA)/(mol/L)				
$\bar{c}$(EDTA)/(mol/L)				
相对平均偏差 $\bar{d}_r$/%				

表 4-25　Bi^{3+} 的测定

记录项目	测定序号	1	2	3
取样量/mL				
EDTA 溶液的用量	初读数/mL			
	终读数/mL			
	滴定消耗/mL			
$\rho(Bi^{3+})/(g/L)$				
$\bar{\rho}(Bi^{3+})/(g/L)$				
相对平均偏差 $\bar{d}_r$/%				

表 4-26　Pb^{2+} 的测定

记录项目	测定序号	1	2	3
取样量/mL				
EDTA 溶液的用量	初读数/mL			
	终读数/mL			
	滴定消耗/mL			
$\rho(Pb^{2+})/(g/L)$				
$\bar{\rho}(Pb^{2+})/(g/L)$				
相对平均偏差 $\bar{d}_r$/%				

【实验说明】

1. 在测定 Bi^{3+} 和 Pb^{2+} 时一定要注意控制溶液合适的 pH 值条件。

2. 滴加六亚甲基四胺溶液至试液呈稳定的紫红色后应再过量滴加 5mL。

3. 滴定时试液颜色变化为紫红色到红色到橙黄色到黄色。

【思考题】

1. 滴定溶液中 Bi^{3+} 和 Pb^{2+} 时，溶液酸度各控制在什么范围？怎样调节？

2. 能否在同一份试液中先滴定 Pb^{2+}？然后滴定 Bi^{3+}？

实验 19 铝合金中铝含量的测定

【目的和要求】

1. 熟悉返滴定法和置换滴定法的原理与计算。

2. 了解控制溶液的酸度、温度和滴定速度在络合滴定中的重要性。

【实验原理】

虽然 Al^{3+}-EDTA 络合物的稳定常数较大，但 Al^{3+} 易水解形成多核羟基络合物，并且 Al^{3+} 与 EDTA 络合速度较慢，因此不能直接用 EDTA 滴定，一般采用返滴定法或置换滴定法测定铝。采用置换滴定法时，先调节 pH 值为 3.5，加入过量的 EDTA 溶液，煮沸，使 Al^{3+} 与 EDTA 络合完全，冷却后，再调节溶液的 pH 值为 5～6，以二甲酚橙为指示剂，用 Zn^{2+} 标准溶液返滴定过量的 EDTA，根据所用 EDTA 与 Zn^{2+} 的量的差可求得 Al^{3+} 的浓度。但若溶液中存在其他能与 EDTA 形成稳定络合物的离子，则测定结果会有较大误差。对于这种情况，采用置换滴定法较合适。即在用 Zn^{2+} 标准溶液返滴定过量的 EDTA 后（不计体积），加入过量的 NH_4F，加热至沸，使 AlY^- 与 F^- 之间发生置换反应，并释放出与 Al^{3+} 等物质的量的 EDTA。

$$AlY^- + 6F^- + 2H^+ \mathrm{=\!\!=\!\!=} AlF_6^{3-} + H_2Y^{2-}$$

释放出来的 EDTA，再用 Zn^{2+} 标准溶液滴定至紫红色，即为终点。

试样中含 Ti^{4+}、Zr^{4+}、Sn^{4+} 等离子时，亦同时被滴定，对 Al^{3+} 的测定有干扰。大量 Fe^{3+} 对二甲酚橙指示剂有封闭作用，故本法不适合于含大量 Fe^{3+} 试样的测定。Fe^{3+} 含量不太高时，可用此法，但需控制 NH_4F 的用量，否则 FeY^- 也会部分被置换，使结果偏高，为此可加入 H_3BO_3，使过量 F^- 生成 BF_4^-，可防止 Fe^{3+} 的干扰。再者，加入 H_3BO_3 后，还可防止 SnY 中的 EDTA 被置换，因此，也可消除 Sn^{4+} 的干扰。大量 Ca^{2+} 在 pH 值为 5～6 时，也有部分与 EDTA 络合，使测定 Al^{3+} 的结果不稳定。

铝合金的主要成分为铝，还含有 Si，Mg，Cu，Mn，Fe，Zn 等元素，其中，铝的含量可用置换滴定法测定。试样通常用 HNO_3-HCl 混合酸溶解，或在塑料烧杯中以 NaOH 溶液溶解后再用 HCl 或 HNO_3 溶液酸化。

【仪器和试剂】

仪器：电子天平、移液管（25mL）、锥形瓶（250mL）、烧杯（250mL）、量筒（10mL，100mL）、滴定管（25mL）。

药品：200g/L NaOH 溶液、6mol/L HCl、0.02mol/L EDTA 溶液、7mol/L 氨水、200g/L 六亚甲基四胺、0.02mol/L Zn^{2+} 标准溶液、200g/L NH_4F 溶液。

【实验内容】

1. 铝合金试液的制备

准确称量 0.10～0.11g 铝合金于 50mL 塑料烧杯中，加入 10mL 200g/L NaOH 溶液，立即盖上表面皿，水浴加热，待试样完全溶解后，用水冲洗表面皿，然后滴加 6mol/L HCl

溶液将溶液至有絮状沉淀产生，再多加 10mL HCl 溶液。将试液定量转移至 250mL 容量瓶中，加蒸馏水稀释至刻度，摇匀。

2. 铝合金试液中铝含量的测定

准确移取 25.00mL 上述铝合金试液于 250mL 锥形瓶中，加入 30mL 0.02mol/L EDTA 溶液、2 滴二甲酚橙指示剂，此时溶液呈黄色。用 7mol/L 氨水调至溶液恰呈紫红色，然后滴加 6mol/L HCl 使溶液再变为黄色，将溶液煮沸 3min 左右，冷却，加入 20mL 200g/L 六亚甲基四胺溶液，此时溶液应呈黄色（若呈红色，可用 HCl 调节），再补加二甲酚橙指示剂 2 滴，用 0.02mol/L Zn^{2+} 标准溶液滴定至溶液从黄色刚好变为紫红色（此时，不计体积）。加入 10mL 200g/L NH_4F 溶液，将溶液加热至微沸，流水冷却，再补加 2 滴二甲酚橙指示剂，此时溶液应呈黄色（若呈红色，可用 HCl 调至黄色），再用 Zn^{2+} 标准溶液滴定至溶液由黄色变为紫红色时，即为终点，记下读数。根据消耗的 Zn^{2+} 标准溶液的体积，计算 Al 的质量分数。平行滴定 3 份，取平均值。

$$w_{Al} = \frac{c_{Zn^{2+}} \cdot V_{Zn^{2+}} \cdot M_{Al}}{\frac{25.00}{250.0} \times m_s}$$

3. 数据记录与处理

铝合金中铝含量的测定数据记录见表 4-27。

表 4-27　铝合金中铝含量的测定数据记录

项目 \ 测定序号		1	2	3
称量瓶＋试样质量(倒出前)/g				
称量瓶＋试样质量(倒出后)/g				
试样质量/g				
$c(Zn^{2+})/(mol/L)$				
$V_{待测液}$/mL				
Zn^{2+} 标液的用量	初读数/mL			
	终读数/mL			
	滴定消耗/mL			
$w(Al)/\%$				
$\bar{w}(Al)/\%$				
相对平均偏差 $\bar{d}_r/\%$				

【思考题】

1. 铝的测定为什么一般不采用 EDTA 直接滴定的方法？

2. 为什么加入过量 EDTA 后，第一次用锌标准溶液滴定时，可以不计消耗的体积？

3. 反滴定法测定简单试样中的 Al^{3+} 时，加入过量 EDTA 溶液的浓度是否必须准确？为什么？

实验 20　胃舒平药片中 $Al(OH)_3$ 和 MgO 含量的测定

【目的和要求】

1. 掌握药剂测定的前处理方法。

2. 掌握用反滴定法测定铝的原理和方法。

3. 掌握沉淀分离的操作技术。

【实验原理】

胃舒平药片的主要成分为氢氧化铝、三硅酸镁及少量中药颠茄液浸膏，由大量糊精等赋形剂制成片剂，药片中 Al、Mg 的含量可用 EDTA 配合滴定法测定。

测定原理是先将样品溶解，分离弃去水的不溶物质，然后取一份试液，调节 $pH=4$，定量加入过量的 EDTA 溶液，加热煮沸，使 Al^{3+} 与 EDTA 完全反应。

$$Al^{3+} + H_2Y^{2-}（准确过量）=\!\!=\!\!= AlY^- + 2H^+ + H_2Y^{2-}（剩余）$$
$$H_2Y^{2-}（剩余）+ Zn^{2+} =\!\!=\!\!= ZnY^{2-} + 2H^+$$

再以二甲酚橙为指示剂，用 Zn 的标准液返滴定过量 EDTA 而测定出 Al 的含量。另取一份溶液，调节 $pH=5.5$ 左右，使 Al 生成 $Al(OH)_3$ 沉淀分离后，再调节 $pH=10$，以铬黑 T 作为指示剂，用 EDTA 标准溶液滴定滤液中的 Mg。

$$Mg^{2+} + H_2Y^{2-} =\!\!=\!\!= MgY^{2-} + 2H^+$$

【仪器和试剂】

仪器：电子天平，电炉，研钵，滴定管（25mL），移液管（5mL），容量瓶（100mL），锥形瓶（250mL），小烧杯，量筒（50mL），滴定台。

试剂：EDTA 标准液（0.02mol/L），Zn^{2+} 标准液（0.02mol/L），二甲酚橙指示剂（0.2%），六亚甲基四胺溶液（20%），HCl 溶液（1:1），一水和氨溶液（1:1），三乙醇胺溶液（1:2），$NH_3 \cdot H_2O\text{-}NH_4Cl$ 缓冲溶液（$pH=10$），甲基红指示剂（0.2%乙醇溶液），铬黑 T 指示剂，$NH_4Cl(s)$，胃舒平药片。

【实验内容】

1. 样品处理

称取胃舒平药片 10 片研细，精密称取 2g 左右，加入 20mL HCl 溶液（1:1），加蒸馏水 100mL，煮沸，冷却后用布氏漏斗减压过滤，并以水洗涤沉淀，收集滤液及洗涤液于 250mL 容量瓶中，稀释至刻度，摇匀。

2. $Al(OH)_3$ 的测定

准确吸取上述溶液 5mL，加水至 25mL，滴加 $NH_3 \cdot H_2O$ 溶液（1:1）至刚出现混浊，再加 HCl 溶液（1:1）至沉淀恰好溶解，准确滴加 EDTA 溶液 25.00mL，再加入 20% 六亚甲基四胺溶液 10mL 煮沸 10min。冷却后加入滴加 2~3 滴二甲酚橙指示剂，以 Zn 标准溶液滴定至溶液由黄色变为红色，即为终点，平行测定 3 次。根据 EDTA 加入量与 Zn 标准液滴定体积，计算每片药片中 $Al(OH)_3$ 的质量分数。

3. MgO 的测定

吸取试液 25.00mL，滴加 $NH_3 \cdot H_2O$ 溶液（1:1）至刚出现混浊，再加 HCl 溶液（1:1）至沉淀恰好溶解，加入固体 NH_4Cl 2g，滴加 20% 六亚甲基四胺溶液至沉淀出现并过量 15mL，加热至 80℃，维持 10~15min，冷却后过滤，以少量蒸馏水洗涤沉淀数次，收集滤液及洗涤液于 250mL 容量瓶中，加入三乙醇胺溶液（1:2）10mL，缓冲溶液 10mL 及甲基红指示剂 1 滴，铬黑 T 指示剂少许，用 EDTA 标准溶液滴定至由暗红色变为蓝绿色，即为终点，计算每片药片中 MgO 的质量分数。

【实验说明】

1. 胃舒平药片试样中镁铝含量不均匀，为使测定的结果具有代表性，本实验取较多的样品量，研细后再取部分进行分析。

2. 用六亚甲基四胺溶液调节 pH 值比用氨水好，可以减少 $Al(OH)_3$ 对 Mg^{2+} 的吸附。

3. 测定镁时加入甲基红 1 滴，能使终点更为敏锐，易于判别。

4. 测定铝时，由于反应速度较慢，必须煮沸 10min，冷却后再进行滴定。

5. 胃舒平药片应碾细，酸溶样品时，需煮沸溶液，但必须放冷后再碱性滴定，否则会造成分离困难。

【思考题】

1. 在分离铝后的滤液中测定镁时为什么要加入三乙醇胺溶液？

2. 采用掩蔽铝的方法测定镁时，可选择哪些物质做掩蔽剂？如何控制条件？

3. 在测定铝时为什么不采用直接滴定法？

4. 实验中为什么要称取大样混合后再称取小部分样品进行测定？

4.2.4 氧化还原滴定操作技术

 **实验 21** KMnO₄ 溶液的配制、标定与 H₂O₂ 含量的测定

【目的和要求】

1. 掌握 $KMnO_4$ 标准溶液的配制方法和保存方法。

2. 掌握用 $Na_2C_2O_4$ 标定 $KMnO_4$ 溶液浓度的方法和注意事项。

3. 熟悉用 $KMnO_4$ 标准溶液测定 H_2O_2 含量的方法。

4. 掌握液体样品的取样方法及液体样品含量的表示方法。

【实验原理】

市售的 $KMnO_4$ 常含有少量杂质，如 Cl^-、SO_4^{2-} 和 NO_3^- 等。另外，由于 $KMnO_4$ 的氧化性很强，稳定性不高，在生产、储存及配制成溶液的过程中易与其他还原性物质作用，例如，配制时与水的还原性杂质作用等。因此，$KMnO_4$ 不能直接配制成标准溶液，必须进行标定。

先粗略地配制成所需浓度的溶液，在暗处放置 7~10d，使水中的还原性杂质与 $KMnO_4$ 充分作用，待溶液浓度趋于稳定后，将还原产物 MnO_2 过滤除去，溶液储存于棕色瓶中，再标定和使用。已标定过的 $KMnO_4$ 溶液在使用一段时间后必须重新标定。

标定 $KMnO_4$ 溶液用基准试剂有 $H_2C_2O_4 \cdot 2H_2O$、$Na_2C_2O_4$、As_2O_3 和纯铁丝等。实验室常用 $H_2C_2O_4 \cdot 2H_2O$ 和 $Na_2C_2O_4$。$Na_2C_2O_4$ 不含结晶水，容易提纯。

在热的酸性溶液中，$KMnO_4$ 和 $H_2C_2O_4$ 的反应如下。

$$2MnO_4^- + 5H_2C_2O_4 + 6H^+ = 2Mn^{2+} + 10CO_2\uparrow + 8H_2O$$

反应开始较慢，待溶液中产生 Mn^{2+} 后，由于 Mn^{2+} 的催化作用，反应越来越快。

滴定温度不应低于 60℃，如果温度太低，开始的反应速度太慢。但也不能过高，温度高于 90℃，草酸会分解。$H_2C_2O_4 \longrightarrow CO_2\uparrow + H_2O + CO\uparrow$

H_2O_2 在工业、生物、医药等方面应用很广。利用 H_2O_2 的氧化性漂白毛、丝织物；医药上常用于消毒和杀菌；纯 H_2O_2 用作火箭燃料的氧化剂；工业上利用 H_2O_2 的还原性除去氯气。$H_2O_2 + Cl_2 = 2Cl^- + 2H^+ + O_2$

植物体内的过氧化氢酶也能催化 H_2O_2 的分解反应，故在生物上利用此性质测量 H_2O_2 分解所放出的氧来测量过氧化氢酶的活性，由于 H_2O_2 有着广泛的应用，常需要测定它的含量。

H_2O_2 样品若是工业样品，用 $KMnO_4$ 法测定不合适，因为产品中常加有少量乙酰苯胺

等有机物做稳定剂，滴定时也要消耗 $KMnO_4$ 溶液，引起方法误差，如遇此情况，应采用碘量法或铈量法进行滴定

H_2O_2 分子中有一个过氧键—O—O—，在酸性溶液中它是一个强氧化剂。但遇 $KMnO_4$ 表现为还原剂。在稀 H_2SO_4 溶液中，H_2O_2 在室温条件下，能定量地被 $KMnO_4$ 氧化而生成 O_2 和 H_2O，其反应式如下。

$$5H_2O_2 + 2MnO_4^- + 6H^+ = 2Mn^{2+} + 5O_2 + 8H_2O$$

$$n_{H_2O_2} : n_{KMnO_4} = 5 : 2$$

$$n_{H_2O_2} = 5/2 n_{KMnO_4}$$

为了加快反应速度，加入 $MnSO_4$ 作为催化剂。

【仪器和试剂】

仪器：量筒（100mL），锥形瓶（250mL），烧杯（50mL、100mL），量筒（25mL），移液管（10mL），滴定管（25mL），容量瓶（250mL），容量瓶（100mL），吸量管（5mL），恒温水浴锅。

试剂：$Na_2C_2O_4$，H_2SO_4（1:5），$KMnO_4$（0.02mol/L），H_2O_2，$MnSO_4$（1mol/L，摩尔质量151.00，称取7.6g，溶解、定容至50mL）。

【实验内容】

1. 标定

标定 $KMnO_4$ 溶液常用 $Na_2C_2O_4$ 为基准物质，$Na_2C_2O_4$ 不含结晶水，容易精制，标定反应如下。

$$2MnO_4^- + 5C_2O_4^{2-} + 16H^+ = 2Mn^{2+} + 10CO_2 \uparrow + 8H_2O$$

滴定时利用 MnO_4^- 本身的颜色指示终点。

准确称取 0.15～0.20g 105℃±1℃ 烘 2h 的 $Na_2C_2O_4$ 于 250mL 的锥形瓶中，加水约20mL 使之溶解，再加 15mL（1:5）（2mol/L）H_2SO_4 溶液，并加热到 75～85℃，趁热用 $KMnO_4$ 滴定，平行做 3 份。根据每份滴定中 $Na_2C_2O_4$ 质量和消耗的 $KMnO_4$ 溶液的毫升数，计算 $KMnO_4$ 溶液的浓度，相对平均偏差不大于 0.2%，否则需重做。

为使反应能迅速、定量地进行，应注意下述滴定条件。

① 温度：75～85℃

温度高于90℃时容易分解：$H_2C_2O_4 = CO_2 + CO + H_2O$

温度低于60℃时，反应变慢，误差增大。

② 酸度。

开始：0.5～1mol/L，酸度不够，容易生成 MnO_2 沉淀（棕色浑浊，应立即加入 H_2SO_4 补救，但若已经达到终点，则加 H_2SO_4 已无效，应重做），酸度过高又会促使 $H_2C_2O_4$ 分解。

结束：0.2～0.5mol/L。

③ 滴定速度：开始时 $KMnO_4$ 溶液加入后褪色很慢，待第一滴溶液褪色后再加入第二滴，继续滴定至溶液出现微红色并保持30s不褪色即为终点。

2. 测定

用吸量管吸取 1.00mL30% H_2O_2 置于 250mL 容量瓶中，加水稀释至刻度，充分摇匀。用移液管移取 25.00mL 该溶液置于 250mL 锥形瓶中，加 60mL 水，30mL H_2SO_4，加入 2 滴 $MnSO_4$，用 $KMnO_4$ 标准溶液滴定溶液至微红色在半分钟内不消失即为终点，计算 H_2O_2 的含量。

3. 数据处理

实验数据记录见表 4-28。

表 4-28 实验数据记录

数据	Ⅰ	Ⅱ	Ⅲ
m_1/g			
m_2/g			
$m_{基}/\mathrm{g}$			
$V_{\mathrm{KMnO_4}}/\mathrm{mL}$			
$c_{\mathrm{KMnO_4}}/(\mathrm{mol/L})$			
$\bar{c}_{\mathrm{KMnO_4}}/(\mathrm{mol/L})$			
相对偏差/%			
平均相对偏差/%			

$\mathrm{KMnO_4}$ 溶液浓度的标定如下。

$$c_{\mathrm{KMnO_4}}=\frac{2}{5}\cdot\frac{m_{\mathrm{Na_2C_2O_4}}}{M_{\mathrm{Na_2C_2O_4}}\cdot V_{\mathrm{KMnO_4}}\times10^{-3}}\ (\mathrm{mol/L})$$

$\mathrm{H_2O_2}$ 含量的测定如下。

$$\mathrm{H_2O_2}\text{ 的含量}=\frac{\frac{5}{2}\times c_{\mathrm{KMnO_4}}\times V'_{\mathrm{KMnO_4}}\times M_{\mathrm{H_2O_2}}}{25.00}\ (\mathrm{g/L})$$

用 $\mathrm{Na_2C_2O_4}$ 标定 $\mathrm{KMnO_4}$ 溶液。

$\mathrm{H_2O_2}$ 含量的测定相关数据见表 4-29。

表 4-29 $\mathrm{H_2O_2}$ 含量测定数据

数据	Ⅰ	Ⅱ	Ⅲ
$V_{\mathrm{H_2O_2}}/\mathrm{mL}$			
$V_{\mathrm{KMnO_4}}/\mathrm{mL}$			
$\mathrm{H_2O_2}/(\mathrm{g/L})$			
$\overline{\mathrm{H_2O_2}}/(\mathrm{g/L})$			
相对偏差/%			
平均相对偏差/%			

【实验说明】

1. 电子天平的正确使用。

2. 有色溶液液面的观察与正确读数。

3. 滴定速度的控制：先慢、中间快、后慢。

4. 自身指示剂终点颜色的观察。

5. 水浴锅温度的控制。

【思考题】

1. 用 $\mathrm{Na_2C_2O_4}$ 标定 $\mathrm{KMnO_4}$ 溶液浓度时，酸度过高或过低有无影响？溶液的温度过高或过低有无影响？

2. 标定 $KMnO_4$ 溶液浓度时，为什么第一滴 $KMnO_4$ 加入后红色褪去很慢，以后褪色较快？

3. 用 $KMnO_4$ 法测定 H_2O_2 时，为什么不能用 HNO_3 或 HCl 来控制溶液的酸度？

4. 用 $KMnO_4$ 溶液滴定时，读取与弯月面最低点相切之处的数据，是否正确，为什么？

实验 22　补钙制剂中钙含量的测定（高锰酸钾间接滴定法）

【目的和要求】

1. 了解沉淀分离的基本要求及操作。

2. 掌握氧化还原法间接测定钙含量的基本原理及方法。

【实验原理】

利用某些金属离子（如碱土金属、Pb^{2+}、Cd^{2+} 等）与 $C_2O_4^{2-}$ 能形成难溶的草酸盐沉淀的反应，可以用高锰酸钾法间接测定它们的含量。即先将 Ca^{2+} 全部沉淀为 CaC_2O_4，沉淀经过滤洗涤后溶于稀 H_2SO_4 中。

反应方程式如下。

$$Ca^{2+} + C_2O_4^{2-} == CaC_2O_4 \downarrow$$

$$CaC_2O_4 + H_2SO_4 == CaSO_4 + H_2C_2O_4$$

$$5H_2C_2O_4 + 2MnO_4^- + 6H^+ == 2Mn^{2+} + 10CO_2 \uparrow + 8H_2O$$

在酸性条件下，用 $Na_2C_2O_4$ 做基准物质标定 $KMnO_4$ 溶液的反应如下。

$$2MnO_4^- + 5C_2O_4^{2-} + 16H^+ == 2Mn^{2+} + 10CO_2 \uparrow + 8H_2O$$

滴定时利用 MnO_4^- 本身的紫红色指示终点。

计算公式如下。

$$c_{KMnO_4} = \frac{2}{5} \cdot \frac{m_{Na_2C_2O_4}}{M_{Na_2C_2O_4} \cdot V_{KMnO_4} \times 10^{-3}} \ (mol/L)$$

$$w_{Ca} = \frac{\frac{5}{2} c_{KMnO_4} \times V_{KMnO_4} \times M_{Ca}}{m_s \times 10^{-3}} \times 100\%$$

【仪器和试剂】

试剂：$KMnO_4$（固体，分析纯），$Na_2C_2O_4$（固体，分析纯），H_2SO_4 溶液（1mol/L、3mol/L），草酸铵（$NH_4C_2O_4$，5g/L），氨水（10%），HCl（1:1），甲基橙（2g/L），硝酸（2mol/L），硝酸银（0.1mol/L）。

仪器：电子称，分析天平，烧杯（250mL），水浴锅，漏斗，量筒（10mL、50mL），酸式滴定管（50mL）、洗瓶、铁架台、玻璃棒。

【实验内容】

1. $KMnO_4$ 标准溶液的配制和标定

（1）配制 0.02mol/L $KMnO_4$ 溶液 500mL。

称取 1.6g$KMnO_4$ 溶于 500mL 水中，盖上表面皿，加热至微沸并保持微沸状态 1h，冷却后室温放置 2~3d，用玻璃棉过滤，滤液存于棕色试剂瓶中。

（2）$KMnO_4$ 溶液的标定。

准确称取 0.13~0.16g 基准物质 $Na_2C_2O_4$ 至于 250mL 锥形瓶中，加 40mL 水，10mL 3mol/L H_2SO_4，加热至 70~80℃，趁热用 $KMnO_4$ 溶液进行滴定，至滴定的溶液呈微红

色，半分钟内不褪色即为终点。平行测定 3 份，计算 $KMnO_4$ 溶液的浓度和相对平均偏差。

2. 补钙制剂中钙含量的测定

准确称取补钙制剂 3 份（每份含钙约 0.20g），分别置于 250mL 烧杯中，加入适量蒸馏水，盖上表面皿，缓慢滴加 10mL HCl 溶液，加热促使其溶解。于溶液中加入 2~3 滴甲基橙，以氨水中和溶液由红转变为黄色，趁热逐滴加约 50mL $(NH_4)_2C_2O_4$，在水浴中陈化 30min。

冷却后过滤（先将上层清液倾入漏斗中），将烧杯中的沉淀洗涤数次后转入漏斗中，继续洗涤沉淀至无 Cl^-（以小试管接洗液在 HNO_3 介质中用 $AgNO_3$ 检查不到白色沉淀为止）。将带有沉淀的滤纸铺在原烧杯的内壁上，用 50mL 1mol/L H_2SO_4 把沉淀由滤纸上洗入烧杯中，再用洗瓶洗 2 次，加入蒸馏水使总体积约 100mL，加热至 70~80℃，用 $KMnO_4$ 标准溶液滴定至溶液呈淡红色，再将滤纸搅入溶液中，若溶液褪色，则继续滴定，直至出现的淡红色 30s 内不消失即为终点。平行测定 3 份，计算补钙制剂中钙含量及相对平均偏差。

3. 数据处理

标准溶液的配制和标定见表 4-30。

表 4-30 标准溶液的配制与标定实验

项目 \ 序号	1	2	3
$m_{Na_2C_2O_4}/g$			
V_{KMnO_4} 终读数/mL			
V_{KMnO_4} 初读数/mL			
V_{KMnO_4}/mL			
$c_{KMnO_4}=\dfrac{2m_{Na_2C_2O_4}\times1000}{5V_{KMnO_4}\times M_{Na_2C_2O_4}}/(mol/L)$			
$\bar{c}_{KMnO_4}/(mol/L)$			
$\|d_i\|$			
相对平均偏差/%			

补钙制剂中钙含量的测定见表 4-31。

表 4-31 钙制剂中钙含量的测定

项目 \ 序号	1	2	3
m_s/g			
V_{KMnO_4} 终读数/mL			
V_{KMnO_4} 初读数/mL			
V_{KMnO_4}/mL			
$w_{Ca}=\dfrac{5C_{KMnO_4}\times V_{KMnO_4}\times M_{Ca}}{2m_s\times1000}\times100\%$			
$\bar{w}_{Ca}\%$			
$\|d_i\|$			
相对平均偏差/%			

【实验说明】

1. 室温下，$KMnO_4$ 与 $Na_2C_2O_4$ 之间的反应速度缓慢，故需将溶液加热。但温度不能太高，超过 $90℃$，已引起 $H_2C_2O_4$ 分解。

$$H_2C_2O_4 =\!=\!= CO_2\uparrow + CO\uparrow + H_2O$$

2. 若滴定速度较快，部分 $KMnO_4$ 将来不及与 $Na_2C_2O_4$ 反应而在热的酸性溶液中按下式分解。

$$4MnO_4^- + 4H^+ =\!=\!= 4MnO_2 + 3O_2\uparrow + H_2O$$

3. $KMnO_4$ 滴定终点不太稳定，这是由于空气中含有还原性气体及尘埃等杂质，能使 $KMnO_4$ 缓慢分解，而使微红色消失，故经过半分钟不褪色即可认为已到达终点。

4. 注意观察溶液颜色的变化，控制滴定速度，防止超过滴定终点。

5. 实验时必须把滤纸上的沉淀洗涤干净，滤纸一定要放入烧杯中一起滴定。

【思考题】

1. 用 $NH_4C_2O_4$ 沉淀 Ca 时为什么一定要控制溶液的 pH 值？

2. 洗涤沉淀时为什么一定要使洗液在硝酸介质中用硝酸银检查不到白色沉淀？

实验 23 化学需氧量的测定

【目的和要求】

1. 掌握化学需氧量的含义、意义及测定原理。

2. 掌握高锰酸钾法的基本原理及方法。

【实验原理】

化学需氧量又称化学耗氧量（简称 COD），是表示水体或污水污染程度的重要综合性指标之一，也是环境保护和水质监测中经常需要测定的项目。通常可利用化学氧化剂（如高锰酸钾）将废水中可氧化物质（如有机物、亚硝酸盐、亚铁盐、硫化物等）氧化分解，然后根据残留的氧化剂的量计算出氧的消耗量。COD 的值越高，说明水体污染程度越重。COD 的测定方法不仅有高锰酸钾高温氧化法，也包括高锰酸钾低温氧化法（氧吸收量）和重铬酸钾法。化学需氧量常由于氧化剂的种类、浓度及氧化条件等的不同，导致对有机物质的氧化率的不同。因此，在排水中存在有机物的情况下，必须在同一条件下测定才可进行对比。本实验采用酸性高锰酸钾法测定 COD。在酸性条件下，向被测水样中定量加入高锰酸钾溶液。加热水样，使高锰酸钾与水样中有机污染物充分反应，过量的高锰酸钾则可加入一定量的草酸钠还原。最后用高锰酸钾溶液返滴过量的草酸钠（对于反应较慢或溶解较慢的固体试样采用"返滴定"法可以得到较满意的结果），由此计算水样的耗氧量。所涉及的主要化学反应方程式如下。

$$4MnO_4^-（过量）+ 5C + 12H^+ =\!=\!= 4Mn^{2+} + 5CO_2\uparrow + 6H_2O(100℃)$$

$$2MnO_4^-（剩余）+ 5C_2O_4^{2-}（过量）+ 16H^+ =\!=\!= 2Mn^{2+} + 10CO_2\uparrow + 8H_2O(65\sim85℃)$$

$$2MnO_4^-（滴定液）+ 5C_2O_4^{2-}（剩余）+ 16H^+ =\!=\!= 2Mn^{2+} + 10CO_2\uparrow + 8H_2O$$

【仪器和试剂】

1. 仪器

水浴锅，滴定管，移液管（100mL），锥形瓶（250mL），量筒（5mL）。

2. 试剂

(1) $(1/5KMnO_4)$ 标准溶液（0.01mol/L）：称取 3.3g $KMnO_4$ 溶于 1.05L 水中，微沸

20min，在暗处密闭保存二周，以"4"号砂芯漏斗过滤，保存于棕色瓶中（此溶液约 0.1mol/L 1/5$KMnO_4$ 溶液）。取上液 100mL 稀至 1L，摇匀后待标。

(2) 基准 $Na_2C_2O_4$：105～110℃烘干至恒重。

(3) H_2SO_4（1：3）：配制时，利用稀释时的温热条件，用 $KMnO_4$ 溶液滴至微红色。

【实验内容】

1. 试样分析

移取 100.0mL 均匀水样于 250mL 锥形瓶中（取样少于 100mL，需用水稀释至 100mL）加入（1+3）硫酸溶液 5mL，混匀，用滴定管准确加入 10.00mL 的 $c\left(\dfrac{1}{5}KMnO_4\right)=0.01mol/L$ 的高锰酸钾使用液，摇匀。立即放入沸水浴中加热，水浴沸腾时计时，加热沸腾 30min。沸水浴液面始终要高于试液的液面。从沸水浴取下锥形瓶，立即（不要放置）用滴定管加入 10.00mL 的草酸钠标准使用液，摇匀。立即用 $KMnO_4$ 使用液滴定至溶液呈微红色，记录消耗的 $KMnO_4$ 溶液 V_1 mL。

2. 高锰酸钾溶液校正系数的测定

取上面试样分析滴定完毕的水样，用滴定管加入 10.00mL 草酸钠标准使用液，再用 $KMnO_4$ 使用液滴定至溶液呈微红色，记录消耗的 $KMnO_4$ 使用液的体积 V_2 mL。

3. 数据处理

按下式计算 COD_{Mn}

$$COD_{Mn}(O_2,mg/L)=\frac{[(10+V_1)\cdot K-10]\times c\times 8\times 1000}{V_水}$$

式中　V_1——测定水样滴定时消耗的 $KMnO_4$ 使用液体积，mL；

$V_水$——水样的体积，mL；

c——草酸钠标准使用液浓度 $c\left(\dfrac{1}{2}Na_2C_2O_4\right)$，mol/L；

8——氧 $\left(\dfrac{1}{2}O\right)$ 的摩尔质量；

K——高锰酸钾溶液校正系数，$c\left(K=\dfrac{10.00}{V_2}\right)$。

【实验说明】

1. 煮沸时，控制温度，不能太高，防止溶液溅出。

2. 严格控制煮沸时间，也即氧化－还原反应进行的时间，才能得到较好的重现性。

3. 由于含量较低，使用的 $KMnO_4$ 溶液浓度也低（0.002M），所以终点的颜色很浅（淡淡的微红色），因此注意不要过量了。

4. 本次实验不要求做空白值。

5. 本次实验配制 0.005M $Na_2C_2O_4$ 和稀释都要用到容量瓶，所以要注意容量瓶的操作。

6. 在酸性条件下，草酸钠和高锰酸钾的反应温度应保持在 60～80℃，所以滴定操作必须趁热进行，若溶液温度过低，需适当加热。

【思考题】

1. 水样的采集与保存应当注意哪些事项？

2. 水样加入 $KMnO_4$ 煮沸后，若红色消失说明什么？应采取什么措施？

实验 24 铁矿石中全铁含量的测定（重铬酸钾法）

【目的和要求】

1. 掌握铁矿石试样的分解方法和操作技术。

2. 掌握 $SnCl_2$-$TiCl_3$-$K_2Cr_2O_7$ 测铁法及无汞测铁法测定铁矿石中铁含量的基本原理和操作技术。

【实验原理】

铁矿石中的铁以氧化物形式存在。试样经盐酸分解后，在热浓的盐酸溶液中用 $SnCl_2$ 将大部分 Fe^{3+} 还原为 Fe^{2+}，加入钨酸钠做指示剂，剩余的 Fe^{3+} 用 $TiCl_3$ 溶液还原为 Fe^{2+}，过量 $TiCl_3$ 使钨酸钠的 W^{6+} 还原为 W^{5+}（蓝色，俗称钨蓝）。除去过量 $TiCl_3$ 和 W^{5+}，可加几滴 $CuSO_4$ 溶液，摇动至蓝色刚好褪去。最后，以二苯胺磺酸钠做指示剂，用 $K_2Cr_2O_7$ 标准溶液滴至紫色为终点。主要反应式如下。

$$Fe_2O_3 + 6HCl \Longrightarrow 2Fe^{3+} + 6Cl^- + 3H_2O$$

$$2Fe^{3+} + Sn^{2+} \Longrightarrow 2Fe^{2+} + Sn^{4+}$$

$$Fe^{3+} + Ti^{3+} \Longrightarrow Fe^{2+} + Ti^{4+}$$

$$6Fe^{2+} + Cr_2O_7^{2-} + 14H^+ \Longrightarrow 6Fe^{3+} + 2Cr^{3+} + 7H_2O$$

滴定过程生成的 Fe^{3+} 呈黄色，影响终点的判断，可加入 H_3PO_4，使之与 Fe^{3+} 生成无色 $[Fe(PO_4)_2]^{3-}$，减小 Fe^{3+} 浓度，同时，可降低 Fe^{3+}/Fe^{2+} 电对的电极电位，使滴定终点时指示剂变色电位范围与反应物的电极电位具有更接近的 Φ 值（$\Phi = 0.85V$），获得更好的滴定结果。

重铬酸钾法是测铁的国家标准方法。在测定合金、矿石、金属盐及硅酸盐等的含铁量时具有很大实用价值

【仪器和试剂】

仪器：称量瓶，分析天平，滴定管（50mL），烧杯（250mL）。

试剂：HCl 溶液（1:1 水溶液，约 6mol/L），$SnCl_2$ 溶液（10% 水溶液），硫-磷混酸，$TiCl_3$ 溶液（3% 水溶液），Na_2WO_4 溶液（25% 水溶液），二苯胺磺酸钠（0.2% 水溶液），$K_2Cr_2O_7$ 基准试剂（分析纯）。

【实验内容】

准确称取铁矿石粉 1.5g 左右于 250mL 烧杯中，用少量水润湿，加入 20mL 浓 HCl 溶液，盖上表面皿，在通风柜中低温加热分解试样，若有带色不溶残渣，可滴加 20～30 滴 100g/L $SnCl_2$ 助溶。试样分解完全时，残渣应接近白色（SiO_2），用少量水吹洗表面皿及烧杯壁，冷却后转移至 250mL 容量瓶中，稀释至刻度并摇匀。

移取试样溶液 25.00mL 于锥形瓶中，加 8mL 浓 HCl 溶液，加热近沸，加入 6 滴甲基橙，趁热边摇动锥形瓶边逐滴加入 100g/L $SnCl_2$ 还原 Fe^{3+}。溶液由橙变红，再慢慢滴加 50g/L $SnCl_2$ 至溶液变为淡粉色，再摇几下直至粉色褪去。立即流水冷却，加 50mL 蒸馏水，20mL 硫磷混酸，4 滴二苯胺磺酸钠，立即用 $K_2Cr_2O_7$ 标准溶液滴定到稳定的紫红色为终点，平行测定 3 次，计算矿石中铁的含量（质量分数）。

【实验说明】

1. 溶样时需要用高温电炉，并不断地摇动锥形瓶以加速分解，否则在瓶底将析出焦酸

盐或偏磷酸盐，使结果不稳定。

2. 熔矿温度要严格控制。通常铁矿在 $250\sim300℃$ 加热 $3\sim5min$ 即可分解。温度过低，样品不易分解；温度过高，时间太长，磷酸会转化为难溶的焦磷酸盐，在 $350℃$ 以上凝成硬块，影响滴定终点辨别，并使分析结果偏低。

3. 指示剂必须用新配制的，每周应更换一次。

4. 加入 $SnCl_2$ 适量，不要过量太多，以颜色区分。

5. 加入甲基橙后，滴加 $SnCl_2$ 速度一定要慢。

【思考题】

1. 加入 H_2SO_4-H_3PO_4 混合酸的目的是什么？加入 H_2SO_4-H_3PO_4 后，为什么要立即进行滴定？

2. 为什么要趁热逐滴加入 $SnCl_2$？

3. 以 $SnCl_2$ 还原 Fe^{3+} 为 Fe^{2+} 应在什么条件下进行？$SnCl_2$ 加得不足或过量太多，将造成什么后果？

实验 25　碘量法测定维生素 C 和葡萄糖的含量

【目的和要求】

1. 通过维生素 C 含量的测定，掌握直接碘量法的原理及其操作。

2. 通过葡萄糖含量的测定，掌握间接碘量法的原理及其操作。

【实验原理】

维生素 C 等一些还原性物质可以用 I_2 标准溶液直接测定，称为直接碘量法。维生素 C 中的烯二醇基可被 I_2 氧化成二酮基。

由于维生素 C 的还原能力强且在碱性条件下易被空气中氧气氧化，因此，在测定中需加入适量醋酸使保持足够的酸度以减少副反应的发生。

葡萄糖（$C_6H_{12}O_6$）不能与 I_2 直接反应，但 I_2 在碱性条件下（NaOH）能生成 NaIO（次碘酸钠），而葡萄糖能定量地被 NaIO 氧化。反应式如下。

$$I_2+2NaOH \Longrightarrow NaIO+NaI+H_2O$$
$$C_6H_{12}O_6+NaIO \Longrightarrow C_6H_{12}O_7+NaI$$

总反应如下。

$$I_2+C_6H_{12}O_6+2NaOH \Longrightarrow C_6H_{12}O_7+2NaI+H_2O$$

过量的 NaIO 在酸性条件下又可转变成 I_2 析出，因此，只要用 $Na_2S_2O_3$ 标准溶液滴定析出的 I_2，便可计算出葡萄糖的含量。此方法称为间接碘量法。

$$I_2+2Na_2S_2O_3 \Longrightarrow Na_2S_4O_6+2NaI$$

【仪器和试剂】

维生素 C(s)，HAc（1∶1），I_2 标准溶液（0.05mol/L），$Na_2S_2O_3$ 标准溶液（0.1mol/L），NaOH 溶液（2mol/L），HCl（6mol/L），葡萄糖注射液（50%），淀粉指示剂（0.5%）。

【实验内容】

1. 维生素 C 含量的测定

准确称量维生素 C 0.2g 置于 250mL 锥形瓶中，加入新煮沸过的冷蒸馏水 100mL 和 10mL（1∶1）HAc，完全溶解后，再加入 3mL 淀粉指示剂，立即用 I_2 标准溶液滴定至溶液显稳定的蓝色。平行滴定 3 次，并计算维生素 C 的含量。

2. 葡萄糖的含量测定

用移液管吸取 25.00mL 待测葡萄糖溶液置于碘量瓶中，准确加入 25.00mL I_2 标准溶液。一边摇动，一边慢慢滴加 NaOH 溶液，直至溶液呈淡黄色（不能过快）。将碘量瓶加塞于暗处放置 10～15min 后，加 2mL HCl 使成酸性，立即用 $Na_2S_2O_3$ 溶液滴定至溶液呈淡黄色，加入 2mL 淀粉指示剂，继续滴定到蓝色消失为止。记录滴定读数，平行滴定 3 次，并按下式计算葡萄糖含量（单位为 g/L）。

$$葡萄糖含量=\frac{\left[c(I_2) \cdot V(I_2)-\frac{1}{2}c(Na_2S_2O_3) \cdot V(Na_2S_2O_3)\right] \times M(C_6H_{12}O_6)}{25.00}$$

【实验说明】

1. 葡萄糖测定过程中开始加碱速度不能过快，否则过量 NaIO 来不及氧化葡萄糖而在碱性条件下发生歧化反应产生不与葡萄糖反应的 $NaIO_3$ 和 NaI，使测定结果偏低，所以，此处必须仔细操作和观察。

2. 滴定快到终点才加入淀粉指示剂，过早加入会因淀粉吸附使 I_2 不易放出，影响实验结果；也不能过迟加，以免过终点。

【思考题】

1. 测定维生素 C 的溶液中为什么要加入稀 HAc？

2. 测定维生素 C 时为什么要用新煮沸过的冷蒸馏水？

3. 葡萄糖测定的主要误差来源有哪些？如何避免？

4. 试说明碘量法为什么既可测定还原性物质，又可测定氧化性物质？测定时应如何控制溶液的酸碱性？为什么？

实验 26　铜合金中铜含量的测定

【目的和要求】

1. 学习铜合金试样的溶解方法。

2. 了解间接碘量法测定铜的原理并掌握其操作方法。

【实验原理】

1. 铜合金的溶解

铜合金的种类较多，主要有黄铜和各种青铜等。试样可以用 HNO_3 分解，但低价氮的氧化物能氧化 I^- 而干扰测定，故需用浓 H_2SO_4 蒸发将它们除去。本实验采用 H_2O_2 和 HCl 分解试样。

$$Cu+2HCl+H_2O_2 =\!=\!= CuCl_2+2H_2O$$

过量的 H_2O_2 煮沸以除尽。

2. 含量的测定

(1) Cu^{2+} 与过量碘化钾的反应。

在弱酸性溶液中，Cu^{2+} 与过量 KI 作用，生成 CuI 沉淀，同时析出定量的 I_2。

$$2Cu^{2+} + 4I^- \!=\!=\!=\! 2CuI\downarrow + I_2 \quad 或 \quad 2Cu^{2+} + 5I^- \!=\!=\!=\! 2CuI\downarrow + I_3^-$$

通常用 HAc-NH_4Ac 或 NH_4HF_2 等缓冲溶液将溶液的酸度控制 pH 值为 3.5～4.0，酸度过低，Cu^{2+} 易水解，使反应不完全，结果偏低，而且反应速率慢，终点拖长；酸度过高，则 I^- 被空气中的氧气氧化为 I_2（Cu^{2+} 催化此反应），使结果偏高。Cu^{2+} 与 I^- 之间的反应是可逆的，加入过量的 KI 可使反应趋于完全。由于 CuI 沉淀强烈吸附 I_3^- 会使测定结果偏低，故加入 SCN^- 使 CuI（$K_{sp} = 1.1 \times 10^{-12}$）转化为溶解度更小的 CuSCN（$K_{sp} = 4.8 \times 10^{-15}$），释放出被吸附的 I_3^-。

（2）铜的测定。

生成的 I_2 用 $Na_2S_2O_3$ 标准溶液滴定，以淀粉为指示剂。为了减少 CuI 对 I_2 的吸附，可在大部分 I_2 被 $Na_2S_2O_3$ 溶液滴定后，加入 NH_4SCN 使 CuI 转化为溶解度更小的 CuSCN 基本上不吸附 I_2，使终点变色敏锐。

试样中有 Fe 存在时，Fe^{3+} 也能氧化 I^- 为 I_2。

$$2Fe^{3+} + 2I^- \!=\!=\!=\! 2Fe^{2+} + I_2$$

可加入 NH_4F，使 Fe^{3+} 生成稳定的 FeF_6^{3-}，降低了 Fe^{3+}/Fe^{2+} 电对的电势，使 Fe^{3+} 不能将 I^- 氧化为 I_2。

以上方法也适用于测定铜矿、炉渣、电镀液及胆矾等试样中的铜。

【仪器和试剂】

铜合金（粉末），盐酸（6mol/L），双氧水（30%），氨水（1：1），醋酸（1：1），NH_4F(s)，KI(s)，$Na_2S_2O_3$ 标准液（0.1mol/L），淀粉指示剂（0.5%），KSCN 溶液（100g/L），淀粉碘化钾试纸。

【实验内容】

1. 铜合金的溶解

准确称取三份铜合金试样（0.10～0.15g），分别置于 250mL 锥形瓶中，加 5mL 1：1 HCl、5mL 30% 的 H_2O_2，在通风橱内加热，试样完全溶解后继续加热，以破坏多余的 H_2O_2，用淀粉碘化钾试纸检验是否除尽，稍冷。

滴加 1：1 氨水至溶液微呈浑浊，再滴加 1：1 HAc 至溶液澄清并多加 1mL，加水稀释至 100mL。加 1g NH_4F，旋摇至溶解。

2. 铜含量的测定

加 1.5g KI，立即用 0.1mol/L $Na_2S_2O_3$ 标准液滴定至溶液呈浅黄色，加入 2mL 淀粉指示剂，继续滴定至蓝色褪去，再加 10mL 100g/L KSCN，旋摇后蓝色重又出现。在剧烈旋摇下，继续滴定至蓝色消失，即为终点。

3. 数据记录与处理

实验数据记录见表 4-32。

表 4-32　实验数据记录

序号	1	2	3
$M(Cu)/g$			
$V_初(Na_2S_2O_3)/mL$			
$V_末(Na_2S_2O_3)/mL$			
$V(Na_2S_2O_3)/mL$			
$w\%(Cu)$			
平均 $w\%(Cu)$			

【实验说明】

1. 铜合金样品溶解过程中加热与冷却时不能加塞子，控制火焰的大小，溶液不能蒸干。多余的 H_2O_2 一定要分解完，可用淀粉碘化钾试纸检验。

2. 由于用 HCl、H_2O_2 溶解铜合金，所以溶液为强酸性，需用 1∶1 氨水降低溶液的酸度。滴加氨水至出现沉淀，所需的时间较长，需耐心操作。若氨水加快了，溶液为深蓝色，不会出现天蓝色浑浊。加入氨水的量与溶样时加入 1∶1 HCl 的量、溶样时加热时间的长短、加热温度的高低有关。滴加 1∶1 HAc 时要边滴加边旋摇锥形瓶，而且需一滴多摇，锥形瓶内浑浊慢慢变少，最后在旋摇中浑浊消失。由于 $Cu(OH)_2$ 沉淀溶解的过程也需要时间，因此，需慢慢滴加 1∶1 HAc。

3. 快到终点时蓝色渐褪变淡，悬 1 滴于尖嘴管管口，用锥形瓶壁靠一下，纯水洗下，旋摇锥形瓶使溶液混匀，重复操作直至蓝色消失。由于初练习者看到带浅肉色或藕色的浑浊不能判断蓝色是否褪尽，可读好读数后，再滴加 1 滴或半滴，浑浊液颜色不变，可判断终点已到，取前面的读数。

【思考题】

1. 若过氧化氢未赶尽，对实验结果有何影响？如何确定或检测是否赶尽？

2. 为什么要滴加 1∶1 氨水至溶液微呈浑浊，再滴加 1∶1 醋酸至溶液澄清并多加 1mL？

3. 为什么要加氟化铵？还有哪些杂质会干扰铜的测定？

4. 为什么要近终点时才加入淀粉溶液？何时加淀粉最适宜？

5. 何时加硫氰酸钾？为什么不能早加硫氰酸钾？

实验 27 溴酸钾法测定苯酚

【目的和要求】

1. 了解溴酸钾法测定苯酚的原理与方法。

2. 学会配制溴酸钾-溴化钾标准溶液。

【实验原理】

苯酚是煤焦油的主要成分之一，广泛应用于消毒、杀菌，并作为高分子材料、染料、医药、农药合成的原料，由于苯酚的生产和应用造成环境污染，因此，它也是常规环境监测的主要项目之一。

对苯酚的测定是基于苯酚与 Br_2 作用生成稳定的三溴苯酚（白色沉淀）。

由于上述反应进行较慢且 Br_2 极易挥发，因此不能用 Br_2 液直接滴定，一般使用 $KBrO_3$（含有 KBr）标准溶液在酸性介质中反应以产生游离 Br_2。

$$BrO_3^- + 5Br^- \Longrightarrow 3Br_2 + 3O^{2-}$$

溴代反应完毕后，过量的 Br_2 再用还原剂标准溶液滴定。但一般常用的还原性滴定剂 $Na_2S_2O_3$ 易被 Br_2 非定量地氧化为 SO_4^{2-} 离子，因此过量的 Br_2 应与过量 KI 作用，置换出 I_2。

$$Br_2 + 2KI \Longrightarrow I_2 + 2KBr$$

析出的 I_2 再用 $Na_2S_2O_3$ 标准溶液滴定。

$$I_2 + 2Na_2S_2O_3 = 2NaI + Na_2S_4O_6$$

$Na_2S_2O_3$ 溶液通常用基准物质 $K_2Cr_2O_7$ 或纯铜标定，本实验为了与测定苯酚的条件一致，采用 $KBrO_3$-KBr 法标定，其实验过程与上述测定过程相同，只是以水代替苯酚试样进行而已。

【仪器和试剂】

$KBrO_3$-KBr 标准溶液（0.2mol/L），$Na_2S_2O_3$ 标准溶液（0.05mol/L），淀粉指示剂（0.5%），KI（1mol/L），HCl（6mol/L），NaOH（2mol/L），苯酚试样。

【实验内容】

1. $KBrO_3$-KBr 标准溶液的配制

准确称取 0.6959g $KBrO_3$ 置于小烧杯中，加入 4g KBr，用水溶解后，定量转移至 250mL 容量瓶中，用水稀释至刻度，摇匀。

2. $Na_2S_2O_3$ 溶液的标定

准确移取 25.00mL $KBrO_3$-KBr 标准溶液于 250mL 碘量瓶中，加入 25mL 水，10mL HCl 溶液，摇匀，加塞放置 5~8min，加入 20mL KI 溶液，加塞，摇匀，水封避光放置 5~8min。用少量水冲洗瓶塞及瓶颈上附着物，然后用 $Na_2S_2O_3$ 溶液滴定至浅黄色，加入 2mL 淀粉溶液，继续滴定至蓝色消失即为终点。平行测定 3 份，计算 $Na_2S_2O_3$ 的浓度。

3. 苯酚试样的测定

准确称取 0.2~0.3g 试样于小烧杯中，加入 5mL NaOH 和少量水，待苯酚溶解后，定量转入 250mL 容量瓶中，加水至刻度，摇匀。准确移取 10.00mL 试样溶液于碘量瓶中，用移液管加入 25.00mL $KBrO_3$-KBr 标准溶液，然后加入 10mL HCl 溶液，加塞充分摇动 2min，使三溴苯酚沉淀完全分散后，再加塞放置 5min，加入 20mL KI，加塞，水封避光放置 5~8min。用少量水冲洗瓶塞及瓶颈上附着物，用 $Na_2S_2O_3$ 标准溶液滴定至浅黄色。加入 2mL 淀粉指示剂，继续滴定至蓝色刚好消失为终点。再重复测定两次，计算苯酚含量。

4. 数据处理

$$苯酚含量 = \frac{\left[(CV)_{BrO_3^-} - \frac{1}{6}(CV)_{S_2O_3^{2-}}\right]M_{苯酚}}{m_s}$$

【实验说明】

1. 加 KI 溶液时，不要打开瓶塞，只能稍松开瓶塞，使 KI 溶液沿瓶塞流入，以免 Br_2 挥发损失。

2. 三溴苯酚沉淀易包裹 I_2，故在近终点时，应剧烈振荡碘量瓶。

【思考题】

1. 标定 $Na_2S_2O_3$ 及测定苯酚时，能否用 $Na_2S_2O_3$ 溶液直接滴定 Br_2？为什么？

2. 试分析该操作过程中主要的误差来源有哪些？

3. 苯酚试样中加入 $KBrO_3$-KBr 溶液后，要用力摇动碘量瓶，其目的是什么？

实验 28　铈量法测硝苯地平原料药含量

【目的和要求】

掌握铈量法测定硝苯地平含量的原理和操作方法。

【实验原理】

硝苯地平具有还原性，可在酸性溶液中以邻二氮菲为指示剂，用铈量法直接滴定。

$$\text{终点时，微过量的 } Ce^{4+} \text{ 将指示剂中的 } Fe^{2+} \text{ 氧化成 } Fe^{3+}，使橙红色配合物离子呈淡蓝}$$

终点时，微过量的 Ce^{4+} 将指示剂中的 Fe^{2+} 氧化成 Fe^{3+}，使橙红色配合物离子呈淡蓝色或无色，以指示终点的到达。

$$\text{邻二氮菲-}Fe^{2+} + Ce^{4+} \longrightarrow \text{邻二氮菲-}Fe^{3+} + Ce^{3+}$$
$$\qquad\text{橙红色}\qquad\qquad\qquad\text{淡蓝色或无色}$$

按干燥品计算，含 $C_{17}H_{18}N_2O_6$ 应为 $98.0\% \sim 102.0\%$。

【仪器和试剂】

仪器：滴定装置、电子天平、量筒、水浴锅。

试剂：硝苯地平原料药、无水乙醇、高氯酸溶液、邻二氮菲亚铁指示液、硫酸铈滴定液。

【实验内容】

1. 溶液配制

① 高氯酸溶液：取 70% 高氯酸 8.5mL，加水至 100mL，即得。

② 邻二氮菲指示液：取硫酸亚铁 0.5g，加水 100mL 使溶解，加硫酸 2 滴与邻二氮菲 0.5g，摇匀，即得。本液应临用新制。

③ 硫酸铈滴定液的配置和标定。

取硫酸铈 42g（或硫酸铈铵 70g），加含有硫酸 28mL 的水 500mL，加热溶解后，放冷，加水适量使成 1000mL，摇匀。

取在 105℃ 干燥至恒重的基准三氧化二砷 0.15g，精密称定，加氢氧化钠滴定液（1mol/L）10mL，微热使溶解，加水 50mL、盐酸 25mL、一氯化碘试液 5mL 与邻二氮菲指示液 2 滴，用本液滴定至近终点时，加热至 50℃，继续滴定至溶液由浅红色转变为淡绿色。每 1mL 硫酸铈滴定液（0.1mol/L）相当于 4.946mg 的三氧化二砷。根据本液的消耗量与三氧化二砷的取用量，算出本液的浓度，即得。

2. 含量测定

取本品约 0.4g，精密称定，加无水乙醇 50mL，微温使溶解，加高氯酸溶液 50mL、邻二氮菲指示液 3 滴，立即用硫酸铈滴定液（0.1mol/L）滴定，至近终点时，在水浴中加热至 50℃ 左右，继续缓缓滴定至橙色消失，并将滴定的结果用空白试液校正。每 1mL 硫酸铈滴定液（0.1mol/L）相当于 17.32mg 的 $C_{17}H_{18}N_2O_6$。

含量百分比如下。

$$\text{含量}\% = \frac{(V - V_0)F}{W} \times 1$$

V 为滴定供试液所消耗的硫酸铈滴定液体积；V_0 为滴定空白试液所消耗的硫酸铈滴定液体积；F 为 17.32mg/mL；W 为供试品质量。

3. 数据处理

硝苯地平原料药含量的测定见表 4-33。

表 4-33　硝苯地平原料药含量的测定

测定次数	1	2	3
V_0/mL			
V/mL			

测定次数	1	2	3
W/mg			
含量/%			
含量平均值/%			
标准偏差/%			
相对标准偏差/%			

【实验说明】

1. 邻二氮菲指示液应临用新配。

2. 硝苯地平遇光不稳定，发生光化学歧化作用，应尽量避光操作。

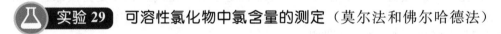

3. Ce^{4+} 易水解而生成碱式盐沉淀，因此，不适合在弱酸性或碱性溶液中滴定。在铈量法中，虽然 Ce^{4+} 为黄色，Ce^{3+} 无色，但自身做指示剂不够灵敏，需选用更适当的氧化还原指示剂，如邻二氮菲亚铁指示剂。

【思考题】

硝苯地平原料药采用铈量法进行滴定时，为什么要在水浴中加热至 50℃ 左右，才继续缓缓滴定至橙红色消失？高氯酸溶液的作用？

4.2.5　沉淀滴定和重量分析操作技术

实验 29　可溶性氯化物中氯含量的测定（莫尔法和佛尔哈德法）

【目的和要求】

1. 学习银量法测定氯的原理和方法。

2. 掌握莫尔法和佛尔哈德法的实际应用。

【实验原理】

可溶性氯的测定一般采用银量法，根据所用指示剂的不同，银量法又可分为莫尔法、佛尔哈德法和法扬司法。本实验采用莫尔法和佛尔哈德法。

莫尔法是在中性溶液中以 K_2CrO_4 为指示剂，用 $AgNO_3$ 标准溶液来测定氯离子的含量。

$$Ag^+ + Cl^- \Longrightarrow AgCl\downarrow（白色）$$
$$2Ag^+ + CrO_4^{2-} \Longrightarrow Ag_2CrO_4\downarrow（砖红色）$$

由于 AgCl 沉淀生成所需的 Ag^+ 浓度比 Ag_2CrO_4 要小得多，所以，在滴定过程中 AgCl 先沉淀出来，当 Cl^- 定量沉淀后，微过量的 Ag^+ 便与 CrO_4^{2-} 生成砖红色沉淀 Ag_2CrO_4 指示滴定的终点。

佛尔哈德法是用 $NH_4Fe(SO_4)_2$（铁铵矾）做指示剂，以 NH_4SCN（或 KSCN）滴定含有 Ag^+ 的酸性溶液的滴定分析方法。用佛尔哈德法测定 Cl^-、Br^-、I^- 和 SCN^- 时，首先加入过量的 $AgNO_3$ 标准溶液，将待测阴离子全部沉淀为难溶银盐后，再用 NH_4SCN 标准

溶液返滴剩余的 Ag^+。如果测定 Cl^-，反应如下。

$$Cl^- + Ag^+（过量）\!=\!\!=\!\!=\! AgCl\downarrow + Ag^+$$
$$Ag^+（剩余量）+ SCN^-\!=\!\!=\!\!=\! AgSCN\downarrow$$

到达化学计量点时，稍过量的 SCN^- 即与溶液中的 Fe^{3+} 作用，生成红色的配离子 $[Fe(SCN)]^{2+}$，指示终点到达。

$$Fe^{3+} + SCN^-\!=\!\!=\!\!=\! [Fe(SCN)]^{2+}（红色）$$

【仪器和试剂】

生理盐水（0.9%），$AgNO_3$ 标准溶液（0.02mol/L），K_2CrO_4 指示剂（5%），硝酸溶液（6mol/L），铁铵矾指示剂（40%），NH_4SCN 标准溶液（0.02mol/L）。

【实验内容】

1. 0.02mol/L $AgNO_3$ 标准溶液的配制

在一小烧杯中精确称入用于配制 250mL 0.02mol/L 标准溶液的 $AgNO_3$，加适量水溶解后，转移到 250mL 容量瓶中，用水稀释至标线，计算其准确浓度。

标定：准确称取 0.25～0.3g NaCl 置于小烧杯中，加适量水溶解后，转移到 250mL 容量瓶中，用水稀释至标线。准确移取 20.00mL 于锥形瓶中，加 0.5mL K_2CrO_4 指示剂，在充分摇动下，用 $AgNO_3$ 标准溶液滴定至溶液刚出现稳定的砖红色。记录 $AgNO_3$ 溶液的用量，再重复滴定 2 次，计算 $AgNO_3$ 溶液的浓度。

2. 莫尔法测定可溶性氯化物中氯含量

将生理盐水稀释 10 倍后，用移液管精确移取已稀释的生理盐水 20.00mL 置于锥形瓶中，加入 0.5mL K_2CrO_4 指示剂，用标准 $AgNO_3$ 溶液滴定至终点。再重复两次，计算氯离子的含量。

3. 佛尔哈德法测定可溶性氯化物中氯含量

将生理盐水稀释 10 倍后，用移液管精确移取已稀释的生理盐水 20.00mL 置于锥形瓶中，加入 5mL 硝酸溶液，再准确加入 25.00mL $AgNO_3$ 标准溶液后，加入 2mL 甘油，剧烈摇动，再滴加 10 滴铁铵矾指示剂，用标准 NH_4SCN 溶液滴定至终点。再重复滴定两次，计算氯离子的含量。

【实验说明】

1. 已知 $K_{sp}(AgCl) = 1.8\times10^{-10}$，$K_{sp}(Ag_2CrO_4) = 1.2\times10^{-12}$，按照分步沉淀原理应是 Ag_2CrO_4 先析出，与实际情况不符。实际上，AgCl 是 AB 型难溶物，AgCl 开始析出时，$[Ag^+] = K_{sp}(AgCl)/[Cl^-]$；$Ag_2CrO_4$ 是 A_2B 型难溶物，Ag_2CrO_4 开始析出时，$[Ag^+] = \{K_{sp}(Ag_2CrO_4)/[CrO_4^{2-}]\}^{1/2}$。反应在稀溶液中进行，显然 AgCl 析出时所需的 $[Ag^+]$ 比 Ag_2CrO_4 小得多，所以 AgCl 先析出。

2. 因 AgCl 比 AgSCN 溶解度大，所以，在 SCN^- 过量的情况下，AgCl 会慢慢转化为 AgSCN，因此，滴入 SCN^- 之前加入硝基苯或苯、四氯化碳、甘油等可使 AgCl 表面被有机溶剂覆盖，减少与溶剂接触，避免转化。

【思考题】

1. K_2CrO_4 指示剂的浓度大小对氯离子的测量有何影响？

2. 莫尔法测量过程中滴定液的酸度应控制在什么范围？为什么？

3. 佛尔哈德法测量过程中为什么用 HNO_3 酸化？能否用其他酸酸化？为什么？

可溶性钡盐中钡含量的测定

【目的和要求】

1. 理解测定 $BaCl_2 \cdot 2H_2O$ 中钡含量的原理和方法。

2. 掌握晶形沉淀的制备、过滤、洗涤、灼烧及恒重的基本操作技术。

【实验原理】

称取一定量的 $BaCl_2 \cdot 2H_2O$，用水溶解后，加稀 HCl 溶液酸化，再加热至微沸、不断搅动的条件下，缓慢加入热的稀 H_2SO_4 溶液，Ba^{2+} 与 SO_4^{2-} 反应，形成晶形沉淀。沉淀经陈化、过滤、洗涤、烘干、炭化、灰化、灼烧后，以 $BaSO_4$ 形式称量，可求出 $BaCl_2 \cdot 2H_2O$ 中钡的含量。

$$Ba^{2+} + SO_4^{2-} \Longrightarrow BaSO_4 \downarrow$$

$BaSO_4$ 重量法既可用于测定 Ba^{2+} 的含量，也可用于测定 SO_4^{2-} 的含量。

Ba^{2+} 可生成一系列微溶化合物，如 $BaCO_3$、BaC_2O_4、$BaCrO_4$、$BaHPO_4$、$BaSO_4$ 等，其中，以 $BaSO_4$ 溶解度最小，100mL 水中，100℃ 时溶解 0.4mg，25℃ 时仅溶解 0.25mg。当过量沉淀剂存在时，溶解度大为减小，一般可以忽略不计。

$BaSO_4$ 重量法一般在 0.05mol/L 左右盐酸介质中进行沉淀，这是为了防止产生 $BaCO_3$、$BaHPO_4$、$BaHAsO_4$ 沉淀以及防止生成 $Ba(OH)_4$ 共沉淀。同时，适当提高酸度，增加 $BaSO_4$ 在沉淀过程中的溶解度，以降低其相对过饱和度，有利于获得较好的晶形沉淀。

用 $BaSO_4$ 重量法测定 Ba^{2+} 时，一般用稀 H_2SO_4 做沉淀剂。为了使 $BaSO_4$ 沉淀完全，H_2SO_4 必须过量。由于 H_2SO_4 在高温下可挥发除去，故沉淀带下的 H_2SO_4 不会引起误差，因此，沉淀剂可过量 50%～100%。

但由于本实验采用微波炉干燥恒重 $BaSO_4$ 沉淀，若沉淀中包藏有 H_2SO_4 等高沸点杂质，利用微波加热技术干燥 $BaSO_4$ 沉淀过程中，杂质难以分解或挥发。因此，对沉淀条件和洗涤操作等的要求更高，主要包括将含 Ba^{2+} 试液进一步稀释，过量沉淀剂（H_2SO_4）控制在 20%～50% 以内等。

$PbSO_4$、$SrSO_4$ 的溶解度均较小，Pb^{2+}、Sr^{2+} 对钡的测定有干扰。N_3^-、ClO_3^-、Cl^- 等阴离子和 K^+、Na^+、Ca^{2+}、Fe^{3+} 等阳离子均可以引起共沉淀现象，故应严格控制沉淀条件，减少共沉淀现象，以获得纯净的 $BaSO_4$ 晶形沉淀。

【仪器和试剂】

仪器：微波炉、循环真空水泵、G4 号微化玻璃坩埚、电子天平、烧杯（250mL、100mL）、量筒（10mL、100mL）。

试剂：H_2SO_4 溶液（1mol/L），HCl 溶液（2mol/L），$BaCl_2 \cdot 2H_2O$（s，AR）。

【实验内容】

1. 称样及沉淀的制备

准确称取两份 0.4～0.6g $BaCl_2 \cdot 2H_2O$ 试样，分别置于 250mL 烧杯中，加入约 100mL 水，3mL 2mol/L HCl 溶液，搅拌溶解，加热至近沸。

另取 4mL 1mol/L H_2SO_4 两份于两个 100mL 烧杯中，加水 30mL，加热至近沸，趁热将两份 H_2SO_4 溶液分别用小滴管逐滴加入到两份热的钡盐溶液中，并用玻璃棒不断搅拌，直至两份 H_2SO_4 溶液加完为止。待 $BaSO_4$ 沉淀下沉后，于上层清液中加入 1～2 滴 H_2SO_4 溶液，仔细观察沉淀是否完全。沉淀完全后，用橡皮筋和称量纸封口，陈化一周。

2. 坩埚称重

洁净的 G4 号微化玻璃坩埚，用真空泵抽 2min 以除去玻璃砂板微孔中的水分，便于干燥。置于微波炉中，于 500W（中高温挡）的输出功率下进行干燥，第一次 10min，第二次 4min。每次干燥后置于干燥器中冷却 10～15min（刚放进时留一小缝隙，约 30s 后再盖严），然后用电子分析天平快速称重。要求两次干燥后称重所得质量之差不超过 0.4mg（即已恒重）。

3. 样品分析

用倾泻法将沉淀转移到坩埚中，抽干。用稀硫酸（1mL 1mol/L H_2SO_4 加 100mL 水配成）洗涤沉淀 3～4 次，每次约 10mL。然后将坩埚置于微波炉中中火干燥 10min，在干燥器中冷却 10min，称重。再分别用中火干燥 4min、干燥 10min，称重。两次称量质量之差的绝对值小于 0.4mg 即可认为已恒重。

4. 数据处理

数据记录与处理见表 4-34。

表 4-34　数据记录与处理

项目	序号	1	2
$m(BaCl_2 \cdot 2H_2O)$/g			
坩埚号			
m(坩埚)/g	第一次称量		
	第二次称量		
m(坩埚)/g			
m(坩埚+$BaSO_4$)/g	第一次称量		
	第二次称量		
m(坩埚+$BaSO_4$)/g			
$m(BaSO_4)$/g			
$w(Ba)$/%			
$\overline{w}(Ba)$/%			
E_r/%			
$\overline{E_r}$/%			

注：$M(BaCl_2 \cdot 2H_2O) = 244.27$，$M(BaSO_4) = 233.39$，$M(Ba) = 137.33$。

【思考题】

1. 什么叫灼烧至恒重？

2. 什么叫倾泻法过滤？洗涤沉淀时，为什么用洗涤液或水都要少量多次？

3. 为什么要在稀热 HCl 溶液中且不断搅拌条件下逐滴加入沉淀剂沉淀 $BaSO_4$？HCl 加入太多有何影响？

4. 为什么要在热溶液中沉淀 $BaSO_4$，但要在冷却后过滤？晶形沉淀为何要陈化？

实验 31　植物或肥料中钾含量的测定

【目的和要求】

1. 理解掌握肥料中钾含量的测定方法。

2. 了解肥料样品前处理过程。

【实验原理】

钾是植物营养三要素之一，它与氮、磷元素不同，主要呈离子状态存在于作物细胞的汁液中，具有高度的渗透性、流动性和再利用的特点。化肥中的钾元素能促使作物生长健壮，茎秆粗硬，增强对病虫害和倒伏的抵抗能力，促进糖分和淀粉的生成，从而使农作物增产，提高农产品品质。目前，我国对化肥中钾含量的测定以四苯硼酸钾重量法应用最广，该方法具有测定结果准确的特点，但耗时较长。下面将以复混肥料（复合肥料）为例，结合实际检验过程中的一些问题，就该方法的原理、方法及注意事项等进行阐述。

在弱碱性介质中，以四苯硼酸钠溶液为沉淀剂沉淀试样溶液中的钾离子，生成白色的四苯硼酸钾沉淀，将沉淀过滤、洗涤、干燥、称重。根据沉淀质量计算化肥中钾含量。反应式如下。

$$K^+ + Na[B(C_6H_5)_4] \longrightarrow K[B(C_6H_5)_4] \downarrow + Na^+$$

【仪器和试剂】

仪器：过滤坩埚；4号玻璃坩埚；干燥箱：温度可控制在120℃±5℃范围内。

试剂：分析中，除另有说明，均限用分析纯试剂、蒸馏水或相当纯度的水。

(1) 四苯基合硼酸钠：15g/L溶液，取15g四苯基合硼酸钠溶解于约960mL水中，加4mL氢氧化钠溶液和100g/L六水氯化镁溶液20mL。搅拌15min，静置后用滤纸过滤。

(2) 四苯硼酸钠洗涤液：用10体积的水稀释1体积的四苯硼酸钠溶液。

(3) 乙二胺四乙酸二钠盐（EDTA）：40g/L。

(4) 甲醛：约30％或37％（质量比）溶液。

(5) 氢氧化钠溶液：400g/L。

(6) 酚酞：5g/L乙醇溶液，溶解0.5g酚酞于95％（体积比）100mL乙醇中。

(7) 溴水溶液：约5％。

(8) 活性炭：应不吸附或不释放钾离子。

【实验内容】

1. 试样溶液的制备

称取试样（按GB/T 8571—2008规定所制备的样品）约2～5g（含氧化钾约400mg），精确至0.0002g，置于250mL锥形瓶中，加水约150mL，加热煮沸30min，冷却，定量转移到250mL容量瓶中，用水稀释至刻度，混匀，过滤，弃去最初滤液50mL。

2. 试液处理

吸取上述滤液25mL于250mL烧杯中，加EDTA溶液（40g/L）20mL（含阳离子较多时可加40mL），加2～3滴酚酞指示剂（5g/L乙醇溶液），滴加氢氧化钠溶液（400g/L）至刚出现红色时，再过量1mL，盖上表面皿，在良好的通风橱内缓慢加热煮沸15min，然后冷却，若红色消失，再用氢氧化钠（400g/L）调至红色。（如果试样中含有氰氨基化物或有机物时，在加入EDTA溶液之前，先加溴水和活性炭处理，加入5％的溴水溶液5mL，将该溶液煮沸脱色至无颜色为止，若含其他颜色，将溶液体积蒸发至小于100mL，冷却后加0.5g活性炭充分搅拌使之吸附，然后过滤、洗涤，洗涤时每次用水约5mL，次数为3～5次，并收集全部滤液）。

3. 沉淀及过滤

在不断搅拌下，于盛有试样溶液的烧杯中逐滴加入四苯硼酸钠沉淀剂（15g/L），加入量为每含1mg氧化钾加沉淀剂0.5mL，并过量7mL，继续搅拌1min，静置15min以上，用倾滤法将沉淀过滤于预先在120℃下恒重的4号玻璃坩埚式滤器内，用四苯硼酸钠洗涤液

（1.5g/L）洗涤沉淀 5～7 次，每次用量约 5mL，最后用水洗涤 2 次，每次用量约 5mL。

4. 干燥

将盛有沉淀的坩埚置于 120℃±5℃干燥箱中，干燥 1.5h，取出后置于干燥器内冷却，称重。

5. 同时做空白试验

除不加试液外，分析步骤及试剂用量同上述步骤。

6. 计算结果和数据处理

样品的钾含量以氧化钾质量分数 $w(K_2O)$（％）表示，按下式计算。

$$w(K_2O) = \frac{(m_2-m_1) \times 0.1314}{m_0 \times \frac{25}{250}} \times 100 = \frac{(m_2-m_1) \times 131.4}{m_0}$$

式中　m_2——试液所得沉淀的质量，g；

m_1——空白试验所得沉淀的质量，g；

m_0——试样的质量，g；

0.1314——四苯硼酸钾质量换算为氧化钾质量的系数。

测定结果中钾的质量分数<10.0 时，平行测定允许差值为 0.20％，不同实验室允许差值为 0.40％；钾的质量分数为 10.0～20.0 时，平行测定允许差值为 0.30％，不同实验室允许差值为 0.60％；钾的质量分数>20.0 时，平行测定允许差值为 0.40％，不同实验室允许差值为 0.80％。取平行测定结果的算术平均值为测定结果。

【注意事项与说明】

1. 试样的采取至关重要，是保证测定结果准确性的前提，采取的试样要均匀并且适量，采样量过少代表性较差，采样量过大不仅会使测定结果偏高，还会增加四苯硼酸钠沉淀剂的加入量，从而增加引入误差的概率。实践证明，肥料中氧化钾含量不同，在制备试样溶液的采样量上也应有所不同，应使称取的试样含氧化钾约 400mg。

2. 四苯硼酸钠沉淀剂（15g/L）的准确配制非常重要。实践证明，溶解的四苯硼酸钠加入氢氧化钠和六水氯化镁一起搅拌 15min 后静置、过滤，所配出的四苯硼酸钠溶液澄清效果较好，因为加六水氯化镁生成的 $Mg(OH)_2$ 絮状沉淀能有效地吸附杂质；加入适量 NaOH 还可以防止四苯硼酸钠分解，使该沉淀剂较为稳定。另外配制好的四苯硼酸钠溶液还应储存在棕色瓶或塑料瓶中，期限不超过 1 个月，如发现浑浊或试验中四苯硼酸钾沉淀为棕色，应重新过滤。

3. 在试样溶液中加入适量乙二胺四乙酸二钠盐（EDTA），是为了使阳离子与 EDTA 络合，以达到防止阳离子干扰的目的。

4. 试液处理时应严格控制加入氢氧化钠溶液的量。加入氢氧化钠溶液的主要作用是生成氢氧化铵后加热除去氨以驱除氮的干扰，这就要求加入氢氧化钠溶液要过量，否则铵离子不能完全驱除，由此产生正偏差。

5. 试液在通风橱内加热时应保持微沸，并控制 15min，要防止温度过高、时间过长而导致试液浓缩，钠离子浓度增加，由此产生正偏差。

6. 要保证在碱性条件下加入沉淀剂，在此条件下生成的四苯硼酸钾沉淀性质较稳定，但氢氧化钠加入量不要过多，否则会使 Al^{3+} 和 Fe^{3+} 等离子产生沉淀影响测定结果。沉淀的静置时间要大于 15min，以利于四苯硼酸钾晶体的形成。

7. 用沉淀剂沉淀时，应缓慢加入并剧烈搅拌，防止四苯硼酸钾形成过饱和溶液而不能及时析出沉淀。加入量为试样溶液中每含 1mg 氧化钾加四苯硼酸钠溶液 0.5mL，并过量

7mL。本试验中吸取制备好的试样溶液 25mL，约含 40mg 氧化钾，则加入沉淀剂约 20mL，再过量 7mL，共计 27mL 左右。

8. 因为四苯硼酸钾沉淀在水中有一定溶解度，所以要先用 1：10 的四苯硼酸钠洗涤液洗涤沉淀，最后再用水洗涤。要严格按规定用量和次数洗涤沉淀，洗涤终点确认要准确，否则会引起偏差。如果在干燥后的坩埚上仍清晰可见粉红色物质，说明洗涤次数不够、不彻底，存在未洗尽的氢氧化钠与酚酞产生的物质残留，所得的沉淀质量偏大，以致测定结果的钾含量偏高。经洗涤、干燥后的坩埚上物质颜色为白色或无色（四苯硼酸钾颜色），说明洗涤较彻底。

【思考题】

请查找复合肥中的钾含量测定的其他方法，并简要叙述。

4.2.6 可见分光光度法操作技术

实验32 邻二氮菲分光光度法测定微量铁

【目的和要求】

1. 掌握邻二氮菲分光光度法测定微量铁的方法原理。
2. 熟悉绘制吸收曲线的方法，正确选择测定波长，学会制作标准曲线的方法。
3. 通过邻二氮菲分光光度法测定微量铁，掌握分光光度计的使用方法及主要构造。

【实验原理】

邻二氮菲（1，10-二氮杂菲也称邻菲罗啉）是测定微量铁的一个很好的显色剂。在 pH 值为 2～9 范围内（一般控制在 5～6）Fe^{2+} 与试剂生成稳定的橙红色配合物 $Fe(Phen)_3^{2+}$，其 $lgK=21.3$，在 510nm 下，其摩尔吸光系数为 $1.1\times10^4 L/(mol \cdot cm)$，$Fe^{3+}$ 与邻二氮菲作用生成蓝色配合物，稳定性较差，因此，在实际应用中常加入还原剂盐酸羟胺使 Fe^{3+} 还原为 Fe^{2+}。

$$2Fe^{3+}+2NH_2OH \cdot HCl === 2Fe^{2+}+N_2+4H^++2H_2O+2Cl^-$$

本方法的选择性很高，相当于含铁量 40 倍的 Sn、Al、Ca、Mg、Zn、Si，20 倍的 Cr、Mn、V、P 和 5 倍的 Co、Ni、Cu 不干扰测定。

【仪器和试剂】

仪器：722 型分光光度计，容量瓶（50mL 8 个、100mL 1 个、500mL 1 个），移液管（2mL 1 支、10mL1 支），刻度吸管（10mL、5mL、1mL）各 1 支。

试剂：

(1) 铁标准储备溶液 100μg/mL：500mL（实际用 100mL）。准确称取 0.4317g 铁盐 $NH_4Fe(SO_4)_2 \cdot 12H_2O$ 置于烧杯中，加入 6mol/L HCl 20mL 和少量水，然后加水稀释至刻度，摇匀。

(2) 铁标准使用液 10μg/mL：用移液管移取上述铁标准储备液 10.00mL，置于 100mL 容量瓶中，加入 6mol/L HCl 2.0mL 和少量水，然后加水稀释至刻度，摇匀。

(3) HCl 6 mol/L：100mL（实际用 30mL）。

(4) 盐酸羟胺 10%（新鲜配制）：100mL（实际 80mL）。

(5) 邻二氮菲溶液 0.1%（新鲜配制）：200mL（实际 160mL）。

(6) HAc-NaAc 缓冲溶液（pH＝5）500mL（实际 400mL）：称取 136g NaAc，加水使

之溶解，再加入 120mL 冰醋酸，加水稀释至 500mL。

（7）水样配制（$0.4\mu g/mL$）：取 2mL $100\mu g/mL$ 铁标准储备溶液，加水稀释至 500mL。

【实验内容】

1. 绘制吸收曲线

用吸量管吸取铁标准溶液（$10\mu g/mL$）0.0mL、2.0mL、4.0mL 分别放入 50mL 容量瓶中，加入 1mL 10%盐酸羟胺溶液、2.0mL 0.1%邻二氮菲溶液和 5mL HAc-NaAc 缓冲溶液，加水稀释至刻度，充分摇匀，放置 5min，用 3cm 比色皿，以试剂溶液为参比液，于752 型分光光度计中，在 440～560nm 波长范围内分别测定其吸光度 A 值。当临近最大吸收波长附近时，应间隔波长 5～10nm 测 A 值，其他各处可间隔波长 20～40nm 测定。然后以波长为横坐标，所测 A 值为纵坐标，绘制吸收曲线，并找出最大吸收峰的波长。

2. 标准曲线的绘制

用吸量管分别移取铁标准溶液（$10\mu g/mL$）0.0mL、1.0mL、2.0mL、4.0mL、6.0mL、8.0mL、10.0mL 依次放入 7 只 50mL 容量瓶中，分别加入 10%盐酸羟胺溶液 1mL，稍摇动，再加入 0.1%邻二氮菲溶液 2.0mL 及 5mL HAc-NaAc 缓冲溶液，加水稀释至刻度，充分摇匀，放置 5min，用 3cm 比色皿，以不加铁标准溶液的试液为参比液，选择最大测定波长为测定波长，依次测 A 值。以铁的质量浓度为横坐标，A 值为纵坐标，绘制标准曲线。

3. 水样分析

分别加入 5.00mL（或 10.00mL，铁含量以在标准曲线范围内为宜）未知试样溶液，按实验步骤 2 的方法显色后，在最大测定波长处，用 3cm 比色皿，以不加铁标准溶液的试液为参比液，平行测 A 值。求其平均值，在标准曲线上查出铁的质量，计算水样中铁的质量浓度。

【思考题】

1. 邻二氮菲分光光度法测定微量铁时为什么要加入盐酸羟胺溶液？

2. 吸收曲线与标准曲线有何区别？在实际应用中有何意义？

实验33 磷钼蓝法测定生钢铁中磷的含量

【目的和要求】

1. 通过本实验了解测定钢铁中磷的意义。

2. 掌握钢铁中磷的测定方法。

3. 掌握溶液的定量转移配制、称量等基本操作。

【实验原理】

磷在钢中以固溶体磷化物存在，有时呈磷酸盐夹杂形式存在。磷在钢中可以提高钢的抗拉强度和耐大气腐蚀作用，改善钢的切削加工性能；但是，磷在钢中又能降低高温性能和增加脆性，影响钢的塑性和韧性。一般钢种把磷含量控制在 0.05%以下，但易切削钢可达 0.4%左右，生铁和铸铁可高达 0.5%左右。

工厂实用分析方法有滴定法，分光光度法。分光光度法有钒钼黄和钼蓝法两类。钒钼黄是磷酸与钒酸、钼酸作用形成磷钒钼黄杂多酸直接测定。钼蓝法是将磷钼杂多酸还原成钼蓝后进行测定，所用还原剂有氯化亚锡、抗坏血酸、硫酸联胺和亚硫酸盐等。

试样用王水溶解，高氯酸冒烟以氧化磷加钼酸铵使磷转化为磷钼配合离子。用氟化物掩蔽铁离子，以氯化亚锡还原成钼蓝，分光光度法测定。主要反应如下。

$$3Fe_3P + 41HNO_3 \Longrightarrow 9Fe(NO_3)_3 + 3H_3PO_4 + 14NO\uparrow + 16H_2O$$

$$3Fe_3P + 39HNO_3 = 9Fe(NO_3)_3 + 3H_3PO_3 + 12NO\uparrow + 15H_2O$$

$$4H_3PO_3 + HClO_4 = 4H_3PO_4 + HCl$$

$$H_3PO_4 + 12H_2MoO_4 = H_3[P(Mo_3O_{10})_4] + 12H_2O$$

$$H_3[P(Mo_3O_{10})_4] + 8H^+ + 4Sn^{2+} = (2Mo_2 \cdot 4MoO_3)_2 \cdot H_3PO_4 + 4Sn^{4+} + 4H_2O$$

生成的磷钼蓝络合物的蓝色深浅与磷的含量成正比，据此可比色测定磷的含量。

【仪器和试剂】

仪器：722 或 752 分光光光度计，分析天平，移液管（10mL、5mL、2mL、3mL），吸耳球，烧杯（100mL 5 个、400mL 1 个、500mL 1 个），50mL 容量瓶 4 个，100mL 容量瓶 1 个，玻璃棒，电炉，量筒（10mL 2 个、50mL 1 个），秒表，滤纸。

试剂：王水（盐酸＋硝酸＝3＋1），高氯酸（浓），硫酸（浓），亚硫酸钠溶液（5％），钼酸铵溶液（5％），氟化钠-氯化亚锡溶液（称取 2.4g 氟化钠溶解于 100mL 水中，加入 0.2g 氯化亚锡，同时现配），磷标准溶液，纯净水，钢铁试样空白参比溶液（于剩余显色液中滴加 3％ KMnO$_4$ 至呈红色，放置 1min 以上，滴加 Na$_2$SO$_3$ 溶液至红色消失）。

【实验内容】

1. 样品的消化

准确称取 0.5g 样品，置于 100mL 小烧杯，加入 5～10mL 蒸馏水和 10mL 王水，完全溶解样品；继续加入 5mL HClO$_4$ 后，电炉上加热至棕色气泡冒尽，冒白烟 2min，取下快速搅拌至冷，加入 6％ H$_2$SO$_4$ 溶液定量转移至 100mL 容量瓶。

2. 样品的测定

平行移取 10mL 样品液于 4 个小烧杯，分别加 0.01mg/mL 磷标准溶液 0.00mL、1.00mL、2.00mL、3.00mL，加 1.5mL 10％的 Na$_2$SO$_3$，电炉加热至沸腾后，立即加 5mL 钼酸铵并摇匀，加 20mL NaF-SnCl$_2$ 摇匀，放置 1～2min，流水冲洗瓶外壁冷却，6％的 H$_2$SO$_4$ 溶液定容至 50mL 容量瓶。

以试剂空白为参比，1cm 比色皿，波长为 680nm 测定溶液 A，做标准曲线，求算样品中 P 的含量。

【实验说明】

1. 测定磷所用的锥形瓶，必须专用且不接触磷酸，因磷酸在高温时（100～150℃）能侵蚀玻璃而形成 SiO$_2$ · P$_2$O$_5$ 或是 SiO(PO$_3$)$_2$，用水及清洁剂不易洗净，并使测定磷的结果增高。

2. 铁、钛、锆的干扰可通过加入氟化钠掩蔽；有高价铬、钒存在时，加入亚硫酸钠将铬、钒还原为低价以消除影响；铬量高时，宜用浓盐酸挥铬。

3. 测定范围：磷含量为 0.0050％～0.10％。

4. 磷的测定首先是将磷转化为正磷酸，试料要完全溶解成清亮的溶液。某些合金钢用稀硝酸溶解后仍有黑色碳化物，应加入高氯酸冒烟后再与钼酸铵反应，能取得良好的结果。

5. 温度对测定吸光度也有影响，温度高会使测定的吸光度偏低。为了消除这种影响，在手工操作时，应在显色反应完成后，冷却至室温，再进行测定。

6. 样品消化过程必须使用氧化性的酸；不能单独使用 HCl 或者硫酸，否则磷会生成气态的 PH$_3$ 而挥发损失。

7. 实验温度会影响磷钼蓝的反应，一般大多在 90～100℃左右，温度太低会使磷钼杂多酸还原成钼蓝，影响结果的测定。

【思考题】

查找相关的检测方法，并请简要叙述。

实验 34　维生素 B_{12} 注射液的含量测定

【目的和要求】

1. 掌握紫外-可见分光光度计的使用方法。

2. 熟悉维生素 B_{12} 注射液的含量测定的原理和方法。

3. 掌握绘制吸收曲线的一般方法。

【实验原理】

紫外-可见分光光度法是通过测定被测物质在紫外光-可见光区（200～1000nm）的特定波长处或一定波长范围内的吸收，对物质进行定性和定量的分析方法。

利用分光光度计能连续变换波长的性能，可测绘有紫外-可见吸收溶液的吸收光谱曲线。虽然仪器的单色光不够纯，得到的吸收曲线不够精密准确，但亦足以反映溶液吸收最强的光带波段，可用作吸收光谱法选择波长的依据。

维生素 B_{12} 是一类含有钴的卟啉类化合物，具有很强的升血作用，可用于治疗恶性贫血等疾病。维生素 B_{12} 不是一种单一的化合物，共有七种。通常所说的维生素 B_{12} 是指其中的氰钴素，为深红色吸湿性结晶，制成注射液的标示含量有每毫升含维生素 B_{12} $50\mu g$、$100\mu g$ 和 $500\mu g$ 等规格。

维生素 B_{12} 的水溶液在 278nm±1nm、361nm±1nm、550nm±1nm 三波长处有最大吸收，361nm±1nm 处的吸收峰干扰因素少，药典规定以 361nm±1nm 处吸收峰的比吸光系数值（207）为测定注射液实际含量的依据。

$$A_{361nm}=E_{1cm}^{1\%}\times b\times c$$

式中　$E_{1cm}^{1\%}$——在一定波长下，溶液浓度为 1%（g/mL），液层厚度为 1cm 时的吸光度数。

测定维生素 B_{12} 注射液的含量，浓度单位应表示成 $\mu g/mL$。在计算时需将浓度单位为 1g/100mL 的吸光系数 $E_{1cm}^{1\%}$ 361nm=207 换算成浓度单位为 $\mu g/mL$ 的吸光系数。

$$E_{1cm}^{1ppm}361=\frac{207\times100}{10^6}=207\times10^{-4}$$

【仪器和试剂】

仪器：紫外-可见分光光度计（752 型或其他型号），石英比色皿，容量瓶（10mL），移液管（1mL），小烧杯，吸耳球。

试剂：$500\mu g/mL$ 维生素 B_{12} 注射液标准品，$500\mu g/mL$ 维生素 B_{12} 注射液样品。

【实验内容】

1. 吸收曲线的绘制

用维生素 B_{12} 适量，配成浓度约为 $100\mu g/mL$ 的水溶液。将此被测液与水（空白）分别盛装于 1cm 厚的石英吸收池中，安置于仪器的吸收池架上。按仪器使用方法进行操作。从波长 200nm 开始，每间隔 20nm 测量一次，每次用空白调节 100%透光度后测定被测溶液的吸收度。在有吸收峰或吸收谷的波段，再以 5nm 或更小的间隔测定一些点。必要时重复一次，记录不同波长处的吸收度值。

以波长为横坐标，吸收度为纵坐标，将测得值逐点描绘在坐标纸上并连成光滑的曲线，即可得吸收光谱曲线。从光谱曲线上可查得溶液吸收最强的光带波长。

2. 维生素 B_{12} 样品液的配制

用吸量管精密吸取浓度为 $500\mu g/mL$ 的维生素 B_{12} 注射液 0.5mL，置于 10mL 容量瓶中，加纯化水稀释至刻线，充分摇匀。其浓度 $C_{样}=25\mu g/mL=0.0025g/100mL$。

3. 装液

将空白液（纯化水）与样品液分别盛于 1cm 厚的石英比色皿中，并分别正确放入 752 型（或指定机型）仪器试样室的参比槽和样品槽中。

4. 测量

按 752 型紫外-可见分光光度计（或指定机型）的操作顺序操作，将波长调至 361nm，测出样品液的吸光度值 $A_{样}$。

5. 计算

根据比尔定律，计算出样品液的比吸光系数为：$C_{B_{12}}(\mu g/mL)=A_y\times48.31$

上面的计算式，可由下法导出：

根据朗伯-比尔定律 $\qquad\qquad A=K\times C\times L$

$$C_{B_{12}}(g/100mL)=\frac{A_y}{E_{1cm}^{1ppm}361\times L}=\frac{A_y}{207}$$

将溶度单位换算成 $\mu g/mL$ 得：

$$C_{B_{12}}(\mu g/mL)=\frac{A_y}{207}\times\frac{10^6}{100}=A_y\times48.31$$

则维生素 B_{12} 注射液：$c_{原样}=A\times48.31\times20$（稀释倍数）$(\mu g/mL)$。

【实验说明】

1. 绘制吸收曲线时，必须注意将曲线连接光滑，尤其是在吸收峰附近，可考虑多测几个波长点。

2. 维生素 B_{12} 注射液有不同的规格，稀释倍数根据实际含量来定。

3. 752 型紫外-可见分光光度计操作简单，应正确使用并注意维护。

4. 若无标准品可采用文献的吸收系数，但不一定可靠，因测定条件不同。

5. 本实验用吸光系数法测定维生素 B_{12} 注射液的浓度，实际工作中，多用校正曲线法定量。

【思考题】

1. 《中国药典》规定维生素 B_{12} 注射液的正常含量应为标示量的 90.0%～110%，根据本实验结果，判断是否符合要求？

2. 维生素 B_{12} 在 361nm 和 550nm 波长处有最大吸收；《中国药典》规定在 361nm 波长处的吸光度与 550nm 波长处的吸光度的比值应为 3.15～3.45，如果要对维生素 B_{12} 注射液进行定性鉴别，如何操作？

3. 本实验是否可用玻璃比色皿？在紫外分光光度计上，还有其他方法能测其含量吗？

4. 利用邻组同学的实验结果，比较同一溶液在不同仪器上测得的吸收曲线的形状、吸收峰波长以及相同浓度的吸光度等有无不同，试解释之。

5. 单色光不纯对于测得的吸收曲线有何影响？

实验35 洋葱皮中总黄酮含量分析

【目的和要求】

1. 了解微波辅助萃取的原理与方法。

2. 掌握微波辅助萃取用于实际样品分离提取的操作技术。

【实验原理】

微波是频率介于300～300000MHz的电磁波，微波辅助萃取技术是在传统有机溶剂萃取技术的基础上发展起来的一种新的分离提取技术。它是通过先选用适当溶剂，根据化合物不同的物理化学性质及对微波吸收能力的差异性，利用微波能来加快目标化合物和基体的分离，提高目标化合物溶出到溶剂中的速率，从而提高从基体中提取目标化合物的提取效率。

由于微波辐射过程是一个"体加热"过程，用于天然产物试样提取分离时，细胞内温度迅速上升，使得细胞内压力急剧增大，导致细胞破裂，有利于在回流过程中提取剂进入细胞内，从而使得在细胞内的有效分离以快速释放出来，因此，微波辅助萃取具有快速、节能、省溶剂、环境友好等特点。

近年来的研究表明，洋葱皮中含有大量对人体有益的活性物质，如黄酮类化合物。本实验利用黄酮类化合物与Al^{3+}生成红色络合物，在波长为510nm处测定吸光度，进而确定黄酮类化合物的含量。

【仪器和试剂】

仪器：微波萃取仪，可见分光光度计（722型或752型），离心机，圆底烧瓶（50mL），容量瓶（50mL），具塞比色管（10mL）。

试剂：无水乙醇，芦丁标准溶液（300μg/mL）（准确称取75mg芦丁标准品，用60％的乙醇溶解并定容至250mL，摇匀），$NaNO_2$溶液（50g/L），$Al(NO_3)_3$溶液（100g/L），NaOH溶液（1mol/L），洋葱皮粉末（取洋葱皮若干克，用自来水和去离子水洗净，放于烘箱内，60℃烘焙7h，待冷至室温后，放入搅拌机中搅碎，并用20目筛）。

【实验内容】

1. 微波辅助萃取洋葱皮中黄酮

称取洋葱皮粉末1.0g于50mL圆底烧瓶中，加入15mL 20％乙醇溶液作为萃取剂，摇匀，放入磁力搅拌子，转动，75℃下在微波萃取仪中萃取25min。萃取后过滤，转移至50mL容量瓶中，用20％乙醇溶液定容至刻度。

2. 标准曲线

300μg/mL的芦丁标准溶液0.0mL、1.0mL、1.5mL、2.0mL、2.5mL、3.0mL于6个10mL具塞比色管中，加入去离子水至5.0mL，加入0.5mL 50g/L $NaNO_2$溶液，摇匀，放置6min，加工0.5mL 100g/L $Al(NO_3)_3$溶液，摇匀，放置6min，加4.0mL 1mol/L NaOH溶液，加去离子水定容至10mL，摇匀，放置10min，离心后分离5min，注入1cm的比色皿，以试剂空白为参比，于510nm波长下测定吸光度。

3. 试样测定

吸取5.0mL的洋葱皮提取液10mL于具塞比色管中，按芦丁标准溶液的测定方法进行总黄酮的分光光度法测定，根据曲线计算出洋葱皮中总黄酮的含量（以芦丁的质量分数表示，％）。

4. 实验数据记录表格

标准溶液的吸光度及试样中总黄酮含量的测定结果见表4-35。

表4-35 标准溶液的吸光度及试样中总黄酮含量的测定结果

编号	1	2	3	4	5	6	试样
芦丁溶液浓度/(mg/L)							
吸光度							
总黄酮含量/％							

1. 微波辅助萃取与普通溶剂萃取相比具有什么优势？

2. 微波加热的方式有什么特点？影响微波辅助萃取的因素主要有哪些？

3. 为什么用芦丁溶液作为标准品绘制标准曲线？是否可以用槲皮素或其他黄酮对照品取代？

4. 如测得样品含量不在标准曲线的范围内，该如何处理？

4.2.7 化学分析操作技术综合实验

实验 36 硅酸盐水泥中 SiO_2、Fe_2O_3、Al_2O_3、CaO 和 MgO 含量的测定

【目的和要求】

1. 学会用重量法测定硅酸盐中 SiO_2 含量的原理和方法。

2. 能用络合滴定中的方法（直接滴定法、返滴定法、差减法等）通过控制溶液的酸度、温度及选择适当的掩蔽剂和指示剂等，测定硅酸盐中铁、铝、钙、镁、的含量，并会正确运算。

【实验原理】

硅酸盐试样分析的项目有 SiO_2、Fe_2O_3、Al_2O_3、CaO、MgO 等。本实验选择水泥作为复杂样品的分析实践，以了解一般测定方法。

本实验采用普通硅酸盐水泥试样。

HCl 分解水泥时其反应如下。

$$CaO \cdot SiO_2 + 2HCl = CaCl_2 + H_2SiO_3$$
$$CaO \cdot Al_2O_3 + 8HCl = CaCl_2 + 2AlCl_3 + 4H_2O$$
$$CaO \cdot Al_2O_3 \cdot FeO_3 + 14HCl = CaCl_2 + 2AlCl_3 + 2FeCl_3 + 7H_2O$$
$$MgO + 2HCl = MgCl_2 + H_2O$$

试样用酸分解后，硅酸一部分以溶胶状存在，一部分以无定形沉淀析出，吸附严重，为此，将试样与定量固体氯化铵混合后，再用少量浓 HCl 在沸水浴中加热分解。

1. SiO_2 的测定

本实验采用的氯化铵法，试样与固体氯化铵混匀，用 HCl 分解，经淀分离，过滤洗涤后的 SiO_2 在瓷坩埚中于 950℃灼烧至恒重。

2. Fe_2O_3 的测定

调节溶液的 pH 值为 2～2.5（用 pH 试纸检验），以磺基水杨酸为指示剂，用 EDTA 滴定至终点。温度应控制在 60～70℃，若温度太低，滴定速度又较快，则由于终点前 EDTA 夺取 FeIn 中 Fe^{3+} 的速度缓慢，往往容易滴定过量。

3. Al_2O_3 的测定

采用 $CuSO_4$ 回滴法。在测 Fe^{3+} 后的溶液中加入一定过量的 EDTA 标准溶液煮沸，待 Al^{3+} 与 EDTA 完全络合后，调节溶液的 pH 值约为 4.2，以 PAN 做指示剂，用 $CuSO_4$ 标准溶液滴定过量的 EDTA，反应如下。

$$H_2Y^{2-} + Cu^{2+} = CuY^{2-} + 2H^+$$
（浅蓝色）　　　（蓝色）
$$Cu^{2+} + PAN = Cu\text{-}PAN$$
（黄色）　　　（红色）

终点时的颜色与 EDTA 和 PAN 指示剂的量有关，如 EDTA 过量太多或 PAN 量较少，因存在大量蓝色 CuY^{2-}，使终点为蓝紫色或蓝色；如 EDTA 过量太少，EDTA 与 Al^{3+} 络合可能不完全，使误差增大。

4. CaO 的测定

钙指示剂在 pH<8 时呈酒红色，pH＝8~13 时呈蓝色，pH>13 时呈酒红色，在 pH＝1~13 时与 Ca^{2+} 形成酒红色络合物。滴 Ca^{2+} 时，调节溶液的 pH 值约为 12.5，这时 Mg^{2+} 生成 $Mg(OH)_2$ 沉淀，不被 EDTA 滴定。由于 $CaIn^{2-}$ 不如 CaY^{2-} 稳定，接近化学计量点时，$CaIn^{2-}$ 中的 Ca^{2+} 被 EDTA 夺取，游离出钙指示剂，溶液呈纯蓝色，即为终点。

5. MgO 的测定

镁的测定采取差减法。在 pH＝10 时，以酸性铬蓝 K-萘酚绿 B 为指示剂（萘酚绿 B 本身为绿色，只做酸性格蓝 K 变色的背景），用 EDTA 滴定溶液中 Ca^{2+}、Mg^{2+} 的总含量。由 Ca^{2+}、Mg^{2+} 的总含量中减去 Ca^{2+} 的含量，即得 MgO 含量。

【仪器和试剂】

仪器：滴定管、烧杯、容量瓶、移液管、锥形瓶、量筒、坩埚、电子天平。

试剂：浓 HCl、磺基水杨酸（10%）、EDTA 溶液（0.02mol/L）、HAc-NaAc 缓冲液、PAN 指示剂（0.3%）、$CuSO_4$ 标准溶液 [0.02mol/L，称 6.24g $CuSO_4 \cdot 5H_2O$ 溶于水中，加 4~5 滴 H_2SO_4（1∶1），用水稀释至 1L]、$AgNO_3$ 溶液（0.1%）、溴甲酚绿指示剂（0.1%）、氨水（1∶1）、HCl（1∶1）、三乙醇胺水溶液（1∶1）、钙指示剂（固体）、NH_3-NH_4Cl 缓冲溶液、酸性铬蓝 K-萘酚绿 B 指示剂。

【实验内容】

1. SiO_2 含量的测定

准确称取 0.4g 试样，置于干燥的 50mL 小烧杯中，加入 2.5~3.0g 固体 NH_4Cl，用玻璃棒混匀，滴加浓 HCl 溶液至试样全部润湿，并滴加 2~3 滴 HNO_3，搅匀，盖上表面皿，置于沸水浴上，加热 10min，加水约 40mL，搅动以溶解可溶性盐类，过滤。用热水洗涤烧杯和滤纸，直至无 Cl^-（用 $AgNO_3$ 溶液检验），弃去滤液。

将沉淀连同滤纸放入已恒重过的坩埚中，低温炭化后，于 950℃ 灼烧 30min，取下，置于干燥器中冷却至室温，称重，重复操作直至恒重，计算试样中 SiO_2 的含量。

2. Fe_2O_3、Al_2O_3、CaO、MaO 含量的测定

称取试样 0.5~0.55g 于 100mL 烧杯，加入 20mL 6mol/LHCl，在水浴上加热溶解后，用快速定性滤纸过滤（注意滤纸的叠法），用 250mL 的容量瓶接收。趁热用倾泻法进行过滤，并用热蒸馏水洗涤，直至洗出液不含 Cl^-，待容量瓶温度降至室温，加水至刻度，摇匀。

（1）Fe_2O_3 的测定

准确移取上述滤液 50mL，置于 300mL 广口三角烧瓶中，加水 50mL，加 1 滴 0.1% 溴甲酚绿指示剂（溴甲酚绿在 pH<3.8 时呈黄色，在 pH>5.4 时呈蓝绿色），此时溶液呈黄色，逐滴加氨水（1∶1）使之成蓝绿色，然后再用 HCl 溶液（1∶1）调至黄色再过量 3 滴，此时溶液的 pH＝2，加热至约 70℃ 取下，加 2 滴 10% 磺基水杨酸，以 0.02mol/L EDTA 标准溶液滴定，在滴定开始时溶液呈紫红色，此时滴定速度宜稍快些。当溶液开始呈淡红色时，则把滴定速度放慢，逐滴滴加，摇动（保持温度），直至滴到溶液变到亮黄色，即为终点。记下消耗 EDTA 标准溶液的体积，计算 Fe_2O_3 含量。

（2）Al_2O_3 的测定

准确移取 10.00mL0.02mol/L EDTA 溶液于锥形瓶中，加水稀释至 100mL，加 10mL pH＝4.2 的 HAc-NaAc 缓冲溶液，加热至 70～80℃，加入 4～6 滴 PAN 指示剂，用 0.02mol/L $CuSO_4$ 溶液滴定至紫红色不变，即为终点。计算 1mLCuSO4 溶液相当于 EDTA 标准溶液的毫升数。

在已测定 Fe^{3+} 的溶液中继续测定 Al^{3+}。加入 20mL 0.02mol/L EDTA 溶液，摇匀。70～80℃时，滴加氨水（1∶1）至溶液的 pH 值约为 4，加入 10mL pH＝4.2 的 HAc-NaAc 缓冲溶液，煮沸 1min，取下稍冷。加 6～8 滴 PAN 指示剂（PAN 在 pH 值为 1.9～12.2 范围内呈黄色），用 $CuSO_4$ 标准溶液回滴过量的 EDTA 至溶液呈紫红色，即为终点，记下 $CuSO_4$ 的用量，计算 Al_2O_3 的含量。

（3）CaO 的测定

准确移取滤液 25.00mL 置于 50mL 锥形瓶中，加水稀释至约 100mL，加 4mL 三乙醇胺溶液（1∶1）（掩蔽 Fe^{3+}、Al^{3+}），摇匀后再加 10mL 10％NaOH 溶液，再摇匀，加入少许钙指示剂，此时溶液呈酒红色。然后以 0.02mol/L EDTA 标准溶液滴定至溶液呈纯蓝色，即为终点，记下消耗 EDTA 的体积读 V_1。

（4）MgO 的测定

准确吸取滤液 25.00mL，置于 250mL 锥形瓶中，加水稀释到约 100mL，加 4mL 三乙醇胺溶液（1∶1）、4mL 10％ 酒石酸钾钠溶液，用氨水（1∶1）调节 pH 值约为 10，摇匀后，加入 10mL pH＝10 的 NH_3-NH_4Cl 缓冲溶液，再摇匀，然后加入 4～5 滴酸性铬蓝 K-萘酚绿 B 指示剂，用 0.02mol/L EDTA 标准溶液滴定，溶液由紫红变为蓝色，即为终点。记下消耗 EDTA 标准溶液的体积 V_2，这是滴定 Ca^{2+}、Mg^{2+} 总含量的体积。根据此结果计算所得的为 Ca、Mg 总量，由（V_2-V_1）计算试样中 MgO 的质量分数。

3. 数据记录与处理

$$w(SiO_2) = \frac{m(SiO_2)}{m_s}$$

$$w(Fe_2O_3) = \frac{c(EDTA) \times V(EDTA) \times M(Fe_2O_3)}{2m_s}$$

$$w(Al_2O_3) = \frac{[c(CuSO_4)V(CuSO_4) - c(EDTA)V(EDTA)] \times M(Al_2O_3)}{2m_s}$$

$$w(CaO) = \frac{c(EDTA) \times V_1 \times M(CaO)}{m_s}$$

$$w(MgO) = \frac{c(EDTA) \times (V_2 - V_1) \times M(MgO)}{m_s}$$

式中　w——质量分数；

　　　m_s——试样质量，g；

　　　M——摩尔质量，g/mol，g；

　　　c——物质的量浓度，mol/L；

　　　V——体积，L；

　　　m——质量，g。

【思考题】

1. 滴定 Fe，Al，Ca，Mg 时各控制 pH 值为多少？

2. 用 EDTA 滴定铝时，为什么采用返滴定法？

实验 37 露天水体的水质分析

【目的和要求】

1. 掌握露天水体的水质分析方法。
2. 监测露天水体受污染状况，提出改善露天水质的措施。

【实验原理】

水是生命之源，也是人类赖于生存的组成部分。随着工业化进程的加剧，环境污染的日益严重，人们越来越重视饮用水以及江河、湖泊、排污口等露天水体的质量状况。各国都相应制定了标准，用来监测各种水体，其中 pH 值、DO、COD、氨氮含量以及重金属元素常作为测定水质分析的指标。

【仪器和试剂】

仪器：pH 计、分光光度计、电炉、容量瓶（250mL）、烧杯（100mL）、移液管（1mL、2mL、25mL）、比色管（50mL）、溶解氧瓶（250mL）、锥形瓶（250mL）、滴定管、蒸馏装置等玻璃仪器。

试剂：丙酮、盐酸、硫酸、磷酸、硼酸、氢氧化钠、氢氧化钾、氯化铵、轻质氧化镁、硫酸锌、高锰酸钾、重铬酸钾、硫酸锰、尿素、亚硝酸钠、二苯碳酰二肼、碘化钾、氯化汞、酒石酸钾钠、水杨酸、硫代硫酸钠、草酸钠、可溶性淀粉。

【实验内容】

1. pH 值的测定

① 开机，酸度计校准，用 pH 值为 6.864 的磷酸缓冲溶液进行校正。

② 取露天水样 50mL 于 100mL 烧杯中，将复合电极用蒸馏水洗净，用滤纸吸干，再把电极插入待测溶液中，待显示屏上的数值稳定后读出缓冲液的 pH 值，测定结束后，清洗电极，用滤纸吸干，套上电极保护套，放回电极盒内，关上电源。

2. DO 的测定

① 溶解氧的固定。用吸液管插入溶解氧瓶的液面下，加入 1mL 硫酸锰溶液，2mL 碱性碘化钾溶液，盖好瓶塞，颠倒混合数次，静置。一般在现场固定。

② 打开瓶塞，立即用吸管插入液面下，加入 2.0mL 硫酸。盖好瓶塞，颠倒混合均匀，至沉淀物全部溶解，放于暗处静置 5min。

③ 吸取 100.00mL 上述溶液于 250mL 锥形瓶中，用硫代硫酸钠标准溶液滴定至溶液呈淡黄色，加入 1mL 淀粉溶液，继续滴定至蓝色刚好褪去，记录硫代硫酸钠溶液的用量。上述过程平行滴定 3 份。

3. COD_{Mn} 的测定

取露天水样 10mL 于 250mL 锥形瓶中，加入 5mL 6mol/L H_2SO_4 溶液，再用移液管准确加入 10.00mL 0.002mol/L $KMnO_4$ 标准溶液，然后尽快加热溶液至沸，并准确煮沸 5min（紫红色不应褪去，否则应增加 $KMnO_4$ 溶液的体积）。取下锥形瓶，冷却 1min 后，准确加入 10.00mL 0.005mol/L $Na_2C_2O_4$ 标准溶液，充分摇匀（此时溶液应为无色，否则应增加 $Na_2C_2O_4$ 的用量）。趁热用 0.002mol/L $KMnO_4$ 标准溶液滴定至溶液呈微红色，记下溶液的体积，平行滴定 3 份。

另取 10mL 蒸馏水代替水样进行实验，同样操作。求空白值，计算需氧量时将空白减去。

4. 氨氮的测定

① 水样预处理。取 250mL 水样，移入凯氏烧瓶中，加数滴溴百里酚蓝指示液，用氢氧化钠或盐酸溶液调节 pH 值为 7 左右。加入 0.25g 轻质氧化镁和数粒玻璃珠，立即连接氮球和冷凝管，导管下端插入吸收液液面下，加热蒸馏，至馏出液达 200mL，停止蒸馏，定容至 250mL。

② 标准曲线的绘制。吸取 0.00mL、0.50mL、1.00mL、3.00mL、5.00mL、7.00mL 和 10.00mL 氨标准使用液于 50mL 比色管中，加水至标线，用 1.0mL 酒石酸钾钠，混匀。加 1.5mL 纳氏试剂，混匀。放置 10min 后，在波长为 510nm 处，用光程 20mm 比色皿，以水为参比，测定吸光度。

③ 试样的测定。取经蒸馏预处理后的馏出液，加入 50mL 比色管中，加一定量 1mol/L 氢氧化钠溶液以中和硼酸，稀释至标线，加 1.5mL 纳氏试剂，混匀，放置 10min 后，同标准曲线测量步骤一致，测量吸光度。以无氨水代替水样，做全程序空白测定。

5. Cr^{3+} 的测定

(1) 水样的预处理

① 对含悬浮物、低色度的清洁地面水，可直接进行测定。

② 如水样有色但不深，可进行色度校正。另取一份试样，加入除显色剂以外的各种试剂，以 2mL 丙酮代替显色剂，用此溶液为测定试样溶液吸光度的参比溶液。

③ 对浑浊、色度较深的水样，可加入氢氧化锌共沉淀剂并进行过滤处理。

④ 水样中存在次氯酸盐等氧化性物质时，干扰测定，可加入尿素和亚硝酸钠消除。

⑤ 水样中存在低价铁、亚硫酸盐、硫化物等还原性物质时，可将 Cr^{6+} 还原为 Cr^{3+}，再调节水样 pH 值为 8，加入显色剂溶液，放置 5min 后再酸化显色，并以分光光度法做标准曲线。

(2) 标准曲线的绘制

取 9 支 50mL 比色管，依次加入 0mL、0.20mL、0.50mL、1.00mL、2.00mL、4.00mL、6.00mL、8.00mL 和 10.00L 铬标准使用液，用水稀释至标线，加入 1+1 硫酸 0.5mL 和 1+1 磷酸 0.5mL，摇匀。加入 2mL 显色剂溶液，摇匀，5～10min 后，于 540nm 波长处，用 1cm 和 3cm 比色皿，以水为参比，测定吸光度并做空白校正。以吸光度为纵坐标，相应六价铬含量为横坐标绘出标准曲线。

(3) 水样的测定

取适量（含 Cr^{6+} 少于 50μg）无色透明或经预处理的水样于 50mL 比色管中，用水稀释至标线，测定方法同标准溶液。进行空白校正后根据所测吸光度从标准曲线上查得 Cr^{6+} 含量。

6. 实验数据与记录

自行设计表格。

【思考题】

1. 水样的化学需氧量的测定有何意义？有哪些方法测定 COD？

2. 在 DO 的测定中，水样中有游离氯应如何处理？如 Fe^{3+} 含量高时，应如何处理为好？

3. 在氨氮含量的测定中，对显色反应影响较大的因素是什么？

4. 水样中 Cr^{6+} 的测定中，依据的原理是什么？

5. 根据露天水体受污染状况，提出改善露天水质的合理化措施。

实验 38　钴、镍的离子交换分离及络合滴定法测定

【目的和要求】

1. 学习离子交换分离的操作方法（包括树脂预处理、装柱、离子交换和淋洗）。
2. 了解离子交换分离在定量分析中的应用。
3. 应用络合滴定方法测定钴和镍的含量。

【实验原理】

金属离子 Mn^{2+}、Co^{2+}、Cu^{2+}、Fe^{3+}、Zn^{2+} 在盐酸溶液中能形成氯络阴离子，而 Ni^{2+} 则不能形成氯络阴离子，又由于各种金属络阴离子的稳定性不同，生成络阴离子所需的 Cl^- 的浓度也不相同，因此可利用阴离子交换柱，选用不同浓度的盐酸作为洗脱液而将这些离子分离。

本实验进行钴、镍离子的分离。当试液中盐酸浓度为 9mol/L 时，Ni^{2+} 仍为阳离子，不被阴离子交换树脂吸附，而 Co^{2+} 形成 $CoCl_4^{2-}$，能被阴离子交换柱吸附，交换反应如下。

$$2R_4N^+Cl^- + CoCl_4^{2-} \Longrightarrow (R_4N^+)_2CoCl_4^{2-} + 2Cl^-$$

吸附后，交换柱上呈显钴的蓝色带。用 9mol/L 的 HCl 洗脱，Ni^{2+} 首先被淋洗而流出交换柱，流出液呈淡黄色。接着用 0.1mol/L HCl 洗脱，$CoCl_4^{2-}$ 转变成 Co^{2+} 被洗出柱，然后分别用 EDTA 标准溶液滴定流出液中镍与钴的含量。

【仪器和试剂】

仪器：电子天平，电子称，通用滴定管（25mL），移液管（20mL），锥形瓶（250mL），烧杯，离子交换柱（可用 25mL 滴定管代替），洗瓶。

试剂：NaOH(固体)，酚酞指示剂（w 为 0.01），硫酸铵试样（固体），邻苯二甲酸氢钾（固体），甲醛中性水溶液（w 为 0.40），EDTA 标准溶液（0.02mol/L），二甲酚橙水溶液（2g/L），六亚甲基四胺水溶液（200g/L，用 2mol/L 盐酸调至 pH 值为 5.8），盐酸溶液（9mol/L、6mol/L、2mol/L 和 0.01mol/L），NaOH 溶液（6mol/L 和 2mol/L）。

镍标准溶液（10mg/mL）。称取分析纯 $NiCl_2 \cdot 6H_2O$ 试剂 4.048g，用 2mol/L HCl 30mL 溶解，移入 100mL 容量瓶，并用 2mol/L HCl 稀释至刻度。

钴标准溶液（10mg/mL）。称取分析纯 $CoCl_2 \cdot 6H_2O$ 试剂 4.036g，用 2mol/L HCl 30mL 溶解，移入 100mL 容量瓶，用 2mol/L HCl 稀释至刻度。

标准锌溶液（0.02mol/L）。用纯锌片溶解于少量的 6mol/L 的 HCl 中配制，稀释成所需浓度。

定性鉴定用试剂。1% 丁二酮肟乙醇溶液，饱和 NH_4SCN 溶液，戊醇，浓氨水。

强碱性阴离子交换树脂（国产 717，新商品牌号为 201×7，氯型，40～80 目）。

【实验内容】

1. 交换柱的准备

强碱性阴离子交换树脂（国产 717，新商品牌号为 201×7，氯型，40～80 目），先用 2mol/L HCl 溶液浸泡 24h，取出树脂，用水洗净。继续用 2mol/L 的 NaOH 溶液浸泡 2h，然后用去离子水洗至中性，再用 2mol/L HCl 浸泡 24h，备用。

取一支 1cm×20cm 的玻璃交换柱，底部塞以少许玻璃丝，将树脂和水缓慢倒入柱中，树脂柱高约 15cm，上面再铺一层玻璃丝。调节流速约为 1mL/min，待水面下降近树脂层的上端时（切勿使树脂干涸），将 9mol/L 的 HCl 20mL 分次加入柱内。

2. 配制试液

取钴、镍等体积混合后的试液 2.0mL 于 50mL 小烧杯中，加入浓盐酸 6mL，使试液中 HCl 浓度为 9mol/L。

3. 分离

将试液小心移入交换柱中进行交换，用 250mL 锥瓶收集流出液，流速 0.5mL/min，当液面接近到树脂相时，用 20mL 9mol/L LiCl 洗脱 Ni^{2+}，开始时用少量 9mol/L HCl 洗涤烧杯，每次 2~3mL，洗 3~4 次，洗液均倒入柱中，以保证试液全部转移入交换柱。然后将剩余的 9mol/L HCl 分次倒入交换柱。收集流出液以测定 Ni^{2+}。待淋洗近结束时，取 2 滴流出液，用浓氨水碱化，再加 2 滴 1‰丁二酮肟，以检验 Ni^{2+} 是否洗脱完全。继续用 0.1mol/L HCl 25mL 分 5 次洗脱 Co^{2+}，流速 1mL/min，收集流出液于另一锥瓶中以备测定 Co^{2+}（用 NH_4SCN 法检验 Co^{2+} 是否已洗脱完全）。

4. Ni^{2+}、Co^{2+} 的测定

将 Ni^{2+} 的洗脱液用 6mol/L 的 NaOH 中和至酚酞变红，继用 6mol/L HCl 调至红色褪去，再过量 2 滴，此时由于中和发热，液温升高，可将锥形瓶置于流水中冷却。用移液管加入 10.00mL EDTA 溶液，加 5mL 六亚甲基四胺溶液，控制溶液的 pH 值在 5.5 左右。加 2 滴二甲酚橙，溶液应为黄色（若呈紫红或橙红，则说明 pH 值过高，用 3mol/L HCl 调至刚变黄色），用标准锌溶液回滴过量的 EDTA，终点由黄绿变红橙色。Co^{2+} 的滴定与 Ni^{2+} 滴定相同。

用 9mol/L HCl 20~30mL 处理交换柱，使之再生。

5. 数据记录与处理

Ni^{2+}、Co^{2+} 的测定见表 4-36。

表 4-36　Ni^{2+}、Co^{2+} 的测定

被测物种类	Ni^{2+}	Co^{2+}
EDTA 体积/mL		
锌溶液体积/mL		
试样中 Ni^{2+}、Co^{2+} 的质量浓度/(mg/mL)		

【思考题】

1. 在离子交换分离中，为什么要控制流出液的流速？淋洗液为什么要分几次加入？

2. 为什么不能使交换柱内干涸？

3. 对于微量的钴和镍的试液，若不采用预分离，应如何进行测定？

4. 本实验若是微量 Co^{2+} 与微量 Ni^{2+} 分离，其测定方法应有何不同？

4.3　有机化学基本技术

4.3.1　蒸馏操作技术

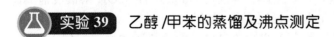

实验39　乙醇/甲苯的蒸馏及沸点测定

【目的和要求】

1. 熟悉和掌握蒸馏的基本原理，了解蒸馏和测定沸点的意义。

2. 熟练掌握蒸馏及沸点测定基本操作。

【实验原理】

液体的蒸气压只与温度有关，即液体在一定温度下具有一定的蒸气压。当液态物质受热时蒸气压增大，待液体蒸气压与外界大气压或所给压力相等时液体沸腾，这时的温度称为液体在该压力下的沸点。纯粹的液体有机化合物在一定的压力下具有一定的沸点（沸程 0.5～1.5℃）。利用这一点，我们可以测定纯液体有机物的沸点，又称常量法。将液体加热至沸腾，使液体变为蒸汽，然后使蒸汽冷却再凝结为液体，这两个过程的联合操作称为蒸馏。

蒸馏是分离和提纯液态有机化合物最常用的重要方法之一。通过蒸馏可除去不挥发性杂质及有色的杂质，分离沸点差大于 30℃的液体混合物，还可以测定纯液体有机物的沸点及定性检验液体有机物的纯度。

【仪器和试剂】

仪器：单口圆底烧瓶（50mL，2 个）、100℃温度计（1 个）、温度计套管（1 个）、蒸馏头（1 个）、直形冷凝（1 个）、电热套（1 个）。

试剂：甲苯或乙醇。

【实验步骤】

1. 将实验装置按照自下而上，从左到右顺序安装。温度计水银球上缘应和蒸馏头支管口下缘在同一水平线上，冷凝水应下进上出。

2. 加料。选 50mL 圆底烧瓶加入 20mL 工业酒精/甲苯（通常装入液体的体积应为圆底烧瓶容积的 1/3～2/3，液体量过多或过少都不宜）。

3. 加沸石。为了防止液体爆沸，要加入适量沸石。沸石为多孔性物质，加入液体中孔内会有许多气泡，可将液体内部的气体导入液体表面形成气化中心。如果加热中断，再加热时应重新加入沸石，因原来沸石上的小孔已被液体充满，不能再起汽化中心的作用。

4. 加热。加热前，应检查仪器安装是否正确，原料及沸石是否加好，冷凝水是否通好，一切无误后开始加热。先用小火加热，然后慢慢加大火力，使之沸腾，开始蒸馏。调节火源，控制蒸馏速度为 1～2 滴/s。

5. 收集馏分。当出现第一滴馏出液时用干燥的容器收集馏分，并记录此时的温度。当温度计读数稳定时记录此时温度，即为乙醇沸点。继续收集馏分，若温度超过沸程范围，停止接收。

6. 停止蒸馏。当不再有馏分蒸出且温度下降时，停止蒸馏。应先停止加热，待蒸馏瓶稍冷，馏出液不再流出时取下接收瓶。关掉冷凝水，拆卸实验装置，其顺序与安装时相反。

【实验说明】

1. 水银球的上缘和蒸馏瓶支管的下口相平齐与同一条水平线。因为在此位置，水银球完全被蒸汽所包围，能准确地测定蒸汽的温度（即实验所要测定的样品的沸点温度）。

2. 装置磨口的地方要结合紧密。

3. 先通冷凝水，再加热，保持加热速度在 1～2d/s。

4. 实验结束后，先停止加热，后停止通水。实验结束后，仪器的拆卸与安装正好相反。

【思考题】

1. 为什么不能将沸石直接加至热的液体中？

2. 为什么蒸馏装置的尾端要有一个开口通大气？

4.3.2 分馏操作技术

实验 40 甲醇/乙醇和水的分馏

【目的和要求】

1. 熟悉和掌握分馏的基本原理及应用。
2. 掌握分馏柱的工作原理和简单分馏操作方法。

【实验原理】

应用分馏柱将几种沸点相近的混合物进行分离的方法称为分馏。

将几种具有不同沸点而又可以完全互溶的液体混合物加热，当其总蒸气压等于外界压力时，就开始沸腾气化，蒸气中易挥发液体的成分较在原混合液中为多。在分馏柱内，当上升的蒸气与下降的冷凝液互相接触时，上升的蒸气部分冷凝放出热量使下降的冷凝液部分气化，两者之间发生了热量交换，其结果，上升蒸气中易挥发组分增加，而下降的冷凝液中高沸点组分（难挥发组分）增加，如此继续多次，就等于进行了多次的气液平衡，即达到了多次蒸馏的效果。因此，只要分馏柱的效率足够高，从分馏柱上端蒸出的蒸气组分就能接近低沸点单组分的纯度，而高沸点组分仍回流到蒸馏烧瓶中。需要指出的是，由于共沸混合物具有恒定的沸点，与蒸馏一样，分馏操作也不可用来分离共沸混合物。

蒸馏和分馏的基本原理是一样的，不同的是，分馏借助于分馏柱使一系列的蒸馏不需多次重复，一次得以完成（分馏即多次蒸馏），应用范围也不同，蒸馏时混合液体中各组分的沸点要相差30℃以上，才可以进行分离，而要彻底分离沸点要相差110℃以上。分馏可使沸点相近的互溶液体混合物（甚至沸点仅相差1～2℃）得到分离和纯化。工业上的精馏塔就相当于分馏柱。

【仪器和试剂】

仪器：圆底烧瓶（50mL）、韦氏分馏柱、蒸馏头、直行冷凝管、真空接引管、锥形瓶。

试剂：甲醇、乙醇、水。

【实验步骤】

1. 分馏装置安装
2. 加料

用量筒取30mL 50％的甲醇水溶液，倒入50mL的圆底烧瓶，加入2～3粒沸石。

3. 加热收集馏分

开始缓慢加热，当尾接管有第一滴液体流出时，迅速记录温度计读数；控制加热速度，记录稳定时温度，收集馏分（65℃），馏出液以每滴1～2滴/s的速度蒸出；当温度下降时，更换锥形瓶，温度再上升后收集馏分（100℃），记录温度计读数。

4. 数据记录

停止加热，分段记录各馏分的沸点范围及体积。

【实验说明】

1. 馏出速度太快，产物纯度下降；馏出速度太慢，馏出温度易上下波动。馏出速度应控制在1～2滴/s。注意切不可蒸干。
2. 尽量减少分馏柱的热量损失和波动，可用干棉布将其包起来。

3. 分馏过程中，由于某组分蒸气不足，温度计水银球不能被该组分蒸气包围，因此温度出现下降。

【思考题】

1. 若加热太快，馏出液每秒的滴数超过要求量，用分馏法分离两种液体的能力会显著下降，为什么？

2. 用分馏法提纯液体时，为了取得较好的分离效果，为什么分馏柱必须保持回流液？

3. 什么是共沸混合物？为什么不能用分馏法分离共沸混合物？

4. 在分馏时通常用水浴或油浴加热，它比直接加热有什么优点？

4.3.3 水蒸气蒸馏操作技术

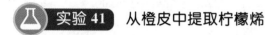 **实验 41** 从橙皮中提取柠檬烯

【目的和要求】

1. 了解橙皮中提取柠檬烯的原理及方法。

2. 熟练掌握水蒸气蒸馏原理及应用。

【实验原理】

精油是植物组织经水蒸气得到的挥发性成分的总称。大部分具有令人愉快的香味，主要组成为单萜类化合物。在工业上经常用水蒸气蒸馏的方法来收集精油，柠檬、橙子和柚子等水果果皮通过水蒸气蒸馏得到一种精油，其主要成分（90%以上）是柠檬烯。

橙皮提取的挥发油-橙油，主要成分为柠檬烯，含量在95%左右。

挥发油具挥发性，能溶于有机溶剂，温度高易分解的特点，所以采用水蒸气蒸馏法提取，用有机溶剂分离提纯。

本实验将橙皮进行水蒸气蒸馏，用二氯甲烷萃取馏出液，然后蒸去二氯甲烷，留下的残液为橙油，主要成分是柠檬烯。分离得到的产品可以通过测定折射率、旋光度和红外、核磁共振谱进行鉴定，同时用气相色谱分析分离产品的纯度。

【仪器和试剂】

仪器：三口烧瓶500mL和100mL各一个、100mL锥形瓶一个、100mL圆底烧瓶一个、普通蒸馏装置一套、电热套一台、弯管一个、温度计一个、分液漏斗一个、导气管一根、T形管一个、弹簧夹一个、水蒸气发生安全管一个。

试剂：新鲜橙子皮、二氯甲烷、无水硫酸钠。

【实验步骤】

1. 将2～3个新鲜橙子皮剪成极小碎片后，投入100mL三口烧瓶中，加入约30mL水。

2. 松开弹簧夹T。加热水蒸气发生器至水沸腾，当三通管的支管口有大量水蒸气冲出时开启冷却水，夹紧弹簧夹T，水蒸气蒸馏即开始进行，可观察到在馏出液的水面上有一层很薄的油层。当馏出液收集60～70mL时，松开弹簧夹T，然后停止加热。

3. 将馏出液加入分液漏斗中，每次用10mL二氯甲烷萃取3次。合并萃取液，置于干燥的50mL锥形瓶中，加入适量无水硫酸钠干燥半小时以上。

4. 将干燥好的溶液滤入50mL蒸馏瓶中，用水浴加热蒸馏。当二氯甲烷基本蒸完后改用水泵减压蒸馏以除去残留的二氯甲烷。最后瓶中只留下少量橙黄色液体即为橙油。

5. 测定橙油的折射率、比旋光度并用气相层析法测定橙油中柠檬烯的含量。

【操作要点和说明】

1. 橙皮最好是新鲜的。如果没有，干的亦可，但效果较差。产品中二氯甲烷一定要抽干。否则会影响产品的纯度。

2. 也可用 500mL 单口烧瓶加入 250mL 水，进行直接水蒸气蒸馏。

3. 测定比旋光度可将几个人所得柠檬烯合并起来，用 95% 乙醇配成 5% 溶液进行测定，用纯柠檬烯的同样浓度的溶液进行比较。

4. 柠檬烯属于萜类化合物。萜类化合物是指基本骨架可看作由两个或更多的异戊二烯以头尾相连而构成的一类化合物。根据分子中的碳原子数目可以分为单萜、倍半萜和多萜等。柠檬烯是一环状单萜类化合物，分子中有一手性碳原子，故存在光学异构体，存在于水果果皮中的天然柠檬烯是以（＋）或（－）的形式出现。通常称为（－）-柠檬烯，它的绝对构型是 R 型。（右旋）柠檬烯：bp＝178℃，$n_D^{20}=1.4727$，$[\alpha]_D^{20}=+125.6°$。

【注意事项】

1. 防止水蒸气导管堵塞。

2. 防止冷凝管和未接管被结晶堵塞而发生倒吸或意外事故。

【思考题】

1. 为什么要将橙皮剪碎？

2. 实验中应注意什么问题？

实验 42　从徐长卿中提取丹皮酚

【目的和要求】

1. 了解水蒸气蒸馏的原理，使用范围和被蒸馏物应具备的条件。

2. 熟练掌握水蒸气蒸馏装置的组装和使用方法。

【实验原理】

在难溶或不溶于水的有机物中通入水蒸气或与水共热，使该有机物和水一起蒸馏出来。这种操作称为水蒸气蒸馏。留出液中有机物和水的组成按下式计算。

$$\frac{W_A}{W_{H_2O}}=\frac{P_A \times M_A}{P_{H_2O} \times M_{H_2O}}$$

水蒸气蒸馏是分离和提纯有机化合物的常用方法，但被提纯的物质必须具备以下条件：a. 不溶或难溶于水；b. 与水一起沸腾时不发生化学变化；c. 在 100℃ 左右该物质蒸气压至少在 100mmHg（1.33kPa）以上。

【仪器和试剂】

仪器：三口烧瓶 500mL 和 100mL 各一个，普通蒸馏装置一套，电热套一台，弯管一个，温度计一个，分液漏斗一个，导气管一根，T 形管一个，弹簧夹一个，水蒸气发生安全管一个。

试剂：徐长卿。

【实验步骤】

从中药徐长卿中提取丹皮酚步骤如下。

1. 称取徐长卿 5.0g 加入 100mL 烧瓶中，加入 20mL 水。安装好实验装置，打开 T 形管夹子，通冷凝水。

2. 加热水蒸气发生器，当有水蒸气从 T 形管的支管冲出时，夹紧夹子，让水蒸气导入三颈烧瓶中。

3. 调节加热套加热温度，控制馏出速度 1～2 滴/s，当馏出液由浑浊液变为澄清透明时，可停止蒸馏。

4. 打开 T 形管的夹子，停止加热。

5. 嗅下馏出物的气味，取一滴馏出液于小块滤纸上，待其挥发后，观察滤纸上是否留有油迹。

6. 取出馏出液 1mL，搅匀，加入 1‰FeCl₃ 乙醇溶液 2 滴，观察现象（溶液有无色澄清变紫色）。

【操作要点和说明】

1. 蒸馏烧瓶的容量应保证混合物的体积不超过其 1/3，导入蒸汽的玻管下端应垂直地正对瓶底中央，并伸到接近瓶底。安装时要倾斜一定的角度，通常为 45℃ 左右。

2. 水蒸气发生器上的安全管（平衡管）不宜太短，其下端应接近器底，盛水量通常为其容量的 1/2，最多不超过 2/3，最好在水蒸气发生器中加进沸石起助沸作用。

3. 应尽量缩短水蒸气发生器与蒸馏烧瓶之间的距离，以减少水蒸气的冷凝。

4. 开始蒸馏前应把 T 形管上的止水夹打开，当 T 形管的支管有水蒸气冲出时，接通冷凝水，开始通水蒸气，进行蒸馏。

5. 在蒸馏过程中，要经常检查安全管中的水位是否正合，如发现其突然升高，意味着有堵塞现象，应立即打开止水夹，移去热源，使水蒸气发生器与大气相通，避免发生事故（如倒吸），待故障排除后再行蒸馏。如发现 T 形管支管处水积聚过多，超过支管部分，也应打开止水夹，将水放掉，否则将影响水蒸气通过。

6. 当馏出液澄清透明，不含有油珠状的有机物时，即可停止蒸馏，这时也应首先打开夹子，然后移去热源。

7. 如果随水蒸气挥发馏出的物质熔点较高，在冷凝管中易凝成固体堵塞冷凝管，可考虑改用空气冷凝管。

8. 停止蒸馏（先打开螺旋夹，使与大气相通，然后停止加热）。

【注意事项】

1. 防止水蒸气导管堵塞。

2. 防止冷凝管和未接管被结晶堵塞而发生倒吸或意外事故。

【思考题】

1. 水蒸气蒸馏的基本原理是什么？

2. T 形管和安全管的作用各是什么？

3. 如何判断水蒸气蒸馏已完成？

4.3.4 减压蒸馏操作技术

🧪 实验 43 呋喃甲醛的精制

【目的和要求】

1. 学习减压蒸馏的原理及方法。

2. 掌握减压蒸馏精制呋喃甲醛的方法。

【实验原理】

　　液体的沸点是指液体的蒸气压等于外界压力时的温度，它是随外界压力的变化而变化的。如果外界压力上升，液体的沸点就会上升；相反它就会下降。因此，如果借助于真空泵降低系统内压力，就可以降低液体的沸点，这便是减压蒸馏操作的理论依据。

　　呋喃甲醛久置易呈棕褐色，含有杂质，需蒸馏后方能使用，本实验采用减压蒸馏的方法对呋喃甲醛进行提纯。

【仪器和试剂】

　　仪器：圆底烧瓶（50mL），毛细管，克氏蒸馏头，温度计，直形冷凝管，接引管，安全瓶，水泵，量筒（50mL），烧杯（100mL）。

　　试剂：呋喃甲醛。

【实验步骤】

　　1. 在50mL圆底烧瓶中加入20mL呋喃甲醛，搭好减压蒸馏装置。

　　2. 仪器安装好后，先检查系统是否漏气，方法是：a. 泵打开后，将安全瓶上的放空阀关闭，拧紧毛细管上的螺旋夹，待压力稳定后，观察压力计上的读数是否到了最小或是否达到所要求的真空度。如果没有，说明系统内漏气，应进行检查。b. 检查方法。首先将真空接引管与安全瓶连接处的橡胶管折起来用手捏紧，观察压力计的变化，如果压力马上下降，说明装置内有漏气点，应进一步检查装置，排除漏气点；如果压力不变，说明自安全瓶以后的系统漏气，应依次检查安全瓶和水泵，并加以排除或请指导老师排除。c. 漏气点排除后，应再重新空试，直至压力稳定并且达到所要求的真空度时，方可进行下面的操作。为使系统密闭性好，磨口仪器的所有接口部分都必须用真空油脂润涂好。

　　3. 检查仪器不漏气后，关好安全瓶上的活塞，开动水泵，调节毛细管导入的空气量，以能冒出一连串小气泡为宜。当压力稳定后，开始加热。液体沸腾后，应注意控制温度，并观察沸点变化情况。待沸点稳定时，转动多尾接液管接受馏分，蒸馏速度以 0.5～1 滴/s 为宜。

　　4. 蒸馏完毕，除去热源，慢慢旋开夹在毛细管上的橡胶管的螺旋夹，待蒸馏瓶稍冷后再慢慢开启安全瓶上的活塞，平衡内外压力，然后才关闭水泵。

【实验关键及注意事项】

　　1. 仪器安装好后，先检查系统是否漏气。

　　2. 蒸馏完毕，除去热源，慢慢旋开夹在毛细管上的橡胶管的螺旋夹，待蒸馏瓶稍冷后再慢慢开启安全瓶上的活塞，平衡内外压力，然后才关闭水泵。如果空气被允许从别的某处进入装置中而控制毛细管的螺旋夹却仍旧关闭着，那么液体就可能倒灌而在毛细管中上升。

【思考题】

　　1. 具有什么性质的化合物需用减压蒸馏进行提纯？

　　2. 使用水泵减压蒸馏时，应采取什么预防措施？

🧪 **实验 44　苯甲酸乙酯的减压蒸馏**

【目的和要求】

　　1. 学习减压蒸馏的原理及操作方法。

　　2. 掌握减压蒸馏提纯苯甲酸乙酯的方法。

【实验原理】

减压蒸馏是分离和提纯有机化合物的常用方法之一，它特别适用于那些在常压蒸馏时未达沸点即已受热分解、氧化或聚合的物质。液体的沸点是指它的蒸气压等于外界压力时的温度，因此，液体的沸点是随外界压力的变化而变化的，如果借助于真空泵降低系统内压力，就可以降低液体的沸点，这便是减压蒸馏操作的理论依据。

【仪器和试剂】

仪器：圆底烧瓶（50mL），毛细管，克氏蒸馏头，温度计，直形冷凝管，接引管，安全瓶，水泵，量筒（50mL），烧杯（100mL）。

试剂：苯甲酸乙酯。

【实验步骤】

1. 在50mL圆底烧瓶中加入20mL苯甲酸乙酯，搭好减压蒸馏装置。

2. 仪器安装好后，先检查系统是否漏气，方法是：a. 泵打开后，将安全瓶上的放空阀关闭，拧紧毛细管上的螺旋夹，待压力稳定后，观察压力计上的读数是否到了最小或是否达到所要求的真空度。如果没有，说明系统内漏气，应进行检查。b. 检查方法。首先将真空接引管与安全瓶连接处的橡胶管折起来用手捏紧，观察压力计的变化，如果压力马上下降，说明装置内有漏气点，应进一步检查装置，排除漏气点；如果压力不变，说明自安全瓶以后的系统漏气，应依次检查安全瓶和水泵，并加以排除或请指导老师排除。c. 漏气点排除后，应再重新空试，直至压力稳定并且达到所要求的真空度时，方可进行下面的操作。为使系统密闭性好，磨口仪器的所有接口部分都必须用真空油脂润涂好。

3. 检查仪器不漏气后，关好安全瓶上的活塞，开动水泵，调节毛细管导入的空气量，以能冒出一连串小气泡为宜。当压力稳定后，开始加热。液体沸腾后，应注意控制温度，并观察沸点变化情况。待沸点稳定时，转动多尾接液管接受馏分，蒸馏速度以0.5～1滴/s为宜。

4. 蒸馏完毕，除去热源，慢慢旋开夹在毛细管上的橡胶管的螺旋夹，待蒸馏瓶稍冷后再慢慢开启安全瓶上的活塞，平衡内外压力，然后才关闭水泵。

【实验注意事项】

1. 毛细管起沸腾中心和搅动作用，安装时毛细管下端离瓶底1～2mm。

2. 待蒸馏溶液的量占烧瓶容积1/3～1/2。

3. 除冷凝水管外，连接用的橡胶管必须是真空橡胶管。

【思考题】

1. 在何种情况下才用减压蒸馏？

2. 减压蒸馏装置应注意什么问题？

3. 水泵的减压效率如何？

4.3.5 萃取操作技术

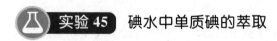 实验 45　碘水中单质碘的萃取

【目的和要求】

1. 认识各种仪器，熟悉和掌握分液漏斗的操作。

2. 验证萃取的原理。

【实验原理】

利用溶解度的不同，用一种溶剂把溶质从它与另一种溶剂组成的溶液中提取出来。

【主要试剂和仪器】

仪器：量筒、烧杯、分液漏斗、铁架台（带铁圈）。

试剂：碘的饱和溶液，四氯化碳（或煤油）。

【操作步骤】

1. 检漏

关闭分液漏斗的活塞，打开上口的玻璃塞，往分液漏斗中注入适量水，盖紧上口玻璃塞。把分液漏斗垂直放置，观察活塞周围是否漏水。再用右手压住分液漏斗上口玻璃塞部分，左手握住活塞部分，把分液漏斗倒转，观察上口玻璃塞是否漏水，用左手转动活塞，看是否灵活。

2. 装液

用量筒量取 5mL 碘的饱和水溶液，倒入分液漏斗，然后再注入 2mL 四氯化碳（CCl_4），盖好玻璃塞。

3. 振荡

用右手压住分液漏斗口部，左手握住活塞部分，把分液漏斗倒转过来振荡，使两种液体充分接触；振荡后打开活塞，使漏斗内气体放出。

4. 静置分层

将分液漏斗放在铁架台上，静置待液体分层。

5. 分液

将分液漏斗颈上的玻璃塞打开（或使塞上的凹槽对准漏斗上的小孔），再将分液漏斗下面的活塞拧开，使下层液体慢慢延烧杯壁流下。待下层液体全部流尽时，迅速关闭活塞。烧杯中碘的四氯化碳溶液回收到指定容器中，分液漏斗内上层液体由分液漏斗上口倒出。

6. 回收

将碘的四氯化碳溶液倒入到指定的容器中，清洗仪器，整理实验桌。

【注意事项】

分液漏斗使用前需检漏；分液时，下层液体从漏斗下端流出，上层液体要从漏斗口倾出。

4.3.6 升华操作技术

实验 46 从茶叶中提取生物碱

【目的和要求】

1. 学会索氏提取器的安装及使用。

2. 练习升华法纯化咖啡因的方法。

【实验原理】

升华：是纯化固体有机物的方法之一。某些物质在固态时有相当高的蒸气压，当加热时不经进液态而直接汽化，蒸气遇冷则凝结成固体。

【主要试剂和仪器】

仪器：索式提取装置（1 套）、蒸馏装置（不带温度计 1 套）、烧杯（250mL）、蒸发皿、电炉、铁锅、玻璃漏斗。

　　试剂：茶叶、生石灰。

【装置图】

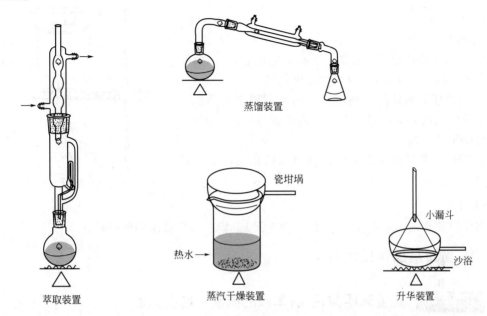

蒸馏装置

瓷坩埚

热水→

萃取装置　　　蒸汽干燥装置

小漏斗

沙浴

升华装置

【实验步骤】

　　1. 称取 10g 茶叶，装入用滤纸制作的圆柱形纸包中，开口端折叠封住，放入到索式提取器中。

　　2. 取 90mL 乙醇倒入 150mL 的圆底烧瓶中，按照萃取装置所示安装萃取装置，并用电炉加热回流，索式提取器中乙醇溶剂虹吸三次后，溶剂颜色较浅，停止加热，拆除索式提取器，按蒸馏装置所示安装蒸馏装置，再蒸馏掉大部分溶剂，至剩下约 5mL 时，停止加热。

　　3. 按蒸汽干燥装置所示，将浓缩液倒入蒸发皿，加 2.5g 生石灰，搅拌成糊状，在电炉上隔水蒸干溶剂，搅拌并压碎使之成粉状。

　　4. 将粉末状的固体，放入沙浴中升华，结晶，收集样品。

【注意事项】

　　1. 实验中用滤纸制作茶叶袋其高度不要超过虹吸管，纸袋的粗细应和提取器内筒大小相适，另外，茶叶袋的上下端也要包严，防止茶叶末漏出，堵塞虹吸管。

　　2. 升华一定要控制温度，如果加热太快，滤纸和咖啡因都会炭化变黑。

实验 47　单质碘的升华

【目的和要求】

　　1. 认识各种仪器，熟悉和掌握升华的基本操作。

　　2. 练习升华法纯化碘的方法。

【实验原理】

　　某些物质在固态时有相当高的蒸气压，当加热时不经进液态而直接汽化，蒸气遇冷则凝结成固体。

【主要试剂和仪器】

仪器：烧杯、酒精灯、蒸发皿、铁架台（带铁圈）。

试剂：单质碘。

【操作步骤】

1. 实验装置搭建。按右图示意搭好实验装置，烧杯和蒸发皿先前需干燥好，并称取 3g 单质碘。

2. 加热随着酒精灯加热烧杯中的单质碘变为蒸汽，上升至蒸发皿的底部，遇冷得到紫色的固体，保持酒精灯的温度不宜太高。

3. 回收。将得到单质碘的固体倒入指定的容器中，清洗仪器，整理实验桌。

【注意事项】

实验仪器事前一定要烘干处理，这样可以升华能得到固体的单质碘。

4.3.7　重结晶操作技术

 **实验48　工业苯甲酸 /乙酰苯胺的精制及熔点测定**

【目的和要求】

1. 学习重结晶提纯固体有机化合物的原理和方法，掌握重结晶的实验操作。

2. 了解熔点测定的意义和应用，掌握熔点测定的操作方法。

【实验原理】

利用被纯化物质与杂质在同一溶剂中的溶解性能的差异，将其分离的操作称为重结晶（recrystallization）。重结晶是纯化固体有机化合物最常用的一种方法。

固体有机物在溶剂中的溶解度受温度的影响很大。一般来说，升高温度会使溶解度增大，而降低温度则使溶解度减小。如果将固体有机物制成热的饱和溶液，然后使其冷却，这时，由于溶解度下降，原来热的饱和溶液就变成了冷的过饱和溶液，因而有晶体析出。就同一种溶剂而言，对于不同的固体化合物，其溶解性是不同的。

重结晶操作就是利用不同物质在溶剂中的不同溶解度，或者经热过滤将溶解性差的杂质滤除；或者让溶解性好的杂质在冷却结晶过程仍保留在母液中，从而达到分离纯化的目的。

熔点是固体化合物在 101.325kPa 下，固-液两相处于平衡时的温度。纯净的固体有机物一般都有固定的熔点，一个纯化合物从开始溶化（初熔）至完全熔化（全熔）的温度范围叫做熔程或熔距，其熔程一般不超过 $0.5\sim1℃$。当含有杂质时，熔点会有显著的变化，会使其熔点下降，熔程延长。因此，可以通过测定熔点来鉴定有机化合物，并根据熔程的长短来判断有机化合物的纯度。

【仪器和试剂】

仪器：烧杯（150mL、250mL）、抽滤装置（1 套）、量筒（100mL）、Thiele 管（又称 b 形管或熔点测定管）、温度计（0~250℃）、熔点毛细管、表面皿、玻璃棒、酒精灯。

试剂：工业苯甲酸或乙酰苯胺、活性炭。

【实验内容】

1. 重结晶

（1）饱和热溶液配制

150mL 烧杯中加入 2.0g 苯甲酸和 80mL 水，水浴加热溶解。

（2）脱色

稍冷后加入活性炭 0.1g，煮沸 5min。

（3）热抽滤

用已烘热的布氏漏斗和抽滤瓶，进行热抽滤，弃去滤渣。

（4）结晶

滤液加热，自然冷却，析出晶体，常温抽滤，干燥。称量计算回收率。

2. 熔点测定

（1）装样

取少量干燥样品研细，放在干净的表面皿，将熔点管开口端插入样品中，使样品计入管中，熔点管开口向上，在桌上轻轻顿几下，使样品掉入管底，将熔点管在长玻璃管中自由落体，使样品填装紧密约 2~3mm。

（2）熔点粗测

搭建熔点测定装置，用酒精灯外焰加热 b 形管，观察熔点范围。

（3）熔点精测

重新取装好样品的熔点毛细管，迅速加热，距离熔点 15~20℃时，控制加热速度，上升 1~2℃/min，仔细观察，当样品开始塌落有小液滴出现时，记录初熔温度，继续观察，样品完全溶解至透明液体，记录全熔温度。

（4）数据记录

熔点的测定见表 4-37。

表 4-37　熔点的测定

项目	粗测	精测	
		第一次	第二次
样品熔点/℃			

【实验说明】

1. 选择适当的溶剂是重结晶过程中一个重要的环节，所选溶剂应该具备以下条件：不与待纯化物质发生化学反应；待纯化物质和杂质在所选溶剂中的溶解度有明显的差异，尤其是待纯化物质在溶剂中的溶解度应随温度的变化有显著的差异；另外，溶剂应容易与重结晶物质分离。如果所选溶剂不仅满足上述条件，而且经济、安全、毒性小、易回收，那就更理想了。

2. 热过滤操作是重结晶过程中的另一个重要的步骤。热过滤前，应将漏斗事先充分预热。热过滤时操作要迅速，以防止由于温度下降使晶体在漏斗上析出。

3. 样品一定要研细，才能使装样结实，这样才能受热均匀。装样高度为 2~3mm。

4. 导热液可根据所测熔点要求不同进行选择（如液体石蜡、硫酸或硅油等）。装入导热液应略高于支管口上沿；将熔点毛细管样品部分置于水银球中部；温度计水银球位置应在 b 型管两侧管的中部。

【思考题】

1. 简述重结晶的过程及各步骤。

2. 重结晶时如何选择溶剂的种类和用量？实验中加活性炭的目的及注意的问题。

3. 影响熔点测定的因素有哪些？

4. 有 A、B 和 C 三种样品，其熔点都是 148～149℃，用什么方法可判断它们是否为同一物质？

4.3.8　色谱法操作技术

实验 49　菠菜叶色素的分离

【目的和要求】

1. 掌握叶绿素提取和分离的原理和方法。

2. 学习萃取、薄层层析和柱层析色谱方法的原理及基本操作。

【实验原理】

高等植物体内的叶绿体色素有叶绿素和类胡萝卜素两类，主要包括叶绿素 a($C_{55}H_{72}O_5N_4Mg$)、叶绿素 b($C_{55}H_{70}O_6N_4Mg$)、β-胡萝卜素（$C_{40}H_{56}$）和叶黄素（$C_{40}H_{56}O_2$）等 4 种。叶绿素 a 和叶绿素 b 为吡咯衍生物与金属镁的配合物，胡萝卜素是一种橙色天然色素，属于四萜类，为一长链共轭多烯，有 α、β、γ 三种异构体，其中，β 异构体含量最多。叶黄素为一种黄色色素，与叶绿素同存在于植物体中，是胡萝卜素的羟基衍生物，较易溶于乙醇，在乙醚中溶解度较小。根据它们的化学特性，可将它们从植物叶片中提取出来，并通过萃取、沉淀和色谱方法将它们分离开来。

β-胡萝卜素（R＝H），叶黄素（R＝OH）

【仪器和试剂】

仪器：研钵，锥形瓶 2 个，烧杯，试管 5 根，层析缸（槽），层析柱，硅胶板，毛细管，滴管，分液漏斗，量筒。

试剂：菠菜，砂子，硅胶，石油醚-丙酮展开剂（4：1），饱和 NaCl 溶液，无水 Na_2SO_4。

【实验步骤】

1. 叶绿素的提取

在研钵中放入几片（约 5g）菠菜叶（新鲜的或冷冻的都可以，如果是冷冻的，解冻后包在纸中轻压吸走水分）。加入 10mL 比例为 2:1 的石油醚和乙醇混合液，适当研磨。将提取液用滴管转移至分液漏斗（注意检漏）中，加入 10mL 饱和 NaCl 溶液（防止生成乳浊液）除去水溶性物质，分去 H_2O 层，再用蒸馏水洗涤两次。将有机层转入干燥的小锥形瓶中，加入 2g 无水 Na_2SO_4 干燥。干燥后的液体倾至另一个锥形瓶中（如溶液颜色太浅，可在通风柜中适当蒸发浓缩）。

2. 点样

用一根内径 1mm 的毛细管，吸取适量提取液，轻轻地点在距薄板一端 1.5cm 处，平行点两点，两点相距 1cm 左右。若一次点样不够，可待样品溶剂挥发后再在原处点第二次，但点样斑点直径不得越过 2mm。

3. 展开

先在层析缸中放入展开剂 [石油醚 (60～90℃)-丙酮-乙醚 (体积比为 3∶1∶1)]，加盖使缸内蒸气饱和 10min，再将薄层板斜靠于层析缸内壁。点样端接触展开剂但样点不能浸没于展开剂中，密闭层析缸。待展开剂上升到距薄层板另一端约 1cm 时，取出平放，用铅笔或小针划前沿线位置，晾干或用电吹风吹干薄层。

$$R_\mathrm{f} = \frac{色斑最高浓度中心至原点中心的距离}{展开剂前沿至原点中心的距离}$$

待测组分的 R_f 值最好在 0.4～0.5，如样品中待测组分较多，R_f 值则可在 0.25～0.75 范围内，组分间的 R_f 值最好相差 0.1 左右。

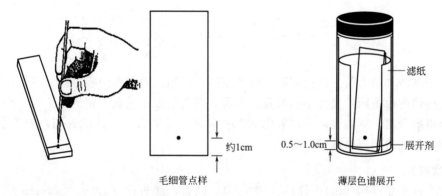

毛细管点样　　　　　　　　薄层色谱展开

附：菠菜中叶绿素的 TLC（展开剂：石油醚∶丙酮＝2∶1）

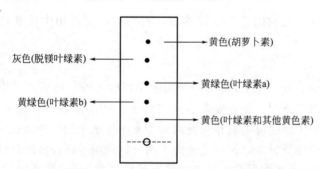

4. 柱层析

取一根柱子，在柱子底部加入一小团脱脂棉花，然后在上面铺一层无水硫酸钠。将硅胶加入到一定量的石油醚中，搅匀，然后加入到柱子中，并让硅胶慢慢下沉，直至硅胶不再下沉为止，再在其中加入无水硫酸钠，使硅胶上面铺上一层无水硫酸钠，再让石油醚慢慢下流，至无水硫酸钠层上层刚露出液面为止。加入样品，并让其流入硅胶层，然后再在上面铺上一层无水硫酸钠层，加入展开剂（石油醚∶丙酮＝2∶1），将需分离的化合物一一洗脱出来。

【实验说明】

1. 制板时注意使板上硅胶厚度尽量一致。

2. 植物叶片不要研成糊状，否则会给分离造成困难。

【思考题】

试比较叶绿素、叶黄素和胡萝卜素三种色素的极性。

 **实验50** 甲基橙和荧光黄的色谱分离

【目的和要求】

1. 了解柱色谱的原理及应用。
2. 掌握柱色谱法的实验操作技术。

【实验原理】

甲基橙和荧光黄均为指示剂，它们的结构式如下。

$$NaO_3S- $$

甲基橙　　　　　　　　　　　　荧光黄

由于甲基橙和荧光黄的结构不同，极性不同，吸附剂对它们的吸附能力不同，洗脱剂对它们的解析速度也不同，极性小、吸附能力弱、解析速度快的荧光黄先被洗脱下来，从而使两种物质得以分离。本实验以中性氧化铝为吸附剂，以95%乙醇为洗脱剂，先洗出荧光黄，再用蒸馏水做洗脱剂把甲基橙洗脱下来。

【仪器和试剂】

仪器：锥形瓶（100mL），烧杯（100mL），试管，层析柱（10mm×200mm），毛细管，滴管，量筒。

试剂：甲基橙和荧光黄的乙醇混合溶液，石英砂，层析用中性氧化铝，95%乙醇，蒸馏水。

【实验步骤】

1. 取口径10mm，长200mm的洁净干燥的层析柱一根，在活塞处涂上一层薄薄的凡士林，向一个方向旋转至透明，竖直安装在铁架台上。关闭活塞，向柱中倒入95%乙醇至柱高4/5处，通过一个干燥的玻璃漏斗慢慢加入10g中性氧化铝，待氧化铝粉末在柱内有一定的沉积高度时，打开柱下活塞，调节流速约1滴/s，并用木棒轻轻敲打柱身下部，使氧化铝装填紧密。装满100mm高度后在上层加一层石英砂（约5mm厚度）。在此过程应始终保持吸附剂沉积面上有一段液柱。

2. 打开柱下活塞，放出柱中乙醇，待液面降至刚好与石英砂平面相切时，立即关闭活塞，向柱内滴加10滴甲基橙和荧光黄的乙醇混合溶液。打开活塞，待液面降至刚好与石英砂平面相切时，用少量95%乙醇沿加样处冲洗柱内壁，再打开活塞，待液面降至刚好与石英砂平面相切。依上法重复操作直至柱壁和顶部的淋洗剂均无颜色。

3. 用95%乙醇为洗脱剂，打开柱下活塞，控制流速约1滴/s，观察柱中色带下行情况。随着色带向下行进，逐渐分为两个色带，下方为黄绿色，上方为黄色。当黄绿色带（荧光黄）到达柱底时更换接收瓶接收（在此之前接收的无色淋洗剂可重复使用）。当黄绿色带接收完后更换接收瓶接收黄色带（甲基橙）。待甲基橙全部被洗脱下来，即分离完全。

【实验说明】

1. 连续不断加入洗脱剂，并保持一定高度的液面，在整个操作中勿使氧化铝表面的溶液流干，一旦流干，再加洗脱剂，易使氧化铝柱产生气泡和裂缝，影响分离效果。

2. 要控制洗脱液的流出速度，一般不宜太快，太快了柱中交换来不及达到平衡，因而影响分离效果。

3. 收集洗脱液，如试样各组分有颜色，在氧化铝柱上可直接观察。洗脱后分别收集各个组分。在多数情况下，化合物没有颜色，收集洗脱液时，多采用等份收集，每份洗脱剂的体积随所用氧化铝的量及试样的分离情况而定。一般若用50g氧化铝，每份洗脱液的体积常为50mL。如洗脱液极性较大或试样的各组分结构相近时，每份收集量要少。

【思考题】

1. 装柱不均匀或者有气泡、裂缝，将会造成什么后果？如何避免？
2. 极性大的组分为什么要用极性较大的溶剂洗脱？

4.3.9　旋光度测定操作技术

实验51　葡萄糖、果糖旋光度的测定

【目的和要求】

1. 了解旋光仪的构造原理，熟悉其使用方法。
2. 掌握旋光度、比旋光度的概念及比旋光度的计算。
3. 掌握 WXG-4 型旋光测定仪测定旋光度的方法。
4. 掌握 Autopol Ⅳ 型全自动旋光仪测定比旋光度、测定样品百分浓度的方法。

【基本原理】

1. 旋光度及比旋光度

能使偏振光的振动平面发生偏转的物质，称为旋光性物质。旋光性物质使偏振光的平面偏转的角度叫做旋光度，用 α 表示。

旋光性物质的旋光度数值不仅取决于这种物质本身的结构和配溶液所用的溶剂，而且也取决于溶液的浓度、样品管的长度、测定时的温度和所用光波的波长。因此，规定以钠光作为光源、测定温度为20℃、样品管长度为1dm、样品溶液浓度为1g/mL时所测得的旋光度为该物质的比旋光度，用 $[\alpha]_D^{20}$ 表示。

旋光度与比旋光度可用下式换算：$[\alpha]_D^{20}=\dfrac{\alpha}{c\times l}$

式中　α——旋光仪测定的旋光度；

　　　l——样品管的长度，dm；

　　　D——钠光源，589nm；

　　　c——溶液的浓度，g/mL。

2. 光学纯度

光学纯度（Optical Purity，OP）是指该旋光性物质测得的比旋光度与光学纯物质在相同条件下比旋光度的比值。它是衡量各旋光性样品中一个对映体超过另一个对映体的量的量度。

$$OP=\dfrac{[\alpha]_D^t\ 观测值}{[\alpha]_D^t\ 理论值}\times100\%=R\%-S\%$$

式中，$R\%$代表 R 构型百分含量，$S\%$代表 S 构型百分含量。

【仪器和试剂】

仪器：WXG-4 圆盘型旋光仪、进口自动旋光仪（Autopol Ⅳ）。

试剂：蒸馏水、5％葡萄糖溶液、10％葡萄糖溶液、未知浓度葡萄糖溶液。

【实验步骤】

1. 按照圆盘型旋光仪（WXG-4 型）中的操作指南分别测定 5％葡萄糖溶液、10％葡萄糖溶液的旋光度，然后计算它们的比旋光度，比较其结果。

2. 按照圆盘型旋光仪（WXG-4 型）中的操作指南测定未知浓度的葡萄糖溶液的旋光度，结合比旋光度，计算其浓度。

3. 按照进口自动旋光仪（Autopol Ⅳ）中的操作指南直接测定 5％葡萄糖溶液、10％葡萄糖溶液的比旋光度。

4. 按照进口自动旋光仪（Autopol Ⅳ）中的操作指南直接测定未知浓度葡萄糖溶液的浓度。

【注意事项】

1. 钠光灯使用时间不宜超过 4h，在连续使用时，不应经常开关仪器，以免影响其使用寿命。

2. 旋光管使用后，特别在盛放有机溶剂后，必须立即洗涤。旋光管洗涤后不可置于烘箱内干燥。

3. 圆盘型旋光仪（WXG-4 型）零点视场的特点是亮度均匀，但较昏暗，且对角度变化非常敏感，测定时应注意与另一明亮、亮度也均匀一致的视场相区别。

【思考题】

1. 使用圆盘旋光仪时，若测得某物质的比旋光度为＋18°，如何确定其是＋18°还是－342°？

2. 一个外消旋体的光学纯度是多少？

3. 若用 2dm 长的样品管测定某光学纯物质的比旋光度为＋20°，试计算具有 80％光学纯度的该物质的溶液（20g/L）的实测旋光度是多少？

4. 测定旋光度时为什么样品管内不能有气泡存在？

附 录

附录1　相对原子质量表（1995年国际相对原子质量）

元素		相对原子质量	元素		相对原子质量	元素		相对原子质量
符号	名称		符号	名称		符号	名称	
Ac	锕	227	Hf	铪	178.49	Pm	钷	145
Al	铝	26.98154	Hs	𬭳	265	Pa	镤	213.0359
Am	镅	243	He	氦	4.002602	Ra	镭	226.0254
Sb	锑	121.757	Ho	钬	164.9303	Rn	氡	222
Ar	氩	39.948	H	氢	1.00794	Re	铼	186.207
As	砷	74.92159	In	铟	114.82	Rh	铑	102.9055
At	砹	210	I	碘	126.9045	Rb	铷	85.4678
Ba	钡	137.327	Ir	铱	192.22	Ru	钌	101.07
Bk	锫	247	Fe	铁	55.847	Rf	𬬻	261
Be	铍	9.012182	Kr	氪	83.8	Sm	钐	150.36
Bi	铋	208.9804	La	镧	138.9055	Sc	钪	44.95591
Bh	𬭛	262	Lr	铹	260	Sg	𬭎	263
B	硼	10.811	Pb	铅	207.2	Se	硒	78.96
Br	溴	79.904	Li	锂	6.941	Si	硅	28.0855
Cd	镉	112.411	Lu	镥	174.967	Ag	银	107.8682
Ca	钙	40.078	Mg	镁	24.305	Na	钠	22.98977
Cf	锎	251	Mn	锰	54.93805	Sr	锶	87.62
C	碳	12.011	Mt	𬭳	266	S	硫	32.066
Ce	铈	140.115	Md	钔	258	Ta	钽	180.9479
Cs	铯	132.9054	Hg	汞	200.59	Tc	锝	98
Cl	氯	35.4527	Mo	钼	95.94	Te	碲	127.6
Cr	铬	51.9961	Nd	钕	144.24	Tb	铽	158.9253
Co	钴	58.9332	Ne	氖	20.1797	Tl	铊	204.3833
Cu	铜	63.546	Np	镎	237.0482	Th	钍	232.0381
Cm	锔	247	Ni	镍	58.6934	Tm	铥	168.9342
Db	𬭊	262	Nb	铌	92.90638	Sn	锡	118.71
Dy	镝	162.5	N	氮	14.00674	Ti	钛	47.88
Es	锿	252	No	锘	259	W	钨	183.85
Er	铒	167.26	Os	锇	190.2	U	铀	238.0289
Eu	铕	151.965	O	氧	15.9994	V	钒	50.9415
Fm	镄	257	Pd	钯	106.42	Xe	氙	134.29
F	氟	18.9984	P	磷	30.97376	Yb	镱	173.04
Fr	钫	223	Pt	铂	195.08	Y	钇	88.90585
Gd	钆	157.25	Pu	钚	244	Zn	锌	65.39
Ga	镓	69.723	Po	钋	209	Zr	锆	91.224
Ge	锗	72.61	K	钾	39.0983			
Au	金	196.9665	Pr	镨	140.9077			

附录2 常见化合物的相对分子质量（分子量）表

化合物	分子量	化合物	分子量
AgBr	187.78	$C_6H_4COOHCOOK$（邻苯二甲酸氢钾）	204.23
AgCl	143.32	CH_3COONa	82.03
AgCN	133.84	C_6H_5OH	94.11
Ag_2CrO_4	331.73	$(C_9H_7N)_3H_3(PO_4 \cdot 12MoO_3)$（磷钼酸喹啉）	2212.74
AgI	234.77	CCl_4	153.81
$AgNO_3$	169.87	$KAl(SO_4)_2 \cdot 12H_2O$	474.38
AgSCN	169.95	$KB(C_6H_5)_4$	358.38
Al_2O_3	101.96	KBr	119.01
$Al_2(SO_4)_3$	342.15	$KBrO_3$	167.01
As_2O_3	197.84	KCN	65.12
As_2O_5	229.84	K_2CO_3	138.21
$BaCO_3$	197.35	KCl	74.56
BaC_2O_4	225.36	$KClO_3$	122.55
$BaCl_2$	208.25	$KClO_4$	138.55
$BaCl_2 \cdot 2H_2O$	244.28	K_2CrO_4	194.20
$BaCrO_4$	253.33	$K_2Cr_2O_7$	294.19
BaO	153.34	$KHC_2O_4 \cdot H_2C_2O_4 \cdot 2H_2O$	254.19
$Ba(OH)_2$	171.36	$KHC_2O_4 \cdot H_2O$	146.14
$BaSO_4$	233.40	KI	166.01
$CaCO_3$	100.09	KIO_3	214.00
CaC_2O_4	128.10	$KIO_3 \cdot HIO_3$	389.92
$CaCl_2$	110.99	$KMnO_4$	158.04
$CaCl_2 \cdot H_2O$	129.00	KNO_2	89.10
CaF_2	78.08	K_2O	92.20
$Ca(NO_3)_2$	164.09	KOH	56.11
CaO	56.08	KSCN	97.18
$Ca(OH)_2$	74.09	K_2SO_4	174.26
$CaSO_4$	136.14	$MgCO_3$	84.32
$Ca_3(PO_4)_2$	310.18	$MgCl_2$	95.21
$Ce(SO_4)_2$	332.24	$MgNH_4PO_4$	137.33
$Ce(SO_4)_2 \cdot 2(NH_4)_2SO_4 \cdot 2H_2O$	632.54	MgO	40.31
CH_3COOH	60.05	$Mg_2P_2O_7$	222.60
CH_3OH	32.04	MnO	70.94
CH_3COCH_3	58.08	MnO_2	86.94
C_6H_5COOH	122.12	$Na_2B_4O_7$	201.22

化合物	分子量	化合物	分子量
$Na_2B_4O_7 \cdot 10H_2O$	381.37	$HClO_4$	100.46
$NaBiO_3$	279.97	HF	20.01
$NaBr$	102.90	HI	127.91
$NaCN$	49.01	HNO_2	47.01
Na_2CO_3	105.99	HNO_3	63.01
$Na_2C_2O_4$	134.00	H_2O	18.02
$NaCl$	58.44	H_2O_2	34.02
$NaHCO_3$	84.01	H_3PO_4	98.00
NaH_2PO_4	119.98	H_2S	34.08
Na_2HPO_4	141.96	H_2SO_3	82.08
$Na_2H_2Y \cdot 2H_2O$（EDTA 二钠盐）	372.26	H_2SO_4	98.08
CO_2	44.01	$HgCl_2$	271.50
Cr_2O_3	151.99	Hg_2Cl_2	472.09
$Cu(C_2H_3O_2)_2 \cdot 3Cu(AsO_2)_2$	1013.80	Na_2O	61.98
CuO	79.54	$NaNO_2$	69.00
Cu_2O	143.09	NaI	149.89
$CuSCN$	121.62	$NaOH$	40.01
$CuSO_4$	159.60	Na_3PO_4	163.94
$CuSO_4 \cdot 5H_2O$	249.68	Na_2S	78.04
$FeCl_3$	162.21	$Na_2S \cdot 9H_2O$	240.18
$FeCl_3 \cdot 6H_2O$	270.30	Na_2SO_3	126.04
FeO	71.85	Na_2SO_4	142.04
Fe_2O_3	159.69	$Na_2SO_4 \cdot 10H_2O$	322.20
Fe_3O_4	231.54	$Na_2S_2O_3$	158.10
$FeSO_4 \cdot H_2O$	169.96	$Na_2S_2O_3 \cdot 5H_2O$	248.18
$FeSO_4 \cdot 7H_2O$	278.01	Na_2SiF_6	188.06
$Fe_2(SO_4)_3$	399.87	NH_3	17.03
$FeSO_4 \cdot (NH_4)_2SO_4 \cdot 6H_2O$	392.13	NH_4Cl	53.49
H_3BO_3	61.83	$(NH_4)_2C_2O_4 \cdot H_2O$	142.11
HBr	80.91	$NH_3 \cdot H_2O$	35.05
$H_2C_4H_4O_6$（酒石酸）	150.09	$NH_4Fe(SO_4)_2 \cdot 12H_2O$	482.19
HCN	27.03	$(NH_4)_2HPO_4$	132.05
H_2CO_3	62.03	$(NH_4)_3PO_4 \cdot 12MoO_3$	1876.53
$H_2C_2O_4$	90.04	$(NH_4)_2SO_4$	132.14
$H_2C_2O_4 \cdot 2H_2O$	126.07	$NiC_8H_{14}O_4N_4$（丁二酮肟镍）	288.93
$HCOOH$	46.03	P_2O_5	141.95
HCl	36.46	$PbCrO_4$	323.18

化合物	分子量	化合物	分子量
PbO	223.19	$SnCO_3$	147.63
PbO_2	239.19	$SnCl_2$	189.60
Pb_3O_4	685.57	SnO_2	150.69
$PbSO_4$	303.25	TiO_2	79.90
SO_2	64.06	WO_3	231.85
SO_3	80.06	$ZnCl_2$	136.29
Sb_2O_3	291.50	ZnO	81.37
SiF_4	104.08	$Zn_2P_2O_7$	304.70
SiO_2	60.08	$ZnSO_4$	161.43

附录3　实验室常用酸碱的密度和浓度

溶液名称	密度 $\rho/(g/cm^3)$	质量分数/%	物质的量浓度 $C/(mol/L)$
浓硫酸	1.84	95～96	18
稀硫酸	1.18	25	3
稀硫酸	1.06	9	1
浓盐酸	1.19	38	12
稀盐酸	1.10	20	6
稀盐酸	1.03	7	2
浓硝酸	1.40	65	14
稀硝酸	1.20	32	6
稀硝酸	1.07	12	2
稀高氯酸	1.12	19	2
浓氢氟酸	1.13	40	23
氢溴酸	1.38	40	7
氢碘酸	1.70	57	7.5
冰醋酸	1.05	99～100	17.5
稀醋酸	1.04	35	6
稀醋酸	1.02	12	2
浓氢氧化钠	1.36	33	11
稀氢氧化钠	1.09	8	2
浓氨水	0.88	35	18
浓氨水	0.91	25	13.5
稀氨水	0.96	11	6
稀氨水	0.99	3.5	2

附录4 常见弱酸、弱碱的解离平衡常数（25℃、$I=0$）

弱酸	化学式	K_a	pK_a
砷酸	H_3AsO_4	$6.3\times10^{-3}(K_{a1})$ $1.0\times10^{-7}(K_{a2})$ $3.2\times10^{-12}(K_{a3})$	2.20 7.00 11.50
亚砷酸	$HAsO_2$	6.0×10^{-10}	9.22
硼酸	H_3BO_3	5.8×10^{-10}	9.24
焦硼酸	$H_2B_4O_7$	$1.0\times10^{-4}(K_{a1})$ $1.0\times10^{-9}(K_{a2})$	4 9
碳酸	$H_2CO_3(CO_2+H_2O)$	$4.2\times10^{-7}(K_{a1})$ $5.6\times10^{-11}(K_{a2})$	6.38 10.25
氢氰酸	HCN	6.2×10^{-10}	9.21
铬酸	H_2CrO_4	$1.8\times10^{-1}(K_{a1})$ $3.2\times10^{-7}(K_{a2})$	0.74 6.50
氢氟酸	HF	6.6×10^{-4}	3.18
亚硝酸	HNO_2	5.1×10^{-4}	3.29
过氧化氢	H_2O_2	1.8×10^{-12}	11.75
磷酸	H_3PO_4	$7.6\times10^{-3}(>K_{a1})$ $6.3\times10^{-3}(K_{a2})$ $4.4\times10^{-13}(K_{a3})$	2.12 7.2 12.36
焦磷酸	$H_4P_2O_7$	$3.0\times10^{-2}(K_{a1})$ $4.4\times10^{-3}(K_{a2})$ $2.5\times10^{-7}(K_{a3})$ $5.6\times10^{-10}(K_{a4})$	1.52 2.36 6.60 9.25
亚磷酸	H_3PO_3	$5.0\times10^{-2}(K_{a1})$ $2.5\times10^{-7}(K_{a2})$	1.30 6.60
氢硫酸	H_2S	$1.3\times10^{-7}(K_{a1})$ $7.1\times10^{-15}(K_{a2})$	6.88 14.15
硫酸	HSO_4^-	$1.0\times10^{-2}(K_{a1})$	1.99
亚硫酸	$H_3SO_3(SO_2+H_2O)$	$1.3\times10^{-2}(K_{a1})$ $6.3\times10^{-8}(K_{a2})$	1.90 7.20
偏硅酸	H_2SiO_3	$1.7\times10^{-10}(K_{a1})$ $1.6\times10^{-12}(K_{a2})$	9.77 11.8
甲酸	$HCOOH$	1.8×10^{-4}	3.74
乙酸	CH_3COOH	1.8×10^{-5}	4.74
一氯乙酸	$CH_2ClCOOH$	1.4×10^{-3}	2.86
二氯乙酸	$CHCl_2COOH$	5.0×10^{-2}	1.30
三氯乙酸	CCl_3COOH	0.23	0.64
氨基乙酸盐	$^+NH_3CH_2COOH^-$ $^+NH_3CH_2COO^-$	$4.5\times10^{-3}(K_{a1})$ $2.5\times10^{-10}(K_{a2})$	2.35 9.60
抗坏血酸		$5.0\times10^{-5}(K_{a1})$ $1.5\times10^{-10}(K_{a2})$	4.30 9.82

弱酸	化学式	K_a	pK_a
乳酸	$CH_3CHOHCOOH$	$1.4×10^{-4}$	3.86
苯甲酸	C_6H_5COOH	$6.2×10^{-5}$	4.21
草酸	$H_2C_2O_4$	$5.9×10^{-2}(K_{a1})$ $6.4×10^{-5}(K_{a2})$	1.22 4.19
d-酒石酸	CHOHCOOH | CHOHCOOH	$9.1×10^{-4}(K_{a1})$ $4.3×10^{-5}(K_{a2})$	3.04 4.37
邻-苯二甲酸	COOH COOH	$1.1×10^{-3}(K_{a1})$ $3.9×10^{-6}(K_{a2})$	2.95 5.41
柠檬酸	CH_2COOH $CH(OH)COOH$ CH_2COOH	$7.4×10^{-4}(K_{a1})$ $1.7×10^{-5}(K_{a2})$ $4.0×10^{-7}(K_{a3})$	3.13 4.76 6.40
苯酚	C_6H_5OH	$1.1×10^{-10}$	9.95
乙二胺四乙酸	$H_6\text{-}EDTA^{2+}$ $H_5\text{-}EDTA^+$ $H_4\text{-}EDTA$ $H_3\text{-}EDTA^-$ $H_2\text{-}EDTA^{2-}$ $H\text{-}EDTA^{3-}$	$0.1(K_{a1})$ $3×10^{-2}(K_{a2})$ $1×10^{-2}(K_{a3})$ $2.1×10^{-3}(K_{a4})$ $6.9×10^{-7}(K_{a5})$ $5.5×10^{-11}(K_{a6})$	0.9 1.6 2.0 2.67 6.17 10.26
氨水	NH_3	$1.8×10^{-5}$	4.74
联氨	H_2NNH_2	$3.0×10^{-6}(K_{b1})$ $1.7×10^{-5}(K_{b2})$	5.52 14.12
羟胺	NH_2OH	$9.1×10^{-6}$	8.04
甲胺	CH_3NH_2	$4.2×10^{-4}$	3.38
乙胺	$C_2H_5NH_2$	$5.6×10^{-4}$	3.25
二甲胺	$(CH_3)_2NH$	$1.2×10^{-4}$	3.93
二乙胺	$(C_2H_5)_2NH$	$1.3×10^{-3}$	2.89
乙醇胺	$HOCH_2CH_2NH_2$	$3.2×10^{-5}$	4.50
三乙醇胺	$(HOCH_2CH_2)_3N$	$5.8×10^{-7}$	6.24
六亚甲基四胺	$(CH_2)_6N_4$	$1.4×10^{-9}$	8.85
乙二胺	$H_2NHC_2H_2NH_2$	$8.5×10^{-5}(K_{b1})$ $7.1×10^{-8}(K_{b2})$	4.07 7.15
吡啶	N	$1.7×10^{-5}$	8.77

附录5　常用缓冲溶液的配制方法

1. 甘氨酸-盐酸缓冲液（0.05mol/L）

XmL 0.2mol/L 甘氨酸＋YmL 0.2mol/L HCl，再加水稀释至 200mL。

pH 值	X	Y	pH 值	X	Y
2.0	50	44.0	3.0	50	11.4
2.4	50	32.4	3.2	50	8.2
2.6	50	24.2	3.4	50	6.4
2.8	50	16.8	3.6	50	5.0

甘氨酸分子量=75.07，0.2mol/L 甘氨酸溶液含 15.01g/L。

2. 邻苯二甲酸-盐酸缓冲液（0.05mol/L）

XmL 0.2mol/L 邻苯二甲酸氢钾＋YmL 0.2mol/L HCl，再加水稀释到 20mL。

pH 值(20℃)	X	Y	pH 值(20℃)	X	Y
2.2	5	4.070	3.2	5	1.470
2.4	5	3.960	3.4	5	0.990
2.6	5	3.295	3.6	5	0.597
2.8	5	2.642	3.8	5	0.263
3.0	5	2.022			

邻苯二甲酸氢钾分子量=204.23，0.2mol/L 邻苯二甲酸氢溶液含 40.85g/L。

3. 磷酸氢二钠-柠檬酸缓冲液

pH 值	0.2mol/L Na_2HPO_4/mL	0.1mol/L 柠檬酸/mL	pH 值	0.2mol/L Na_2HPO_4/mL	0.1mol/L 柠檬酸/mL
2.2	0.40	10.60	5.2	10.72	9.28
2.4	1.24	18.76	5.4	11.15	8.85
2.6	2.18	17.82	5.6	11.60	8.40
2.8	3.17	16.83	5.8	12.09	7.91
3.0	4.11	15.89	6.0	12.63	7.37
3.2	4.94	15.06	6.2	13.22	6.78
3.4	5.70	14.30	6.4	13.85	6.15
3.6	6.44	13.56	6.6	14.55	5.45
3.8	7.10	12.90	6.8	15.45	4.55
4.0	7.71	12.29	7.0	16.47	3.53
4.2	8.28	11.72	7.2	17.39	2.61
4.4	8.82	11.18	7.4	18.17	1.83
4.6	9.35	10.65	7.6	18.73	1.27
4.8	9.86	10.14	7.8	19.15	0.85
5.0	10.30	9.70	8.0	19.45	0.55

Na_2HPO_4 分子量=14.98，0.2mol/L 溶液为 28.40g/L。

$Na_2HPO_4 \cdot 2H_2O$ 分子量=178.05，0.2mol/L 溶液含 35.01g/L。

$C_4H_2O_7 \cdot H_2O$ 分子量=210.14，0.1mol/L 溶液为 21.01g/L。

4. 柠檬酸-氢氧化钠-盐酸缓冲液

pH 值	钠离子浓度 /(mol/L)	柠檬酸/g $C_6H_8O_7 \cdot H_2O$	氢氧化钠/g NaOH 97%	盐酸/mL HCl(浓)	最终体积/L[①]
2.2	0.20	210	84	160	10
3.1	0.20	210	83	116	10
3.3	0.20	210	83	106	10
4.3	0.20	210	83	45	10
5.3	0.35	245	144	68	10
5.8	0.45	285	186	105	10
6.5	0.38	266	156	126	10

① 使用时可以每升中加入 1 克克酚，若最后 pH 值有变化，再用少量 50%氢氧化钠溶液或浓盐酸调节，冰箱保存。

5. 柠檬酸-柠檬酸钠缓冲液（0.1mol/L）

pH 值	0.1mol/L 柠檬酸/mL	0.1mol/L 柠檬酸钠/mL	pH 值	0.1mol/L 柠檬酸/mL	0.1mol/L 柠檬酸钠/mL
3.0	18.6	1.4	5.0	8.2	11.8
3.2	17.2	2.8	5.2	7.3	12.7
3.4	16.0	4.0	5.4	6.4	13.6
3.6	14.9	5.1	5.6	5.5	14.5
3.8	14.0	6.0	5.8	4.7	15.3
4.0	13.1	6.9	6.0	3.8	16.2
4.2	12.3	7.7	6.2	2.8	17.2
4.4	11.4	8.6	6.4	2.0	18.0
4.6	10.3	9.7	6.6	1.4	18.6
4.8	9.2	10.8			

柠檬酸 $C_6H_8O_7 \cdot H_2O$：分子量 210.14，0.1mol/L 溶液为 21.01g/L。

柠檬酸钠 $Na_3C_6H_5O_7 \cdot 2H_2O$：分子量 294.12，0.1mol/L 溶液为 29.41g/mL。

6. 乙酸-乙酸钠缓冲液（0.2mol/L）

pH 值(18℃)	0.2mol/L NaAc/mL	0.3mol/L HAc/mL	pH 值(18℃)	0.2mol/L NaAc/mL	0.3mol/L HAc/mL
2.6	0.75	9.25	4.8	5.90	4.10
3.8	1.20	8.80	5.0	7.00	3.00
4.0	1.80	8.20	5.2	7.90	2.10
4.2	2.65	7.35	5.4	8.60	1.40
4.4	3.70	6.30	5.6	9.10	0.90
4.6	4.90	5.10	5.8	9.40	0.60

$Na_2Ac \cdot 3H_2O$ 分子量＝136.09，0.2mol/L 溶液为 27.22g/L。

7. 磷酸盐缓冲液
（1）磷酸氢二钠-磷酸二氢钠缓冲液（0.2mol/L）

pH 值	0.2mol/L Na_2HPO_4/mL	0.2mol/L NaH_2PO_4/mL	pH 值	0.2mol/L Na_2HPO_4/mL	0.2mol/L NaH_2PO_4/mL
5.8	8.0	92.0	7.0	61.0	39.0
5.9	10.0	90.0	7.1	67.0	33.0
6.0	12.3	87.7	7.2	72.0	28.0
6.1	15.0	85.0	7.3	77.0	23.0
6.2	18.5	81.5	7.4	81.0	19.0
6.3	22.5	77.5	7.5	84.0	16.0
6.4	26.5	73.5	7.6	87.0	13.0
6.5	31.5	68.5	7.7	89.5	10.5
6.6	37.5	62.5	7.8	91.5	8.5
6.7	43.5	56.5	7.9	93.0	7.0
6.8	49.5	51.0	8.0	94.7	5.3
6.9	55.0	45.0			

$Na_2HPO_4 \cdot 2H_2O$ 分子量＝178.05，0.2mol/L 溶液为 85.61g/L。

$Na_2HPO_4 \cdot 12H_2O$ 分子量＝358.14，0.2mol/L 溶液为 71.628g/L。

$NaH_2PO_4 \cdot 2H_2O$ 分子量＝156.01，0.2mol/L 溶液为 31.202g/L。

(2) 磷酸氢二钠-磷酸二氢钾缓冲液（1/15mol/L）

pH 值	1/15mol/L Na$_2$HPO$_4$/mL	1/15mol/L KH$_2$PO$_4$/mL	pH 值	1/15mol/L Na$_2$HPO$_4$/mL	1/15mol/L KH$_2$PO$_4$/mL
4.92	0.10	9.90	7.17	7.00	3.00
5.29	0.50	9.50	7.38	8.00	2.00
5.91	1.00	9.00	7.73	9.00	1.00
6.24	2.00	8.00	8.04	9.50	0.50
6.47	3.00	7.00	8.34	9.75	0.25
6.64	4.00	6.00	8.67	9.90	0.10
6.81	5.00	5.00	8.18	10.00	0
6.98	6.00	4.00			

Na$_2$HPO$_4$·2H$_2$O 分子量＝178.05，1/15mol/L 溶液为 11.876g/L。

KH$_2$PO$_4$ 分子量＝136.09，1/15mol/L 溶液为 9.078g/L。

8. 磷酸二氢钾-氢氧化钠缓冲液（0.05mol/L）

XmL 0.2M K$_2$PO$_4$＋YmL 0.2N NaOH 加水稀释至 29mL。

pH 值(20℃)	X/mL	Y/mL	pH 值(20℃)	X/mL	Y/mL
5.8	5	0.372	7.0	5	2.963
6.0	5	0.570	7.2	5	3.500
6.2	5	0.860	7.4	5	3.950
6.4	5	1.260	7.6	5	4.280
6.6	5	1.780	7.8	5	4.520
6.8	5	2.365	8.0	5	4.680

9. 硼酸-硼砂缓冲液（0.2mol/L 硼酸根）

pH 值	0.05mol/L 硼砂/mL	0.2mol/L 硼酸/mL	pH 值	0.05mol/L 硼砂/mL	0.2mol/L 硼酸/mL
7.4	1.0	9.0	8.2	3.5	6.5
7.6	1.5	8.5	8.4	4.5	5.5
7.8	2.0	8.0	8.7	6.0	4.0
8.0	3.0	7.0	9.0	8.0	2.0

硼砂 Na$_2$B$_4$O$_7$·10H$_2$O，分子量＝381.37；0.05mol/L 溶液（＝0.2mol/L 硼酸根）含 19.07g/L。

硼酸 H$_3$BO$_3$，分子量＝61.83，0.2mol/L 溶液为 12.37g/L。

硼砂易失去结晶水，必须在带塞的瓶中保存。

10. 硼砂-氢氧化钠缓冲液［0.05mol/L（摩尔浓度）硼酸根］

XmL 0.05mol/L 硼砂＋YmL 0.2mol/LNaOH 加水稀释至 200mL。

pH 值	X	Y	pH 值	X	Y
9.3	50	6.0	9.8	50	34.0
9.4	50	11.0	10.0	50	43.0
9.6	50	23.0	10.1	50	46.0

硼砂 Na$_2$B$_4$O$_7$·10H$_2$O，分子量＝381.43；0.05mol/L 溶液为 19.07g/L。

11. 碳酸钠-碳酸氢钠缓冲液（0.1mol/L）

Ca^{2+}、Mg^{2+} 存在时不得使用。

pH 值		0.1mol/LNa$_2$CO$_3$/mL	0.1mol/LN$_2$HCO$_3$/mL
20℃	37℃		
9.16	8.77	1	9
9.40	9.12	2	8
9.51	9.40	3	7
9.78	9.50	4	6
9.90	9.72	5	5
10.14	9.90	6	4
10.28	10.08	7	3
10.53	10.28	8	2
10.83	10.57	9	1

Na$_2$CO$_3$·10H$_2$O 分子量＝286.2；0.1mol/L 溶液为 28.62g/L。

NaHCO$_3$ 分子量＝84.0；0.1mol/L 溶液为 8.40g/L。

附录 6　纯水的饱和蒸汽压的关系与温度

温度/℃	蒸汽压/MPa	温度/℃	蒸汽压/MPa	温度/℃	蒸汽压/MPa
0	0.000600	25	0.003166	50	0.012376
1	0.000646	26	0.003361	51	0.013003
2	0.000695	27	0.003566	52	0.013657
3	0.000747	28	0.003781	53	0.014340
4	0.000802	29	0.004008	54	0.015051
5	0.000861	30	0.004247	55	0.015792
6	0.000924	31	0.004498	56	0.016563
7	0.000991	32	0.004762	57	0.017367
8	0.001062	33	0.005039	58	0.018204
9	0.001137	34	0.005329	59	0.019074
10	0.001217	35	0.005634	60	0.019980
11	0.001302	36	0.005954	61	0.020922
12	0.001392	37	0.006290	62	0.021902
13	0.001488	38	0.006642	63	0.022920
14	0.001589	39	0.007010	64	0.023978
15	0.001696	40	0.007396	65	0.025077
16	0.001810	41	0.007800	66	0.026219
17	0.001930	42	0.008223	67	0.027404
18	0.002056	43	0.008666	68	0.028634
19	0.002190	44	0.009129	69	0.029911
20	0.002332	45	0.009613	70	0.031235
21	0.002481	46	0.010118	71	0.032609
22	0.002639	47	0.010647	72	0.034033
23	0.002806	48	0.011199	73	0.035509
24	0.002981	49	0.011775	74	0.037039

温度/℃	蒸汽压/MPa	温度/℃	蒸汽压/MPa	温度/℃	蒸汽压/MPa
75	0.038624	87	0.062548	99	0.097767
76	0.040266	88	0.065004	100	0.101325
77	0.041966	89	0.067541	101	0.104989
78	0.043726	90	0.070159	102	0.108763
79	0.045547	91	0.072861	103	0.112648
80	0.047432	92	0.075650	104	0.116647
81	0.049382	93	0.078527	105	0.120763
82	0.051399	94	0.081494	106	0.124998
83	0.053484	95	0.084555	107	0.129355
84	0.055640	96	0.087710	108	0.133837
85	0.057868	97	0.090962	109	0.138445
86	0.060170	98	0.094314	110	0.143184

附录7　溶剂与水共沸物的沸点

与水形成的二元共沸物（水沸点 100℃）

溶剂	沸点/℃	共沸点/℃	含水量/%	溶剂	沸点/℃	共沸点/℃	含水量/%
氯仿	61.2	56.1	2.5	甲苯	110.5	85.0	20
四氯化碳	77.0	66.0	4.0	正丙醇	97.2	87.7	28.8
苯	80.4	69.2	8.8	异丁醇	108.4	89.9	88.2
丙烯腈	78.0	70.0	13.0	二甲苯	137-40.5	92.0	37.5
二氯乙烷	83.7	72.0	19.5	正丁醇	117.7	92.2	37.5
乙腈	82.0	76.0	16.0	吡啶	115.5	94.0	42
乙醇	78.3	78.1	4.4	异戊醇	131.0	95.1	49.6
乙酸乙酯	77.1	70.4	8.0	正戊醇	138.3	95.4	44.7
异丙醇	82.4	80.4	12.1	氯乙醇	129.0	97.8	59.0
乙醚	35	34	1.0	二硫化碳	46	44	2.0
甲酸	101	107	26				

附录8　常压下共沸物的组成和沸点

共沸混合物	组分的沸点/℃	共沸物的组成(质量)/%	共沸物的沸点/℃
乙醇-乙酸乙酯	78.3,78.0	30：70	72.0
乙醇-苯	78.3,80.6	32：68	68.2
乙醇-氯仿	78.3,61.2	7：93	59.4
乙醇-四氯化碳	78.3,77.0	16：84	64.9
乙酸乙酯-四氯化碳	78.0,77.0	43：57	75.0
甲醇-四氯化碳	64.7,77.0	21：79	55.7
甲醇-苯	64.7,80.4	39：61	48.3
氯仿-丙酮	61.2,56.4	80：20	64.7
甲苯-乙酸	101.5,118.5	72：28	105.4
乙醇-苯-水	78.3,80.6,100	19：74：7	64.9

附录9 常见溶剂的折射率（25℃）

常用溶剂在 20℃时的折射率。

溶剂	折射率	溶剂	折射率
水	1.333	苯	1.501
乙醇	1.362	甲苯	1.496
丙酮	1.358	己烷	1.375
四氢呋喃	1.404	环己烷	1.462
乙烯乙二醇	1.427	庚烷	1.388
四氯化碳	1.463	乙醚	1.353
氯仿	1.446	甲醇	1.329
乙酸乙酯	1.370	乙酸	1.329
乙腈	1.344	苯胺	1.586
异辛烷	1.404	氯代苯	1.525
甲基异丁酮	1.394	二甲苯	1.500
氯代丙烷	1.389	二乙胺	1.387
甲基乙酮	1.381	溴乙烷	1.424

附录10 常用指示剂的配制及变色范围

1. 酸碱指示剂

名称	变色 pH 值范围	颜色变化	pK_{HIn}	浓　　度
百里酚蓝	1.2～2.8	红～黄	1.62	0.1%的 20%乙醇溶液
甲基黄	3.0～4.0	红～黄	3.25	0.1%的 90%乙醇溶液
甲基橙	3.1～4.4	红～黄	3.45	0.1%的水溶液
溴酚蓝	3.0～4.6	黄～紫	4.1	0.1%的 20%乙醇溶液或其钠盐水溶液
溴甲酚绿	3.8～5.4	黄～蓝	4.9	0.1%的 20%乙醇溶液或其钠盐水溶液
甲基红	4.4～6.2	红～黄	5.0	0.1%的 60%乙醇溶液或其钠盐水溶液
溴百里酚蓝	6.2～7.6	黄～蓝	7.3	0.1%的 20%乙醇溶液或其钠盐水溶液
中性红	6.8～8.0	红～黄橙	7.4	0.1%的 60%乙醇溶液
苯酚红	6.8～8.4	黄～红	8.0	0.1%的 60%乙醇溶液或其钠盐水溶液
酚酞	8.2～10.0	无～红	9.1	0.2%的 90%乙醇溶液
百里酚酞	8.0～9.6	黄～蓝	8.9	0.1%的 20%乙醇溶液
百里酚酞	9.4～10.6	无～蓝	10.0	0.1%的 90%乙醇溶液

2. 混合指示剂

指示剂溶液的组成	变色时 pH 值	颜色 酸色	颜色 碱色	备注
一份 0.1%甲基黄乙醇溶液 一份 0.1%次甲基蓝乙醇溶液	3.25	蓝紫	绿	pH=3.2 蓝紫色 pH=3.4 绿色
一份 0.1%甲基橙水溶液 一份 0.25%靛蓝二磺酸水溶液	4.1	紫	黄绿	
一份 0.1%溴甲酚绿钠盐水溶液 一份 0.2%甲基橙水溶液	4.3	橙	蓝绿	pH=3.5 黄色 pH=4.05 绿色 pH=4.3 蓝绿色
三份 0.1%溴甲酚绿乙醇溶液 一份 0.2%甲基红乙醇溶液	5.1	酒红	绿	

指示剂溶液的组成	变色时 pH 值	颜色		备注
		酸色	碱色	
一份 0.1% 溴甲酚绿钠盐水溶液 一份 0.1% 氯酚红钠盐水溶液	6.1	黄绿	蓝绿	pH=5.4 蓝绿色 pH=5.8 蓝色 pH=6.0 蓝带紫 pH=6.2 蓝紫色
一份 0.1% 中性红乙醇溶液 一份 0.1% 次甲基蓝乙醇溶液	7.0	蓝紫	绿	pH=7.0 紫蓝
一份 0.1% 甲酚红钠盐水溶液 三份 0.1% 百里酚蓝钠盐水溶液	8.3	黄	紫	pH=8.2 玫瑰红 pH=8.4 清晰的紫色
一份 0.1% 百里酚蓝 50% 乙醇溶液 三份 0.1% 酚酞 50% 乙醇溶液	9.0	黄	紫	从黄到绿,再到紫
一份 0.1% 酚酞乙醇溶液 一份 0.1% 百里酚酞乙醇溶液	9.9	无	紫	pH=9.6 玫瑰红 pH=10 紫色
二份 0.1% 百里酚酞乙醇溶液 一份 0.1% 茜素黄 R 乙醇溶液	10.2	黄	紫	

3. 氧化还原滴定指示剂

名称	$E^{\ominus}/V$	颜色		配制方法
		氧化态	还原态	
二苯胺	0.76	紫	无色	将 1g 二苯胺在搅拌下溶于 100mL 浓硫酸和 100mL 浓磷酸,储于棕色瓶中
二苯胺磺酸钠(0.5%)	0.85	紫	无色	将 0.5g 二苯胺磺酸钠溶于 100mL 水中,必要时过滤
邻菲罗啉-Fe(Ⅱ)(0.5%)	1.06	淡蓝	红	将 0.5gFeSO₄·7H₂O 溶于 100mL 水中,加 2 滴硫酸,加 0.5g 邻菲罗啉
N-邻苯氨基苯甲酸(0.2%)	1.08	紫红	无色	将 0.2g 邻苯氨基苯甲酸加热溶解在 100mL 的 0.2%Na₂CO₃ 溶液中,必要时过滤
淀粉(1%)				将 1g 可溶性淀粉,加少许水调成糯糊状,在搅拌下注入 100mL 沸水中,微沸 2min 放置,取上层溶液使用(若要保持稳定,可在研磨淀粉时加入 1mgHgI₂)

4. 金属指示剂及沉淀滴定指示剂

名称	颜色		配制方法
	游离态	化合物	
铬黑 T(EBT) 钙指示剂	蓝 蓝	酒红 红	(1)将 0.2g 铬黑 T 溶于 15mL 三乙醇胺及 5mL 甲醇中 (2)将 1g 铬黑 T 与 100gNaCl 研细、混匀(1:100)将 0.5g 钙指示剂与 100gNaCl 研细、混匀
二甲酚橙(XO 0.1%)	黄	红	将 0.1g 二甲酚橙溶于 100mL 离子交换水中
K-B 指示剂	蓝	红	将 0.5g 酸性铬蓝 K 加 1.25g 萘酚绿 B,再加 25g K₂SO₄ 研细、混匀
磺基水杨酸	无	红	10% 水溶液
吡啶偶氮萘酚(PAN 指示剂 0.2%)	黄	红	将 0.2gPAN 溶于 100mL 乙醇中
邻苯二酚紫(0.1%)	紫	蓝	将 0.1 邻苯二酚紫溶于 100 离子交换水中
钙镁试剂(Calmagite0.5%)	红	蓝	将 0.1g 钙镁试剂溶于 100mL 离子交换水中
铬酸钾	黄	砖红	5% 水溶液
铁铵矾(40%)	无色	血红	NH₄Fe(SO₄)₂·12H₂O 饱和水溶液,加数滴浓硝酸
荧光黄(0.5%)	绿色荧光	玫瑰红	0.5g 荧光黄溶于乙醇,并用乙醇稀释至 100mL

附录 11 实验室常用溶剂物性简表

溶剂	介电常数（温度/℃）	密度/(g/cm³)	溶解性	一般性质
CCl₄	2.238(20)	1.595	微溶于水，与乙醇、乙醚可以以任何比例混合	无色液体，具有氯仿的微甜气味，有毒
甲苯	2.24(20)	0.866	不溶于水，溶于乙醇、乙醚和丙酮	无色易挥发的液体，有芳香气味
邻二甲苯	2.265(20)	0.8969	不溶于水，溶于乙醇和乙醚，与丙酮、苯、石油醚和四氯化碳混溶	无色透明液体，有芳香气味，有毒
对二甲苯	2.270(20)	0.861	不溶于水，溶于乙醇和乙醚	无色透明液体，有芳香气味，有毒
苯	2.283(20)	0.879	不溶于水，溶于乙醇、乙醚等许多有机溶剂	无色易挥发和易燃液体，有芳香气味，有毒
间二甲苯	2.374(20)	相对密度 0.867(17/4℃)	不溶于水，溶于乙醇和乙醚	无色透明液体，有芳香气味，有毒
CS₂	2.641(20)	相对密度 1.26(22/20℃)	能溶解碘、溴、硫、脂肪、蜡、树脂、橡胶、樟脑、黄磷，能与无水乙醇、醚、苯、氯仿、四氯化碳、油脂以任何比例混合。溶于苛性碱和硫化碱，几乎不溶于水	纯品是无色易燃液体，工业品因含有杂质，一般有黄色和恶臭。有毒
苯酚	2.94(20)	1.071	溶于乙醇、乙醚、氯仿、甘油、二硫化碳等	无色或白色晶体，有特殊气味
三氯乙烯	3.409(20)	1.4649	不溶于水，溶于乙醇、乙醚等有机溶剂	有像氯仿气味的无色有毒液体
乙醚	4.197(26.9)	0.7135	难溶于水(20℃时 6.9)，易溶于乙醇和氯仿。能溶解脂肪、脂肪酸、蜡和大多数树脂	有爽快特殊气味的易流动无色透明液体
CHCl₃	4.9(20)	1.4916；1.4840(20℃)	微溶于水，溶于乙醇、乙醚、苯、石油醚等	无色透明易挥发液体，稍有甜味
乙酸丁酯	5.01(19)	0.8665(20℃)	难溶于水，能与乙醇、乙醚混溶	无色透明液体
N,N-二甲基苯胺	5.1(20)	0.9563；0.9557(20℃)	不溶于水，溶于乙醇、乙醚、氯仿、苯和酸溶液	淡黄色油状液体，有特殊气味
二甲胺	5.26(2.5)	相对密度 0.680(0℃)	易溶于水，溶于乙醇和乙醚	有类似于氨的气味的气体
乙二醇二甲醚	5.50(25)	0.8664	溶于水、氯仿、乙醇和乙醚	略有乙醚气味的无色液体
氯苯	5.649(20)	1.1064	不溶于水，溶于乙醇、乙醚、氯仿、苯等	无色透明液体，有像苯的气味
乙酸乙酯	6.02(20)	0.9005	微溶于水，溶于乙醇、氯仿、乙醚和苯等	有果子香气的无色可燃性液体
乙酸	6.15(20)	1.049	溶于水、乙醇、乙醚等	无色澄清液体，有刺激气味
吗啉	7.42(25)	1.0007	与水混溶，溶于乙醇和乙醚等	无色有吸湿性的液体，有典型胺类气味
1,1,1-三氯乙烷	7.53(20)	1.3390	水中溶解度 800μL/L(25℃)	无色透明液体

溶剂	介电常数（温度/℃）	密度/(g/cm³)	溶解性	一般性质
四氢呋喃	7.58(25)	0.8892	溶于水和多数有机溶剂	无色透明液体，有乙醚气味
三氯乙酸	8.55(20)	1.62(25℃)；1.6298(61℃)	极易溶于水、乙醇和乙醚	有刺激性气味的无色晶体
喹啉	8.704(25)	1.09376	微溶于水，溶于乙醇、乙醚和氯仿	无色油状液体，遇光或在空气中变黄色，有特殊气味
CH_2Cl_2	9.1(20)	1.335	微溶于水，溶于乙醇、乙醚等	无色透明、有刺激芳香气味、易挥发的液体。吸入有毒
对甲酚	9.91(58)	1.0341	稍溶于水，溶于乙醇、乙醚和碱溶液	无色晶体，有苯酚气味
1,2-二氯乙烷	10.45(20)	1.257	难溶于水，溶于乙醇和乙醚等许多有机溶剂，能溶解油和脂肪	无色或浅黄色的透明中性液体，易挥发，有氯仿的气味，有剧毒
甲胺	11.41(−10)	相对密度0.699(−11℃)	易溶于水，溶于乙醇、乙醚	无色气体，有氨的气味
邻甲酚	11.5(25)	1.0465	溶于水、乙醇、乙醚和碱溶液	无色晶体，有强烈的苯酚气味
间甲酚	11.8(25)	1.034	稍溶于水，溶于乙醇、乙醚和苛性碱溶液	无色或淡黄色液体，有苯酚气味
吡啶	12.3(25)	0.978	溶于水、乙醇、乙醚、苯、石油醚和动植物油	无色或微黄色液体，有特殊的气味
乙二胺	12.9(20)	0.8994	溶于水和乙醇，不溶于乙醚和苯	有氨气味的无色透明黏稠液体
苄醇	13.1(20)	1.04535	稍溶于水，能与乙醇、乙醚、苯等混溶	无色液体，稍有芳香气味
4-甲基-2-戊酮	13.11(20)	0.8010	溶于乙醇、苯、乙醚等	无色液体，具有氯仿的微甜气味
环己醇	15.0(25)	0.9624	稍溶于水，溶于乙醇、乙醚、苯、二硫化碳和松节油	无色晶体或液体，有樟脑和杂醇油的气味
正丁醇	17.1(25)	0.8098	溶于水，能与乙醇、乙醚混溶	有酒气味的无色液体
$SO_2(l)$	17.4(−19)	液体的相对密度1.434(0℃)	溶于水而部分变成亚硫酸。溶于乙醇和乙醚	无色有刺激性气味气体
环己酮	18.3(20)	0.9478	微溶于水，较易溶于乙醇和乙醚	有丙酮气味的无色油状液体
异丙醇	18.3(25)	0.7851	溶于水、乙醇和乙醚	有像乙醇气味的无色透明液体
丁酮	18.51(20)	0.8061	溶于水、乙醇和乙醚，可与油类混溶	无色易燃液体，有丙酮气味
乙酸酐	20.7(19)	1.0820	溶于乙醇，并在溶液中分解成乙酸乙酯。溶于乙醚、苯、氯仿	有刺激性气味和催泪作用的无色液体
丙酮	20.70(25)	0.7898	能与水、甲醇、乙醇、乙醚、氯仿、吡啶等混溶。能溶解油脂肪、树脂和橡胶	无色易挥发和易燃液体，有微香气味

溶剂	介电常数（温度/℃）	密度/(g/cm³)	溶解性	一般性质
NH₃(l)	22(−34)	0.7710	溶于水、乙醇、乙醚	无色气体。有强烈的刺激气味
乙醇	23.8(25)	0.7893	溶于水，甲醇、乙醚和氯仿	有酒的气味和刺激的辛辣滋味，无色透明易挥发和易燃液体
硝基乙烷	28.06(30)	1.0448(25℃)	稍溶于水，能与乙醇和乙醚混溶	无色液体
二甘醇	31.69(20)	相对密度 1.1184(20/20℃)	与酸酐作用时生成酯，与烷基硫酸酯或卤代烃作用生成醚。主要用作气体脱水剂和萃取剂。也用作纺织品的软化剂和整理剂	无色无臭黏稠液体，有吸湿性，无腐蚀性
1,2-丙二醇	32.0(20)	dl 体 1.0361 (25℃；d 体 1.04	是油脂、石蜡、树脂、染料和香料等的溶剂，也用作抗冻剂、润滑剂、脱水剂等	无色黏稠液体，有吸湿性，微有辣味
甲醇	33.1(25)	0.7915	能与水和多数有机溶剂混溶	无色易挥发或易燃的液体
硝基苯	34.82(25)	1.2037(20℃)	几乎不溶于水，与乙醇、乙醚或苯混溶	无色至淡黄色油状液体。有像杏仁油的特殊气味
硝基甲烷	35.87(30)	1.137	用作火箭燃料和硝酸纤维素、乙酸纤维素等的溶剂。炸药及火箭燃料的成分；染料、农药合成原料；还用作铜系元素提取溶剂；缓血酸铵的医药中间体	溶于乙醇、水和碱溶液
N,N-二甲基甲酰胺	36.71(25)	0.9487	能与水和大多数有机溶剂，以及许多无机液体混溶	无色液体，有氨的气味
乙腈	37.5(20)	0.7828	溶于水、乙醇、甲醇、乙醚、丙酮、苯、乙酸甲酯、乙酸乙酯、氯仿、氯乙烯、四氯化碳	有芳香气味的无色液体
N,N-二甲基乙酰胺	37.78(25)	0.9434	能与水和一般有机溶剂混溶	高极性的无色或几乎无色液体
糠醛	38(25)	1.1598	溶于水，与乙醇和乙醚混溶	纯品是无色液体，有特殊香味
乙二醇	38.66(20)	1.1132	能与水、乙醇、丙酮混溶。微溶于乙醚	有甜味的无色黏稠液体。无气味
甘油	42.5(25)	1.2613	可与水以任何比例混溶，能降低水的冰点。有极大的吸湿性。稍溶于乙醇和乙醚，不溶于氯仿	无色无臭而有甜味的黏稠性液体
环丁砜	43.3(30)	1.2606	与水、丙酮、甲苯混溶；与辛烷、烯烃剂萘部分混溶	无色液体
二甲亚砜	48.9(20)	1.100	溶于水、乙醇、丙酮、乙醚、苯和三氯甲烷，是一种既溶于水又溶于有机溶剂的极为重要的非质子极性溶剂。对皮肤有极强的渗透性，有助于药物向人体渗透	强吸湿性液体，实际无色无臭
丁二腈	56.6(57.4)	相对密度 1.022(25/4℃)	溶于水，更易溶于乙醇和乙醚，微溶于二硫化碳和正己烷	无色蜡状固体

溶剂	介电常数(温度/℃)	密度/(g/cm³)	溶解性	一般性质
乙酰胺	59(83)	1.159	溶于水(1g/0.5mL),乙醇(1g/2mL),吡啶(1g/6mL)。几乎不溶于乙醚	无臭、无味、无色晶体
H₂O	80.103(20)	相对密度0.99987(0℃)	无臭无味液体,浅层时几乎无色,深层时呈蓝色	是一种最重要的溶剂用途广泛
乙二醇碳酸酯	89.6(40)	1.3218(39℃)	能与乙醇、乙酸乙酯、苯、氯仿和热水(40℃)混溶。也溶于乙醚、丁醇和四氯化碳	无色无臭固体
甲酰胺	111.0(20)	1.13340	溶于水、甲醇、乙醇和二元醇,不溶于烃类和乙醚	无色油状液体

参 考 文 献

［1］ 徐伟亮. 基础化学实验. 北京：科学出版社，2010.

［2］ 宋毛平，何占航. 基础化学实验与技术. 北京：化学工业出版社，2008.

［3］ 陆明昌，马江燕. 化学实验基本操作. 武汉：华中科技大学出版社，2012.

［4］ 姜淑敏. 化学实验基本操作技术. 北京：化学工业出版社，2010.

［5］ 孙尔康，张剑荣，郎建平，卜国庆. 无机化学实验. 南京：南京大学出版社，2009.

［6］ 北京师范大学无机化学教研室. 无机化学实验. 北京：高等教育出版社，2001.

［7］ 武汉大学等. 分析化学实验. 第五版. 北京：高等教育出版社，2011.

［8］ 李季，邱海鸥，赵中一. 分析化学实验. 武汉：华中科技大学出版社，2008.

［9］ 南京大学. 无机及分析化学实验. 第四版. 北京：高等教育出版社，2006.

［10］ 薛思佳，季坪，Larry Olson. 有机化学实验. 英汉双语版. 北京：科学出版社，2012.

［11］ 张凤秀. 有机化学实验. 北京：科学出版社，2013.

［12］ 赵剑英，孙桂滨. 有机化学实验. 北京：化学工业出版社，2009.

［13］ 王俊儒，马柏林，李炳奇. 有机化学实验. 北京：科学出版社，2008.

［14］ 侯士聪. 基础有机化学实验. 北京：中国农业大学出版社，2006.

［15］ 程青芳. 有机化学实验. 南京：南京大学出版社，2006.